工程流体力学

学习指导及习题解答

陈洁　袁铁江　编著

清華大學出版社
北　京

内 容 简 介

本书是配合《工程流体力学》(孔珑主编第 4 版)而编写的参考书。内容包括《工程流体力学》的主要内容概括和每一章的难点;《工程流体力学》习题的参考解答,包括《工程流体力学》(孔珑主编第 4 版)一书中各章习题,约 210 题。

本书可作为高等院校工程流体力学课程的教学辅导书和流体力学、水力学、空气动力学等相关课程的教学参考书,便于本科学生自主学习和研究生入学、注册设备工程师考试参考,也适用于相关工程技术人员及教师参考。

图书在版编目(CIP)数据

工程流体力学学习指导及习题解答/陈洁,袁铁江编著.—北京:清华大学出版社,2015(2025.3重印)
ISBN 978-7-302-37859-4

Ⅰ. ①工… Ⅱ. ①陈… ②袁… Ⅲ. ①工程力学－流体力学－高等学校－教学参考资料
Ⅳ. ①TB126

中国版本图书馆 CIP 数据核字(2014)第 202652 号

责任编辑: 王剑乔
封面设计: 傅瑞学
责任校对: 袁 芳
责任印制: 刘 菲

出版发行: 清华大学出版社
网 址:https://www.tup.com.cn,https://www.wqxuetang.com
地 址:北京清华大学学研大厦 A 座 邮 编:100084
社 总 机:010-83470000 邮 购:010-62786544
投稿与读者服务:010-62776969,c-service@tup.tsinghua.edu.cn
质量反馈:010-62772015,zhiliang@tup.tsinghua.edu.cn
印 装 者: 三河市铭诚印务有限公司
经 销: 全国新华书店
开 本: 185mm×260mm **印 张:** 10.25 **字 数:** 233 千字
版 次: 2015 年 5 月第 1 版 **印 次:** 2025年 3 月第 12 次印刷
定 价: 39.00 元

产品编号:057343-03

前 言

工程流体力学是研究流体(液体和气体)的力学运动规律及其应用的学科,主要研究在各种力的作用下,流体本身的静止状态和运动状态,以及流体和固体壁面、流体和流体间、流体与其他运动形态之间的相互作用和流动的规律。流体力学是力学的一个重要分支,而工程流体力学(应用流体力学)侧重在生产、生活中的实际应用,它不追求数学上的严密性,而是趋向于解决工程中出现的实际问题,是高等院校机械类、材料类、仪器仪表类、航空航天类、建筑工程类、热能动力类和流体动力工程类专业学生必修的技术基础课程。

为加强教辅材料的建设,便于读者能更好地完成工程流体力学这门课程的学习,特编写了这本工程流体力学学习指导及习题解答。

《工程流体力学》(孔珑主编第 4 版)是工程流体力学课程的经典教学用书。其课后习题很好地配合了教学要求,与教材的理论内容密切联系,给读者提供了完整的工程流体力学解题训练,加强了学生对内容的理解和掌握,起到了很好的示范和引导作用。本书是与该教材配套的参考书。本书的体例与教材相同,共分十章,分别为绪论、流体及其物理性质、流体静力学、流体运动学和流体动力学基础、相似原理和量纲分析、管内流动和水力计算 液体出流、气体的一维流动、理想流体的有旋流动和无旋流动、黏性流体绕过物体的流动、气体的二维流动。除第 1 章外其余每章由主要内容、本章难点、课后习题解答三部分组成。其中,主要内容部分对教材中的内容进行了高度的概括总结,系统简捷地串讲了该章的重要概念、重要理论、重要方程,为读者快捷地抓住学习重点提供帮助;本章难点对读者学习过程中经常出现,但又无力自我解决的一些疑难问题做了总结;课后习题解答部分给出了教材中每章末习题的详细解答,对读者的学习具有很强的指导作用,提高了学习效率。

本书可作为高等院校工程流体力学课程的教学辅导书和流体力学、水力学、空气动力学等相关课程的教学参考书,便于本科学生自主学习和研究生入学、注册设备工程师考试参考,也适用于相关工程技术人员及教师参考。

本书由陈洁编写第 1 章及第 4～10 章,袁铁江编写第 2～3 章。在编写过程中,得到了王春耀教授的指点与帮助。另外,本书的编写与出版,得到了清华大学出版社的大力支持,并且借鉴了许多相关的教材和标准规范,同时也引用了互联网上的资料,在此对有关作者一并表示衷心的感谢。

由于编者水平有限,书中难免存在缺点和不足之处,恳请读者批评、指正。

编　者

2015 年 2 月

目 录

第1章

绪 论

1. 流体力学的研究内容和研究方法

流体力学是力学的一个重要分支。以流体为研究对象，是研究流体平衡和运动规律的科学。流体力学包括流体静力学、流体运动学、流体动力学。

流体力学研究方法有理论分析方法、实验研究方法和数值计算方法。

理论分析方法是根据提出问题的主要因素提出适当的假定，建立一定的数学模型，根据物理基本定律，列出基本方程，运用数学工具寻求流体运动的普遍解。

实验研究方法是将实际流动问题概括为相似的实验模型，在实验中观察现象、测定数据并对数据进行处理、分析，得出实际模型的流动状况。

数值计算方法是根据理论分析与实验观测拟定计算方案，通过计算机数值计算和图像显示，对包含有流体流动和热传导等相关物理现象的系统进行分析。它的基本思想是把原来在时间域及空间域上连续的物理量的场用一系列有限个离散点上的变量值的集合来代替，通过一定的原则和方式建立起关于这些离散点上场变量之间关系的代数方程组，然后求解代数方程以获得场变量的近似值。

2. 流体力学在工程技术中的地位

流体力学在许多工业技术中有着广泛的应用，是许多工业技术部门必须应用和研究的一门重要学科。

3. 流体力学在教学计划中的地位

流体力学为许多后续课程打下了基础，如发动机原理、叶片机原理、燃气轮机原理与构造、传热学、燃烧学、黏性流体力学、计算流体力学、计算传热学。

4. 工程流体力学内容简介

系统地阐述了流体力学的任务和发展史、流体的性质及力学模型，在此基础上详细介绍了流体静力学、流体运动学、流体动力学、流动阻力和能量损失，孔口、管嘴出流和有压管流，量纲分析和相似原理。

主要重点内容：欧拉静平衡方程、流体对固壁的作用力；流体运动的描述、雷诺输运定理、积分形式的动量(矩)方程、伯努利方程、附面层的概念及流动分离、气体动力学的参考状态(滞止状态、极限状态和临界状态)、激波和膨胀波的概念与计算方法、变截面管流中的气流参数变化规律；收敛喷管和拉瓦尔喷管的分析等。

主要难点：流体对固壁的作用力、流体运动的描述、雷诺输运定理、积分形式的动量方程、激波和膨胀波的概念与计算方法、拉瓦尔喷管的分析。

第2章

流体及其物理性质

2.1　主要内容

1. 流体的定义和特征

流体的定义：流体是一种受任何微小的剪切力作用都能连续变形的物质，包括气体和液体。

气体分子距大，分子间的吸引力小，可以充满所能达到的全部空间；液体分子距小，分子间的吸引力大，流动性不如气体。

当液体和气体接触时便会出现液体和气体间的交界面，称为液体的自由表面。

2. 流体作为连续介质的假设

当从宏观角度研究流体的机械运动，而不涉及微观的物质结构时，就可以认为流体是由无数连续分布的流体微团组成的连续介质。这种流体微团虽小，但却包含为数甚多的分子，并具有一定的体积和质量，一般将这种微团称为质点。

连续介质中，质点间没有空隙，质点本身的几何尺寸，相对于流体空间或流体中的固体而言，可忽略不计，并设质点均质地分布在连续介质之中。

流体的这种“连续介质模型”的建立，是对流体物质结构的简化，为研究流体力学提供了很大的方便。

根据流体的连续介质模型，表征流体属性的各种物理量是时间和空间的单值连续可微函数。

3. 作用在流体上的力　表面力　质量力

作用于流体上的力按其性质分为表面力和质量力两类。

(1) 表面力是指作用在所研究的流体表面上的力，其大小与受力表面的面积成正比。表面力可分成两类：一种是沿表面内法向的压强；另一种是沿表面切线方向的摩擦力，即黏性力。

$$\vec{p}_n = \lim_{\delta A \to 0} \frac{\delta \vec{F}}{\delta A}$$

(2) 质量力是指某种力场作用在流体的全部质点上的力，它的大小与流体的质量成正比。如重力、磁力、电动力。

$$\vec{f} = f_x \vec{i} + f_y \vec{j} + f_z \vec{k}$$

4. 流体的密度

流体的密度指单位体积的流体的质量。

$$\rho = \frac{\mathrm{d}m}{\mathrm{d}V}$$

流体的相对密度指流体的密度与4℃时水的密度的比值。

$$d = \frac{\rho_{\mathrm{f}}}{\rho_{\mathrm{w}}}$$

流体的比体积指单位质量流体所占有的体积。

$$v = \frac{1}{\rho}$$

混合气体的密度可按各组分气体所占体积百分数计算。

$$\rho = \rho_1 \alpha_1 + \rho_2 \alpha_2 + \cdots + \rho_n \alpha_n = \sum_{i=1}^{n} \rho_i \alpha_i$$

5. 流体的压缩性和膨胀性

(1) 流体的压缩性和膨胀性

流体的压缩性用单位压强所引起的体积变化率表示，称为压缩系数。

$$\kappa = -\frac{\delta V / V}{\delta p}$$

式中：κ 值大的流体，较易压缩；κ 值小的流体，较难压缩。

压缩系数的倒数为体积模量。

$$K = \frac{1}{\kappa}$$

显然，K 值大的流体压缩性小；K 值小的流体压缩性大。

流体的膨胀性用单位温升所引起的体积变化率表示，称为体膨胀系数。

$$\alpha_V = \frac{\delta V / V}{\delta T}$$

完全气体的状态方程：

$$p = \rho R T$$

(2) 可压缩性流体和不可压缩流体

通常把液体视为不可压缩流体，即忽略在一般工程中没有多大影响的微小的体积变化，而把液体的密度视为常量。

通常把气体作为可压缩流体处理，特别是在流速较高、压强变化较大的场合，它们体积的变化是不容忽视的，必须把它们的密度视为变量。

6. 流体的黏性

(1) 流体的黏性　牛顿内摩擦定律

流体的黏性指流体微团间发生相对滑移时产生切向阻力的性质。

$$F = \mu \frac{Av}{h}$$

式中：μ 称作流体的动力黏度。它是与流体的种类、温度和压强有关的比例系数，在一定温度和压强下，它是个常数。

单位面积上的切向阻力称为切向应力。

$$\tau = \mu \frac{v}{h} = \mu \frac{\mathrm{d}v_x}{\mathrm{d}y}$$

运动黏度：$\nu = \frac{\mu}{\rho}$。

温度对液体和气体黏性的影响截然不同。温度升高时，液体的黏性降低；温度升高时，气体的黏性增加。

(2) 流体黏度的测量

恩格勒黏度计：在规定条件下，一定体积的试样从恩格勒黏度计的小孔流出 200mL，所需的时间(s)与该黏度计测定水的值之比，以°E 表示。

$$°\mathrm{E} = t'/t$$

$$\nu = 0.0731°\mathrm{E} - 0.0631/°\mathrm{E}(\mathrm{cm}^2/\mathrm{s})$$

(3) 牛顿流体和非牛顿流体

作用在流体上的切向应力与它所引起的角变形速度(速度梯度)之间的关系符合牛顿内摩擦定律的流体。

(4) 黏性流体和理想流体

不具有黏性的流体称为理想流体。实际流体都是具有黏性，都是黏性流体。

当分析比较复杂的流动时，若考虑黏性，必将给分析研究带来很大的困难，有时甚至无法进行。为此，引入一个理想流体模型，将复杂的流动问题简化。

7. 液体的表面性质

(1) 表面张力

单位长度上的这种与收缩方向相反的拉力定义为表面张力，用 σ 表示。

(2) 毛细现象

液体分子间的吸引力较大，在分子吸引力的作用下，液体分子相互制约，形成一体，不能轻易跑掉，这种吸引力称为内聚力。

当液体同固体壁面接触时，液体分子和固体分子之间也有吸引力，这种吸引力称为附着力。

当液体与固体壁面接触时,若液体的内聚力小于它同固体间的附着力,液体将附着、湿润该固体壁面,并沿固体壁面向外伸展。若液体的内聚力大于它同固体间的附着力,液体自身将抱成一团,并不湿润该固体壁面。

毛细管中液柱的上升或下降的高度为

$$h = \frac{4\sigma\cos\theta}{\rho g d}$$

2.2 本章难点

1. 流体的基本特征

(1) 易流性

流动性是流体的主要特征。组成流体的各个微团之间的内聚力很小,任何微小的剪切力都会使它产生变形(发生连续的剪切变形)——流动。

(2) 形状不定性

流体有没有固定的形状,取决于盛装它的容器的形状,只能被限定为其所在容器的形状。

(3) 连续性

流体能承受压力,但不能承受拉力,对切应力的抵抗较弱,只有在流体微团发生相对运动时,才显示其剪切力。因此,流体没有静摩擦力。

注意液体与气体的区别。液体具有一定的体积,有一自由表面;而气体没有固定体积,没有自由表面,易于压缩。

2. 连续介质模型的主要内容

连续介质模型的主要内容是由大量的分子组成的流体,分子与分子间是有间隙的;而由大量的流体微团(包含有许多流体分子)组成的流体,微团与微团间是没有间隙的。

有了连续介质假设,就可以把一个本来是大量的离散分子或原子的运动问题近似为连续充满整个空间的流体质点的运动问题,而且每个空间点和每个时刻都有确定的物理量,它们都是空间坐标和时间的连续函数,从而可以利用数学分析中连续函数的理论分析流体的流动。

3. 流体力学中表面力的表示形式

流体力学中表面力 p_n 分解为法向应力 p_{nn} 和切向应力 $p_{n\tau}$,法向分量就是物理学中的压强,流体力学中称为压力。

4. 气体特殊情况时视为不可压缩体

在压力不是很高,速度不是很快的情况下,气体也可看成是不可压缩流体。

5. 牛顿内摩擦定律的应用

(1) 符合牛顿内摩擦定律的流体称为牛顿流体,否则称为非牛顿流体。常见的牛顿流体包括空气、水、酒精等;非牛顿流体有聚合物溶液、原油、泥浆、血液等。

(2) 静止流体中,由于流体质点间不存在相对运动,速度梯度为0,因而不存在黏性切应力。黏性应力为0表现在以下几种情况:绝对静止、相对静止和理想流体。

(3) 流体的黏性切应力与压力的关系不大,主要取决于速度梯度的大小。

(4) 牛顿内摩擦定律只适用于层流流动,不适用于紊流流动,紊流流动中除了黏性切应力之外还存在更为复杂的紊流附加应力。

2.3 课后习题解答

2-1 已知某种物质的密度 $\rho=2.94\text{g/cm}^3$,试求它的相对密度 d。

解: $d=\dfrac{\rho_f}{\rho_w}=\dfrac{2.94\text{g/cm}^3}{1000\text{kg/m}^3}=\dfrac{2.94\times10^{-3}\text{kg}/10^{-6}\text{m}^3}{1000\text{kg/m}^3}=2.94$

2-2 已知某厂1号炉水平烟道中烟气组分的百分数为 $\alpha_{CO_2}=13.5\%$,$\alpha_{SO_2}=0.3\%$,$\alpha_{O_2}=5.2\%$,$\alpha_{N_2}=76\%$,$\alpha_{H_2O}=5\%$,试求烟气的密度。

解:
$$\begin{aligned}\rho_{烟气}&=\rho_{CO_2}\alpha_{CO_2}+\rho_{SO_2}\alpha_{SO_2}+\rho_{O_2}\alpha_{O_2}+\rho_{N_2}\alpha_{N_2}+\rho_{H_2O}\alpha_{H_2O}\\&=1.967\times0.135+2.927\times0.003+1.429\times0.052+1.251\\&\quad\times0.76+0.804\times0.05\\&=0.265545+0.006891+0.074308+0.95076+0.0402\\&=1.341(\text{kg/m}^3)\end{aligned}$$

2-3 习题2-2中烟气的实测温度 $t=170℃$,实测静计示压强 $p_e=1432\text{Pa}$,当地大气压强 $p_a=100858\text{Pa}$。试求工作状态下烟气的密度和运动黏度。

解:利用 $p=\rho RT$ 可得

$$\frac{p_1}{\rho_1T_1}=\frac{p_2}{\rho_2T_2}$$

$$\Rightarrow\quad \rho_2=\frac{p_2\rho_1T_1}{p_1T_2}=\frac{(1432+100858)\times1.341\times273}{100858\times(273+170)}=0.8381(\text{kg/m}^3)$$

烟气中各成分在温度为170℃时的动力黏度:

$$\begin{aligned}\mu_{CO_2}&=\mu_{0CO_2}\frac{273+S}{T+S}\left(\frac{T}{273}\right)^{3/2}\\&=16.8\times10^{-6}\times\frac{273+254}{(273+170)+254}\times\left(\frac{273+170}{273}\right)^{3/2}\\&=16.8\times10^{-6}\times0.7561\times2.0671\\&=26.2573\times10^{-6}(\text{Pa}\cdot\text{s})\end{aligned}$$

$$\mu_{SO_2}=\mu_{0SO_2}\frac{273+S}{T+S}\left(\frac{T}{273}\right)^{3/2}=11.6\times10^{-6}\times\frac{273+306}{(273+170)+306}\times\left(\frac{273+170}{273}\right)^{3/2}$$

$$=11.6\times10^{-6}\times0.773\times2.0671$$

$$=18.5353\times10^{-6}(\mathrm{Pa\cdot s})$$

$$\mu_{O_2}=\mu_{0O_2}\frac{273+S}{T+S}\left(\frac{T}{273}\right)^{3/2}=19.2\times10^{-6}\times\frac{273+125}{(273+170)+125}\times\left(\frac{273+170}{273}\right)^{3/2}$$

$$=19.2\times10^{-6}\times0.7007\times2.0671$$

$$=27.8096\times10^{-6}(\mathrm{Pa\cdot s})$$

$$\mu_{N_2}=\mu_{0N_2}\frac{273+S}{T+S}\left(\frac{T}{273}\right)^{3/2}=16.6\times10^{-6}\times\frac{273+104}{(273+170)+104}\times\left(\frac{273+170}{273}\right)^{3/2}$$

$$=16.6\times10^{-6}\times0.6892\times2.0671$$

$$=23.6491\times10^{-6}(\mathrm{Pa\cdot s})$$

$$\mu_{H_2O}=\mu_{0H_2O}\frac{273+S}{T+S}\left(\frac{T}{273}\right)^{3/2}=8.93\times10^{-6}\times\frac{273+961}{(273+170)+961}\times\left(\frac{273+170}{273}\right)^{3/2}$$

$$=8.93\times10^{-6}\times0.8789\times2.0671$$

$$=16.2238\times10^{-6}(\mathrm{Pa\cdot s})$$

混合气体在温度为170℃时的动力黏度：

$$\mu=\left(\sum_{i=1}^{n=5}\alpha_iM_i^{1/2}\mu_i\right)\div\left(\sum_{i=1}^{n=5}\alpha_iM_i^{1/2}\right)$$

$$=\frac{0.135\times44^{1/2}\times26.2573\times10^{-6}+0.003\times64^{1/2}\times18.5353\times10^{-6}+0.052\times32^{1/2}\times27.8096\times10^{-6}}{0.135\times44^{1/2}+0.003\times64^{1/2}+0.052\times32^{1/2}+0.76\times28^{1/2}+0.05\times18^{1/2}}$$

$$+\frac{0.76\times28^{1/2}\times23.6491\times10^{-6}+0.05\times18^{1/2}\times16.2238\times10^{-6}}{0.135\times44^{1/2}+0.003\times64^{1/2}+0.052\times32^{1/2}+0.76\times28^{1/2}+0.05\times18^{1/2}}$$

$$=\frac{23.5131+0.4448+8.1804+95.1058+3.4416}{0.8955+0.024+0.2942+4.0215+0.2121}\times10^{-6}$$

$$=\frac{130.6857}{5.4473}\times10^{-6}$$

$$=23.9909\times10^{-6}(\mathrm{Pa\cdot s})$$

$$\nu=\frac{\mu}{\rho}=\frac{23.9909\times10^{-6}}{0.8381}=28.6253\times10^{-6}=2.8625\times10^{-5}(\mathrm{m^2/s})$$

2-4 当压强增量为50000Pa时，某种液体的密度增长0.02%，试求该液体的体积模量。

解：$$\frac{\Delta\rho}{\rho}=\frac{\rho_2-\rho_1}{\rho_1}=\frac{\frac{m_2}{V_2}-\frac{m_1}{V_1}}{\frac{m_1}{V_1}}=\frac{\frac{V_1-V_2}{V_1V_2}}{\frac{1}{V_1}}=\frac{V_1-V_2}{V_2}=\frac{V_1}{V_2}-1=0.02\%$$

$$\frac{V_1}{V_2}=1+0.02\%=\frac{100.02}{100}$$

$$\frac{\delta V}{V}=\frac{V_2-V_1}{V_1}=\frac{V_2}{V_1}-1=\frac{100}{100.02}-1=\frac{100-100.02}{100}=-\frac{0.02}{100}=-0.02\%$$

$$K=-\frac{\delta P}{\delta V/V}=-\frac{50000}{-0.02\%}=2.5\times10^8(\mathrm{Pa})$$

2-5　绝对压强为 3.923×10^5 Pa 的空气的等温体积模量和等熵体积模量各等于多少？

解：等温：$\dfrac{p_1}{p_2}=\dfrac{\rho_1 RT}{\rho_2 RT}=\dfrac{\rho_1}{\rho_2}=\dfrac{m/V_1}{m/V_2}=\dfrac{V_2}{V_1}$

$$K=-\frac{\delta p}{\delta V/V}=-\frac{3.923\times10^5-1.01325\times10^5}{\dfrac{V_2-V_1}{V_1}}$$

$$=-\frac{2.90975\times10^5}{\dfrac{V_2}{V_1}-1}=-\frac{2.90975\times10^5}{\dfrac{1.01325}{3.923}-1}$$

$$=3.923\times10^5(\text{Pa})$$

等熵：$K=-\dfrac{\delta p}{\delta V/V}=-\dfrac{3.923\times10^5-1.01325\times10^5}{\dfrac{V_2-V_1}{V_1}}$

$$=-\frac{2.90975\times10^5}{\dfrac{V_2}{V_1}-1}=-1.4\times\frac{2.90975\times10^5}{\dfrac{1.01325}{3.923}-1}$$

$$=5.492\times10^5(\text{Pa})$$

2-6　充满石油的油槽内的压强为 4.9033×10^5 Pa，今由槽中排出石油 40kg，使槽内压强降到 9.8067×10^4 Pa，设石油的体积模量 $K=1.32\times10^9$ Pa。试求油槽的体积。

解：$\rho=880\text{kg/m}^3$

由于 $K=-\dfrac{\delta p}{\delta V/V}$，得

$$\frac{\delta V}{V}=-\frac{\delta p}{K}\Rightarrow\frac{\delta m/\rho}{m/\rho}=-\frac{\delta p}{K}\Rightarrow m=-\frac{K\delta m}{\delta p}$$

所以 $V=\dfrac{m}{\rho}=-\dfrac{K\delta m}{\rho\delta p}=-\dfrac{1.32\times10^9\times40}{880\times(9.8067\times10^4-4.9033\times10^5)}=153(\text{m}^3)$

2-7　流量为 $50\text{m}^3/\text{h}$、温度为 70℃的水流入热水锅炉，经加热后水温升到 90℃，而水的体胀系数 $\alpha_V=0.000641/℃$，问从锅炉中每小时流出多少立方米的水？

解：$\alpha_V=\dfrac{\delta V/V}{\delta T}\Rightarrow\dfrac{\delta V}{V}=\alpha_V\delta T$

$$\frac{\delta V}{V}=\frac{V-50}{50}=\frac{V}{50}-1=\alpha_V\delta T=0.00064\times(90-70)$$

得 $V=50.64(\text{m}^3/\text{h})$

2-8　压缩机压缩空气，绝对压强从 9.8067×10^4 Pa 升高到 5.8840×10^5 Pa，温度从 20℃升高到 78℃，问空气体积减小了多少？

解：因为 $p=\rho RT$，$\rho=\dfrac{m}{V}$，所以有

$$R=\frac{p}{\rho T}=\frac{pV}{mT}$$

所以有　$\dfrac{p_1V_1}{mT_1}=\dfrac{p_2V_2}{mT_2}\Rightarrow\dfrac{9.8067\times10^4V_1}{293}=\dfrac{5.884\times10^5V_2}{351}$

$$\frac{V_2}{V_1}=\frac{1}{5}=20\%$$

$$\frac{\delta V}{V_1}=\frac{V_1-V_2}{V_1}=1-\frac{V_2}{V_1}=0.8$$

空气气体减少 80%。

2-9 动力黏度为 2.9×10^{-4} Pa·s、密度为 678kg/m³ 的油，其运动黏度等于多少？

解：$\nu=\frac{\mu}{\rho}=\frac{2.9\times10^{-4}}{678}=4.277\times10^{-7}(\mathrm{m^2/s})$

2-10 设空气在 0℃时的运动黏度 $\nu_0=13.2\times10^{-6}\mathrm{m^2/s}$、密度 $\rho_0=2.94\mathrm{g/cm^3}$。试求在 150℃时空气的动力黏度。

解：$\mu_0=\nu_0\rho_0=13.2\times10^{-6}\times1.29=17.028\times10^{-6}(\mathrm{Pa\cdot s})$

$\mu=\mu_0\ \frac{273+S}{T+S}\left(\frac{T}{273}\right)^{3/2}$ 查《工程流体力学》(孔珑主编第四版)(以下简称教材)表 2-6 常用气体的黏度分子量 M 和苏士兰常数 S(在标准状态下)，可知 $S=111\mathrm{K}$。

$$\mu_{150}=\mu_0\ \frac{273+S}{T+S}\left(\frac{T}{273}\right)^{3/2}=17.028\times10^{-6}\times\frac{273+111}{273+150+111}\times\left(\frac{273+150}{273}\right)^{3/2}$$

$$=23.608\times10^{-6}(\mathrm{Pa\cdot s})$$

2-11 借恩氏黏度计测得石油的黏度为 8.5°E，如石油的密度为 $\rho=850\mathrm{kg/m^3}$，求石油的动力黏度。

解：$\nu=0.0731°\mathrm{E}-0.0631/°\mathrm{E}=0.0731\times8.5-\frac{0.0631}{8.5}=0.6139(\mathrm{cm^2/s})$

$$\mu=\nu\rho=0.6139\times10^{-4}\times850=0.05218(\mathrm{Pa\cdot s})$$

2-12 一平板距离另一固定平板 0.5mm，两板间充满液体，上板在每平方米有 2N 的力作用下以 0.25m/s 的速度移动，求该液体的黏度。

解：因为 $F=\mu Av/h$

所以有 $\mu=\frac{F}{A}\cdot\frac{h}{v}=2\times\frac{0.5\times10^{-3}}{0.25}=4\times10^{-3}(\mathrm{Pa\cdot s})$

2-13 已知动力滑动轴承的轴直径 $d=0.2\mathrm{m}$，转速 $n=2830\mathrm{r/min}$，轴承内径 $D=0.2016\mathrm{m}$，宽度 $l=0.3\mathrm{m}$，润滑油的动力黏度 $\mu=0.245\mathrm{Pa\cdot s}$，试求克服摩擦阻力所消耗的功率。

解：$h=\frac{D-d}{2}=\frac{0.2016-0.2}{2}=0.0008(\mathrm{m})$

轴承旋转线速度 $v=\frac{\pi dn}{60}=\frac{3.1416\times0.2\times2830}{60}=29.64(\mathrm{m/s})$

$$A=\pi dl=3.14\times0.2\times0.3=0.1884(\mathrm{m^2})$$

$$F=\frac{\mu Av}{h}=\frac{0.245\times0.1884\times29.64}{0.0008}=1710.15(\mathrm{N})$$

$$P=Fv=1710.15\times29.64=50.7\times10^4(\mathrm{W})$$

2-14 一重 500N 的飞轮的回转半径为 30cm，由于轴套间流体黏性的影响，当飞轮以 600r/min 旋转时，它的角减速度为 0.02rad/s²。已知轴套的长度为 5cm，轴的直径为 2cm

以及它们之间的间隙为 0.05mm。试求流体的黏度。

解：$v=\frac{\pi dn}{60}=\frac{\pi\times0.02\times600}{60}=0.628(\text{m/s})$

$$F=\frac{M}{d/2}=\frac{m\times0.3^2\times0.02}{0.01}=\frac{50\times0.3^2\times0.02}{0.01}=9(\text{N})$$

$$\mu=\frac{Fh}{Av}=\frac{9\times0.05\times10^{-3}}{\pi\times0.02\times0.05\times0.628}=0.228(\text{Pa}\cdot\text{s})$$

2-15　直径为 5.00cm 的活塞在直径为 5.01cm 的缸体内运动。当润滑油的温度由 0℃升高到 120℃时，求推动活塞所需的力减少的百分数。用图 2-5 中相对密度 $d=0.855$ 的原油的黏度进行计算。

解：由教材图 2-5 流体的动力黏度曲线图可知，当 0℃时，$\mu_1=1.6\times10^{-2}\text{Pa}\cdot\text{s}$

当 120℃时，$\mu_2=2.2\times10^{-3}\text{Pa}\cdot\text{s}$

$$F=\frac{\mu Av}{h}\Rightarrow\frac{F_1-F_2}{F_1}=\frac{\mu_1-\mu_2}{\mu_1}\times100\%=86.25\%$$

2-16　内径为 10mm 的开口玻璃管插入温度为 20℃的水中，已知水与玻璃的接触角 $\theta=10°$。试求水在管中上升的高度。

解：$h=\frac{4\sigma\cos\theta}{\rho gd}=\frac{4\times0.0731\times\cos10°}{998.23\times9.8\times10\times10^{-3}}=0.0029435(\text{m})$

2-17　内径 8mm 的开口玻璃管插入 20℃的水银中。已知水银与玻璃管的接触角约为 140℃，试求水银在管中下降的高度。

解：查教材中表 2-9 普通液体的表张力(20℃，与空气接触)得，$\delta=0.5137$，20℃时水银的密度 $\rho=13550\text{kg/m}^3$。

$$h=\frac{4\sigma\cos\theta}{\rho gd}=\frac{4\times0.5137\times\cos140°}{13550\times9.8\times8\times10^{-3}}=-0.00148(\text{m})$$

第3章

流体静力学

3.1 主要内容

流体相对于地球没有运动，称为静止状态；容器有运动而流体相对于容器静止，称为相对静止状态。

流体静力学研究在外力作用下处于平衡的流体的力学规律及其应用。

1. 流体的静压强及其特性

当流体处于静止或相对静止时，流体的压强称为流体静压强。流体的静压强具有两个重要特性。

(1) 流体静压强的方向沿作用面的内法线方向。

(2) 静止流体中任一点上不论来自何方的静压强均相等。

2. 流体平衡方程式

(1) 平衡微分方程式：

$$f_x - \frac{1}{\rho}\frac{\partial p}{\partial x} = 0,\quad f_y - \frac{1}{\rho}\frac{\partial p}{\partial y} = 0,\quad f_z - \frac{1}{\rho}\frac{\partial p}{\partial z} = 0$$

(2) 压强差公式 等压面。

在平衡流体中，压强相等的各点所组成的面称为等压面。

$$\mathrm{d}p = \rho(f_x\mathrm{d}x + f_y\mathrm{d}y + f_z\mathrm{d}z)$$

(3) 平衡条件 势函数：

$$f_x = -\frac{\partial \pi}{\partial x},\quad f_y = -\frac{\partial \pi}{\partial y},\quad f_z = -\frac{\partial \pi}{\partial z}$$

3. 在重力场中流体的平衡 帕斯卡原理

流体静力学方程：

$$z + \frac{p}{\rho g} = C$$

$$z_1 + \frac{p_1}{\rho g} = z_2 + \frac{p_2}{\rho g}$$

静力学基本方程的物理意义是在重力作用下的连续介质不可压静止流体中，各点单位重量流体的总势能保持不变，几何意义是静水头线为水平线。

帕斯卡原理：

$$p = p_0 + \rho g(z_0 - z) = \rho g h_0$$

液面压强等值地在流体内部传递的原理称为帕斯卡原理。

压强的计量标准如下。

(1) 绝对压强 p：以完全真空为基准计量的压强。

(2) 计示压强 p_e：以当地大气压 p_a 为基准计量的压强。

(3) 真空：绝对压强小于当地大气压强的负计示压强，$p_V = -p_e$。

4. 液柱式测压计

(1) 测压管。

(2) U 形管测压计。

(3) U 形管压差计。

(4) 倾斜微压计。

(5) 补偿式微压计。

了解测压计的原理，掌握测压计测量一点的压力和比较两点压差的方法。

5. 液体的相对平衡

液体的相对平衡指液体质点之间虽然没有相对运动，但盛装液体的容器却对地面上的固定坐标系有相对运动时的平衡。

(1) 等加速直线运动的容器中的流体平衡。

流体静压强分布规律：

$$p = p_0 - \rho(ax + gz)$$

等压面方程：

$$ax + gz = C$$

自由液面与轴方向的倾角：

$$\alpha = -\arctan\frac{a}{g}$$

自由液面方程：

$$z_S = -\frac{ax}{g}$$

(2) 等角速旋转容器中液体的相对平衡。

流体静压力的分布规律：

$$p = p_0 + \rho g\left(\frac{\omega^2 r^2}{2g} - z\right)$$

等压面方程：

$$\frac{\omega^2 r^2}{2} - gz = C$$

自由表面方程：

$$z_S = \frac{\omega^2 r^2}{2g}$$

6. 静止液体作用在平面上的总压力

总压力的大小：

$$F_p = \rho g h_c A$$

总压力的作用点：

$$x_D = x_c + \frac{I_{cy}}{x_c A}$$

7. 静止液体作用在曲面上的总压力

总压力的水平分力：

$$F_{px} = \rho g h_c A$$

总压力的铅直分力：

$$F_{pz} = \rho g V_p$$

作用在曲面上总压力的大小和方向：

$$F_p = \sqrt{F_{px}^2 + F_{pz}^2}$$

$$\tan\theta = \frac{F_{px}}{F_{pz}}$$

总作用力的作用点：总压力的铅直分力的作用线通过压力体的重心而指向受压面，水平分力的作用线通过该曲面对铅直坐标面的投影面的压力中心而指向受压面，故总压力的作用线必通过这两条作用线的交点且与铅直线成 θ 角。

8. 静止液体作用在潜体和浮体上的浮力

阿基米德原理公式为

$$F_{pz} = -\rho g V$$

阿基米德原理：液体作用在浸没物体上总压力的大小等于物体所排开液体的重力，方向铅垂向上。

3.2 本章难点

1. 等压面的选择

在应用静力学基本方程解题时，如何判断等压面是要点，要利用等压面和静力学基本方程把问题联系起来。判断等压面要注意3个方面：①流体是否连通；②是否为同种流体；③流体是否在同一平面上。

等压面的特性如下。

(1) 作用于平衡流体中任一点的质量力，必然垂直于通过该点的等压面。

(2) 当两种互不相混的液体处于平衡时，它们的分界面必为等压面。

推论 若平衡流体的质量力仅为重力，则：

(1) 静止流体的自由表面为等压面，并为一平面。

(2) 自由表面下任意深度的水平面均为等压面。

(3) 压强分布与容器的形状无关，(连通器)相连通的同一种流体在同一高度上的压强相等，为一等压面。

2. 运用等压方程解决实际问题

对于相对静止容器中流体的平衡问题，平衡微分方程的积分关键是如何确定系统中的质量力，然后就可代入进行积分。解题中关键是运用好等压面方程(主要是自由液面方程)解决工程实际问题。

3. 压力体及其确定原则

压力体 V_p 是一个纯数学概念，而与该体积内是否充满液体无关。

一般方法如下。

(1) 取自由液面或其延长线。

(2) 取曲面本身。

(3) 曲面两端向自由液面投影，得到两根投影线。

(4) 以上4根线将围出一个或多个封闭体积，这些体积在考虑了力的作用方向后的矢量和就是所求的压力体。

画压力体的诀窍如下。

(1) 将受力曲面根据具体情况分成若干段。

(2) 找出各段的等效自由液面。

(3) 画出每一段的压力体并确定虚实。

(4) 根据虚实相抵的原则将各段的压力体合成，得到最终的压力体。

3.3 课后习题解答

3-1 如图 3-37 所示，烟囱高 $H=20\text{m}$，烟气温度 $t_s=300℃$，压强 p_s，试确定引起火炉中烟气自动流通的压强差。烟气密度可按下式计算：$\rho_s=(1.25-0.0027t_s)\text{kg/m}^3$，空气的密度 $\rho_a=1.29\text{kg/m}^3$。

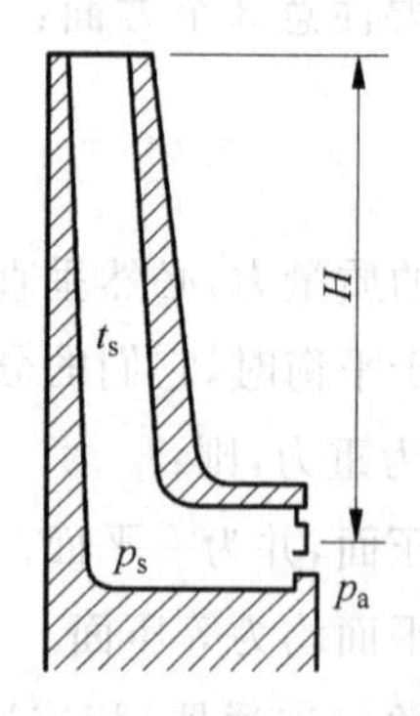

图 3-37 习题 3-1 示意图

解：$\Delta p=(\rho_a-\rho_s)gH=[1.29-(1.25-0.0027\times300)]\times9.8\times20=166.6(\text{Pa})$

3-2 图 3-38 所示为一直煤气管。为求管中静止煤气的密度，在高度差 $H=20\text{m}$ 的两个截面装 U 形管测压计，内装水。已知管外空气的密度 $\rho_a=1.28\text{kg/m}^3$，测压计读数 $h_1=100\text{mm}$，$h_2=115\text{mm}$。与水相比，U 形管中气柱的影响可以忽略。求管内煤气的密度。

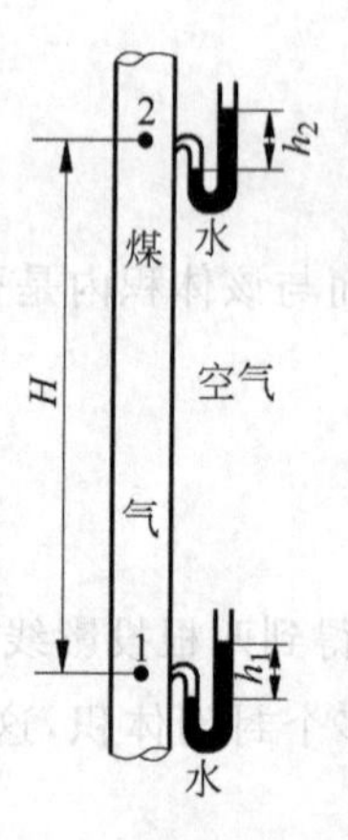

图 3-38 习题 3-2 示意图

解：上下侧大气压强不同：

$$p_{a1}=p_{a2}+\rho_a gH$$

上侧测得压强：

$$p_2=p_{a2}+\rho_{H_2O}gh_2$$

下侧测得压强：

$$p_1 = p_{a1} + \rho_{H_2O}gh_1$$

上下侧煤气压强差：

$$\Delta p = p_1 - p_2 = \rho_{H_2O}g(h_1 - h_2) + \rho_a gH = \rho_g gH$$

煤气密度：

$$\rho_g = \rho_{H_2O}\frac{h_1 - h_2}{H} + \rho_a = 1000 \times \frac{0.1 - 0.115}{20} + 1.28 = 0.53(\text{kg/m}^3)$$

3-3 如图 3-39 所示，U 形管压差计水银面高度差 $h=15\text{cm}$。求充满水的 A、B 两容器内的压强差。

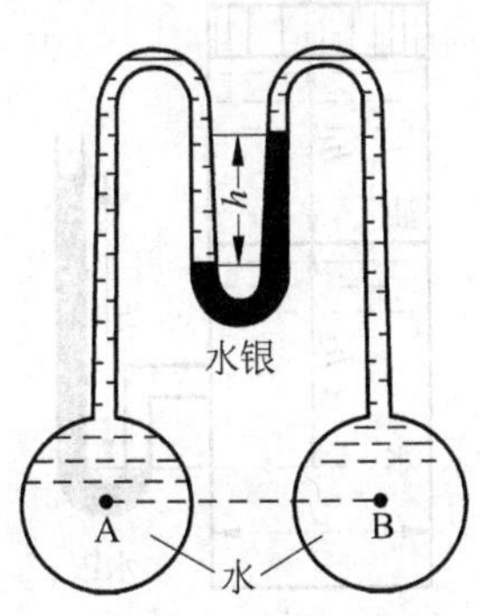

图 3-39 习题 3-3 示意图

解：取等压面 $p_A + \rho_{H_2O}gh = p_B + \rho_{Hg}gh$。

$$\Delta p = p_A - p_B = (\rho_{Hg} - \rho_{H_2O})gh = (13600 - 1000) \times 9.8 \times 0.15 = 18522(\text{Pa})$$

3-4 如图 3-40 所示，U 形管压差计与容器 A 连接，已知 $h_1 = 0.25\text{m}$，$h_2 = 1.61\text{m}$，$h_3 = 1\text{m}$。求容器 A 中水的绝对压强和真空。

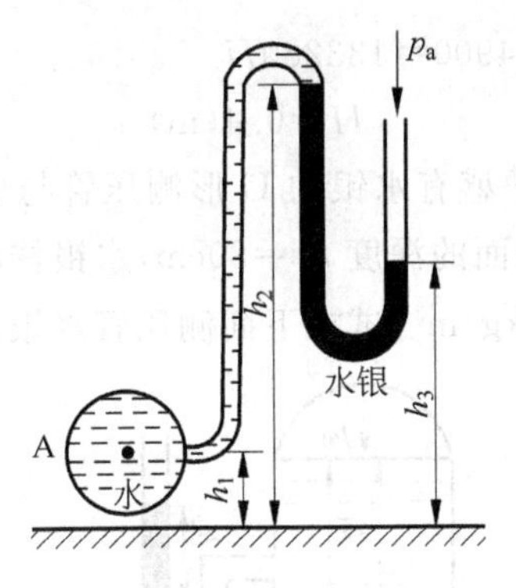

图 3-40 习题 3-4 示意图

解：取等压面 $p_a - \rho_{Hg}g(h_2 - h_3) = p_A - \rho_{H_2O}g(h_2 - h_1)$。

$$\begin{aligned} p_A &= p_a + \rho_{H_2O}g(h_2 - h_1) - \rho_{Hg}g(h_2 - h_3) \\ &= 101325 + 1000 \times 9.8 \times (1.61 - 0.25) - 13600 \times 9.8 \times (1.61 - 1) \\ &= 101325 + 13328 - 81300 \\ &= 33353(\text{Pa}) \end{aligned}$$

$$p_{Ae}=\rho_{H_2O}g(h_2-h_1)-\rho_{Hg}g(h_2-h_3)$$
$$=1000\times9.8\times(1.61-0.25)-13600\times9.8\times(1.61-1)$$
$$=13328-81300=-67972(\text{Pa})$$
$$p_{AV}=67972(\text{Pa})$$

3-5 如图 3-41 所示，在盛有油和水的圆柱形容器的盖上加载荷 $F=5788\text{N}$，已知 $h_1=30\text{cm}$，$h_2=50\text{cm}$，$d=0.4\text{m}$，油的密度 $\rho_{oi}=800\text{kg/m}^3$，水银的密度 $\rho_{Hg}=13600\text{kg/m}^3$，求 U 形管中水银柱的高度差 H。

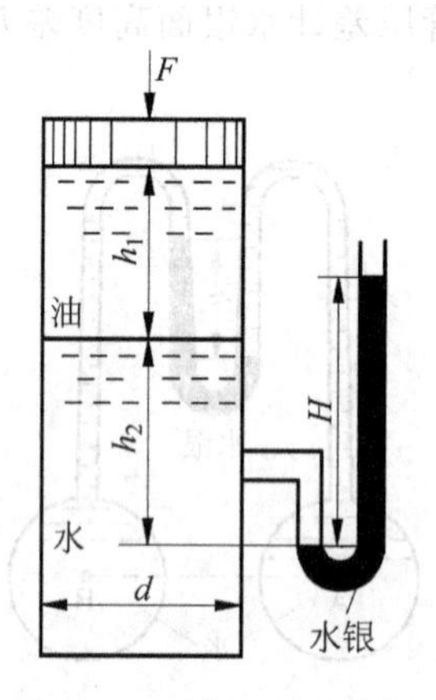

图 3-41 习题 3-5 示意图

解：取等压面 $p_a+\dfrac{F}{S}+\rho_{oi}gh_1+\rho_{H_2O}gh_2=p_a+\rho_{Hg}gH$

$$\frac{5788}{\pi\left(\dfrac{0.4}{2}\right)^2}+800\times9.8\times0.3+1000\times9.8\times0.5=13600\times9.8\times H$$

$$46082.8+2352+4900=133280H$$

所以有
$$H=0.4(\text{m})$$

3-6 如图 3-42 所示，两根盛有水银的 U 形测压管与盛有水的密封容器连接。若上面测压管的水银液面距自由液面的深度 $h_1=60\text{cm}$，水银柱高 $h_2=25\text{cm}$，下面测压管的水银柱高 $h_3=30\text{cm}$，$\rho_{Hg}=13600\text{kg/m}^3$，试求下面测压管水银面距自由液面的深度 h_4。

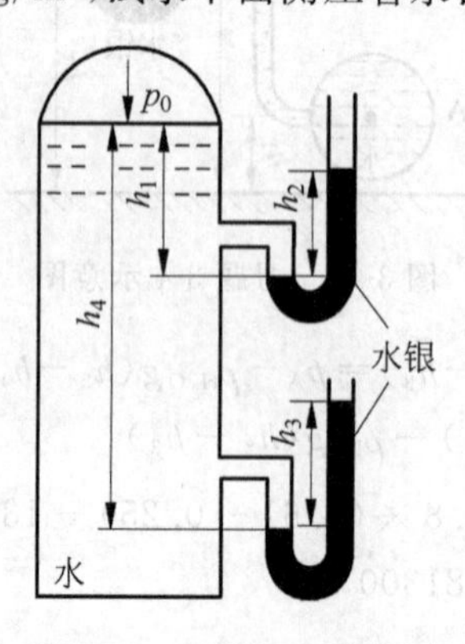

图 3-42 习题 3-6 示意图

解：上面测压管取等压面 $p_0+\rho_{H_2O}gh_1=p_a+\rho_{Hg}gh_2$。

下面测压管取等压面 $p_0+\rho_{H_2O}gh_4=p_a+\rho_{Hg}gh_3$。

$$\rho_{H_2O}g(h_1-h_4)=\rho_{Hg}g(h_2-h_3)$$

$$1000\times9.8\times(0.6-h_4)=13600\times9.8\times(0.25-0.3)$$

得

$$h_4=1.28(\text{m})$$

3-7　如图3-43所示，一封闭容器内盛有油和水，油层厚 $h_1=30\text{cm}$，油的密度 $\rho_{oi}=800\text{kg/m}^3$，盛有水银的U形测压管的液面距水面的深度 $h_2=50\text{cm}$，水银柱的高度低于油面 $h=40\text{cm}$。试求油面上的计示压强。

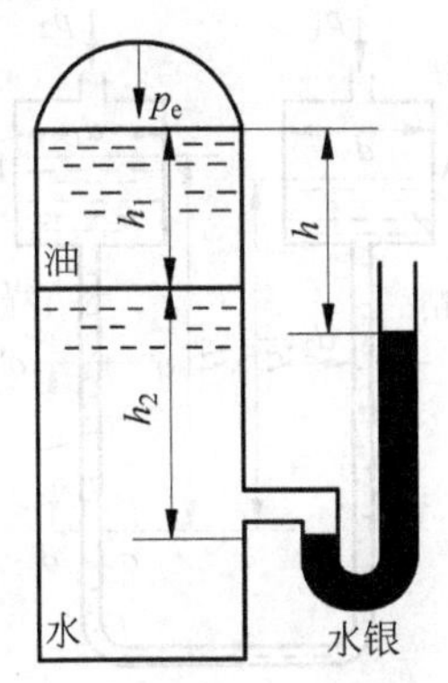

图3-43　习题3-7示意图

解：取等压面 $p_e+\rho_{oi}gh_1+\rho_{H_2O}gh_2=p_a+\rho_{Hg}g(h_1+h_2-h)$。

$$p_e+800\times9.8\times0.3+1000\times9.8\times0.5=101325+13600\times9.8\times(0.3+0.5-0.4)$$

$$p_e+2352+4900=101325+53312$$

$$p_e=147385(\text{Pa})$$

3-8　如图3-44所示，处于平衡状态的水压机，其大活塞上受力 $F_1=4905\text{N}$，杠杆柄上作用力 $F_2=147\text{N}$，杠杆臂 $a=15\text{cm}$，$b=75\text{cm}$。若小活塞直径 $d_1=5\text{cm}$，不计活塞的高度差及其质量，计及摩擦力的校正系数 $\eta=0.9$，求大活塞直径 d_2。

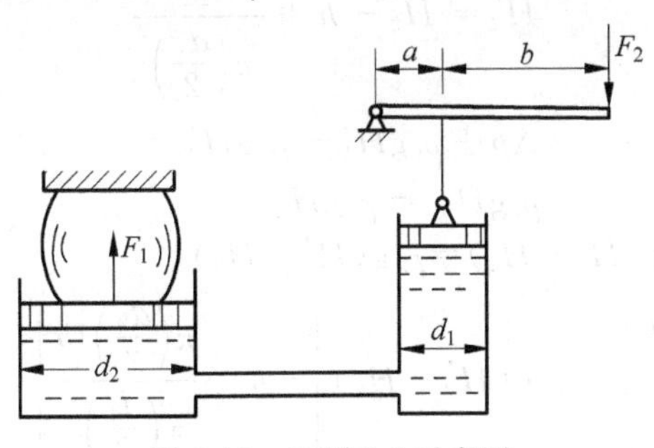

图3-44　习题3-8示意图

解：小活塞上的力 $F=\dfrac{F_2(a+b)}{a}=\dfrac{147\times(15+75)}{15}=882(\text{N})$

$$\frac{F}{\pi\left(\dfrac{d_1}{2}\right)^2}\times0.9=\frac{F_1}{\pi\left(\dfrac{d_2}{2}\right)^2}$$

$$\frac{882}{\pi\left(\frac{5}{2}\right)^2}\times 0.9=\frac{4905}{\pi\left(\frac{d_2}{2}\right)^2}$$

$$d_2=12.4289(\text{cm})$$

3-9 如图 3-45 所示为双液式微压计，A、B 两杯的直径均 $d_1=50\text{mm}$，用 U 形管连接，U 形管直径 $d_2=5\text{mm}$，A 杯盛有酒精，密度 $\rho_1=870\text{kg/m}^3$，B 杯盛有煤油，密度 $\rho_2=830\text{kg/m}^3$。当两杯上的压强差 $\Delta p=0$ 时，酒精煤油的分界面在 $o\text{-}o$ 线上。试求当两种液体的分界面上升到 $o'\text{-}o'$ 位置、$h=280\text{mm}$ 时 Δp 等于多少？

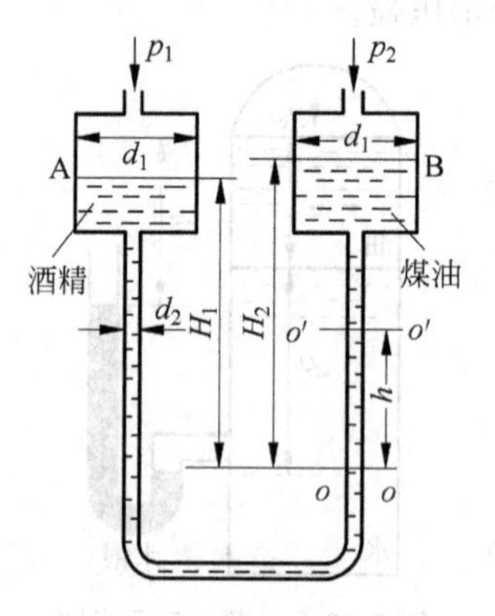

图 3-45　习题 3-9 示意图

解：酒精下降后高度：

$$H_1'=H_1-h-\frac{\pi\left(\frac{d_2}{2}\right)^2 h}{\pi\left(\frac{d_1}{2}\right)^2}$$

煤油上升后高度：

$$H_2'=H_2-h+\frac{\pi\left(\frac{d_2}{2}\right)^2 h}{\pi\left(\frac{d_1}{2}\right)^2}$$

$$\Delta p+\rho_1 gH_1'=\rho_2 gH_2'$$

$$\rho_1 gH_1=\rho_2 gH_2$$

以上两式相减得 $\Delta p+\rho_1 g(H_1'-H_1)=\rho_2 g(H_2'-H_2)$。

$$\Delta p+\rho_1 g\left[-h-\frac{\pi\left(\frac{d_2}{2}\right)^2 h}{\pi\left(\frac{d_1}{2}\right)^2}\right]=\rho_2 g(H_2'-H_2)\left[-h+\frac{\pi\left(\frac{d_2}{2}\right)^2 h}{\pi\left(\frac{d_1}{2}\right)^2}\right]$$

$$\Delta p=\rho_2 g\left[-h+\frac{\pi\left(\frac{d_2}{2}\right)^2 h}{\pi\left(\frac{d_1}{2}\right)^2}\right]-\rho_1 g\left[-h-\frac{\pi\left(\frac{d_2}{2}\right)^2 h}{\pi\left(\frac{d_1}{2}\right)^2}\right]$$

$$=830\times 9.8\times\left(-0.28+\frac{0.005^2\times 0.28}{0.05^2}\right)-870\times 9.8\times\left(-0.28-\frac{0.005^2\times 0.28}{0.05^2}\right)$$

$$=-2254.7448+2411.1528$$
$$=-156.408(\text{Pa})$$

3-10 试按复式水银测压计(见图 3-46)的读数算出锅炉中水面上蒸汽的绝对压强 p。已知：$H=3\text{m}$，$h_1=1.4\text{m}$，$h_2=2.5\text{m}$，$h_3=1.2\text{m}$，$h_4=2.3\text{m}$，水银的密度 $\rho_{Hg}=13600\text{kg/m}^3$。

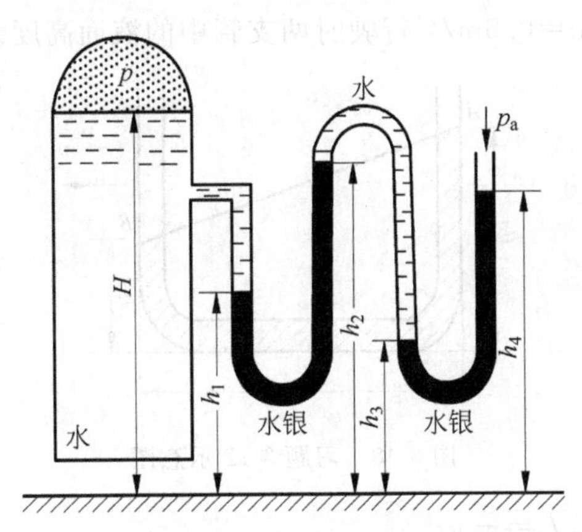

图 3-46 习题 3-10 示意图

解： 取等压面 $\rho_{H_2O}g(H-h_1)+p=\rho_{Hg}g(h_2-h_1)+p_2$

取等压面 $\rho_{H_2O}g(h_2-h_3)+p_2=\rho_{Hg}g(h_4-h_3)+p_a$

两式相加 $\rho_{H_2O}g(H-h_1+h_2-h_3)+p=\rho_{Hg}g(h_2-h_1+h_4-h_3)+p_a$

$$p=\rho_{Hg}g(h_4-h_3+h_2-h_1)-\rho_{H_2O}g(H-h_1+h_2-h_3)+p_a$$
$$=13600\times9.8\times(2.3-1.2+2.5-1.4)-1000\times9.8$$
$$\times(3-1.4+2.5-1.2)+101325$$
$$=293216-28420+101325$$
$$=366121(\text{Pa})$$

3-11 如图 3-47 所示，用倾斜微压计测量通风管道 A、B 的压强差。倾斜微压计内酒精的密度 $\rho=810\text{kg/m}^3$，玻璃管的倾斜角 $\alpha=45°$，管中酒精上升 $l=20\text{cm}$，二通风管道的压强差等于多少？若二通风管道的压强差不变，微压计内改用密度 $\rho_W=998\text{kg/m}^3$ 的水，玻璃管的倾斜角 $\alpha=30°$，管中的水又上升多少？近似计算，可取玻璃管与宽广容器的截面积比 $A_1/A_2\approx0$。

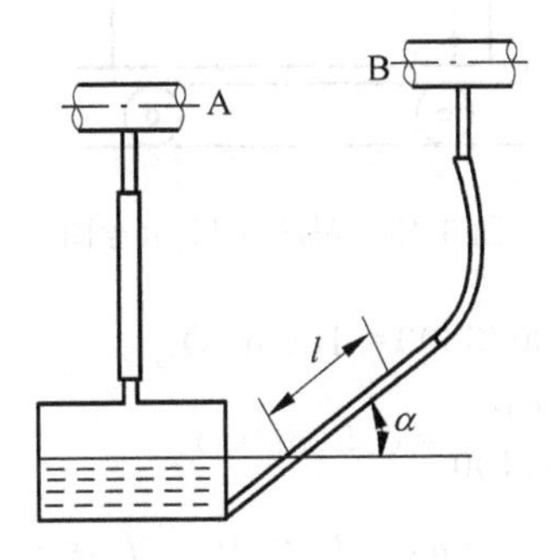

图 3-47 习题 3-11 示意图

解：(1) $\Delta P = P_A - P_B = \rho g l \sin\alpha = 810 \times 9.8 \times 0.2 \times \sin 45° = 1122.6(\text{Pa})$

(2) $\Delta P' = P_A - P_B = \rho_W g l' \sin\alpha'$

$$l' = \frac{\Delta P}{\rho_W g \sin\alpha'} = \frac{1122.6}{998 \times 9.8 \times \sin 30°} = 0.2296(\text{m})$$

3-12 如图 3-48 所示，直线行驶的汽车上放置一内装液体的 U 形管，长 $l=500\text{mm}$。试确定当汽车以加速度 $a=0.5\text{m/s}^2$ 行驶时两支管中的液面高度差。

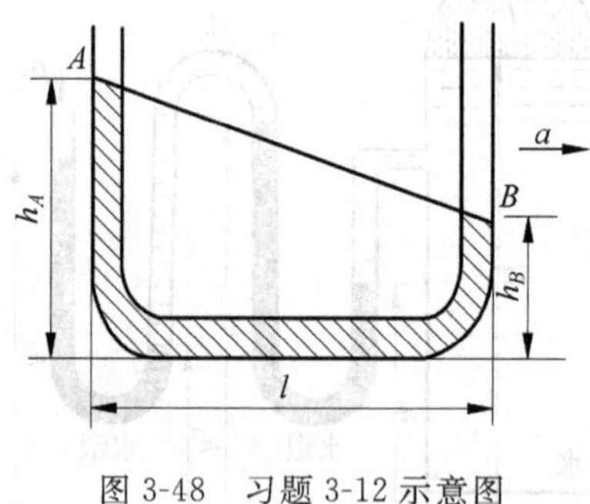

图 3-48　习题 3-12 示意图

解：$f_x = -a, f_y = 0, f_z = -g$

等压面方程：$f_x \mathrm{d}x + f_y \mathrm{d}y + f_z \mathrm{d}z = 0$

$$a\mathrm{d}x + g\mathrm{d}z = 0$$

$$ax + gz = C$$

自由液面处：$x=0, z=0, C=0$

$$ax + gz = 0$$

$$a\Delta x + g\Delta z = 0$$

$$\Delta h = \left| -\frac{a}{g} l \right| = \left| -\frac{0.5}{9.8} \times 0.5 \right| = 0.0225(\text{m})$$

3-13 如图 3-49 所示，油罐车内装着密度 $\rho=1000\text{kg/m}^3$ 的液体，以水平直线速度 $v=36\text{km/h}$ 行驶，油罐车的尺寸为 $D=2\text{m}, h=0.3\text{m}, l=4\text{m}$。车在某一时刻开始减速运动，经 100m 距离后完全停下。若为均匀制动，求作用在侧面 A 上的力多大？

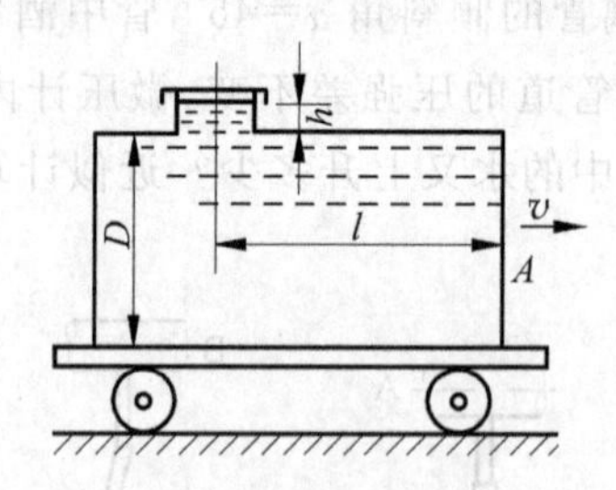

图 3-49　习题 3-13 示意图

解：水平直线速度 $v = 36000/3600 = 10(\text{m/s})$

加速度 $-a = \frac{v^2}{2s} = -\frac{10^2}{2 \times 100} = 0.5(\text{m/s}^2)$

$$f_x = -a,\quad f_y = 0,\quad f_z = -g$$

$$dp = \rho(f_x dx + f_y dy + f_z dz) = \rho(-a dx - g dz)$$
$$p = -\rho ax - \rho gz + C$$

当 $z=\frac{D}{2}+h=1.3, x=0$ 时，$p=p_a$。

$$p_a = 101325 = -\rho ax - \rho gz + C = -1000 \times 9.8 \times 1.3 + C$$

得 $C=114065$。则油罐前面圆心处：

$$\begin{aligned} p_{中心} &= -\rho ax - \rho gz + C \\ &= -1000 \times (-0.5) \times 4 - 1000 \times 9.8 \times 0 + 114065 \\ &= 116065(\text{Pa}) \end{aligned}$$

$$p_e = p_{中心} - p_a = 116065 - 101325 = 14740(\text{Pa})$$

$$F = p_e s = 14740 \times \pi\left(\frac{2}{2}\right)^2 = 46283.6(\text{N})$$

3-14　如图3-50所示，一正方形容器，底面积为 $b\times b=200\text{mm}\times 200\text{mm}$，质量 $m_1=4\text{kg}$。当它装水的高度 $h=150\text{mm}$ 时，在 $m_2=25\text{kg}$ 的载荷作用下沿平面滑动。若容器的底与平面间的摩擦系数 $C_f=0.3$，试求不使水溢出时容器的最小高度 H 是多少？

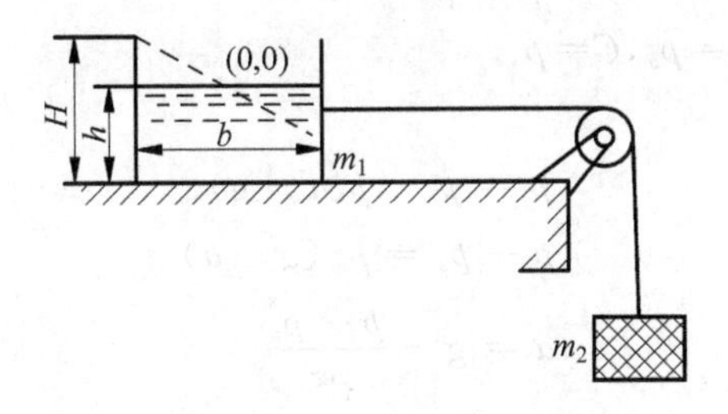

图3-50　习题3-14示意图

解：$f=(m_{H_2O}+m_1)gAC_f=(V\rho_{H_2O}+m_1)gAC_f$
$=(0.2\times 0.2\times 0.15\times 1000+4)\times 9.8\times 0.3=29.4(\text{N})$

$$a=\frac{m_2 g - f}{m_2+m_1+m_{H_2O}}=\frac{25\times 9.8-29.4}{25+4+6}=6.16(\text{m/s}^2)$$

在容器中建立坐标，原点在水面的中心点。

$$f_x=-a,\quad f_y=0,\quad f_z=-g$$
$$dp=\rho(-a dx - g dz)$$
$$p=-\rho ax-\rho gz+C$$

当 $x=0, z=0$ 时，$p=0$，所以 $C=0$。

所以自由液面方程为 $z=-\frac{a}{g}x$。将 $x=-\frac{b}{2}, z=H-h$ 代入，得

$$H=h+\frac{ab}{2g}=0.15+\frac{6.16\times 0.2}{2\times 9.8}=0.2129(\text{m})$$

3-15　图3-51所示为一等加速向下运动的盛水容器，水深 $h=2\text{m}$，加速度 $a=4.9\text{m/s}^2$。试确定：(1)容器底部的流体绝对静压强；(2)加速度为何值时容器底部所受压强为大气压强；(3)加速度为何值时容器底部的绝对静压强等于零[提示：对本题 $f_x=$

$0, f_y=0, f_z=a-g$，由积分压强公式(3-3)得 $p=p_a+\rho gh(1-a/g)$]。

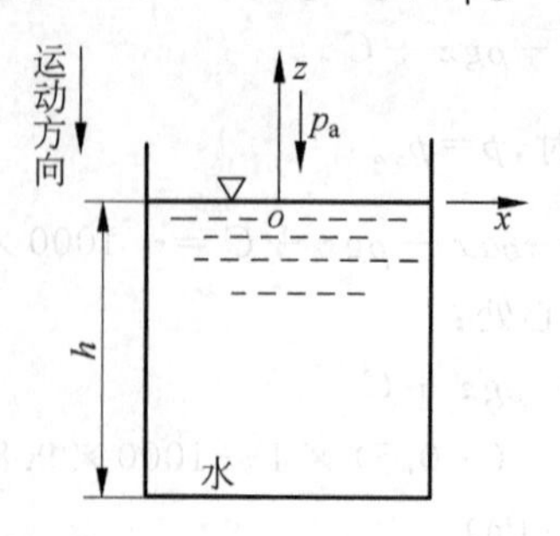

图 3-51　习题 3-15 示意图

解：$f_x=0, f_y=0, f_z=a-g$

压强差公式：

$$\mathrm{d}p=\rho(f_x\mathrm{d}x+f_y\mathrm{d}y+f_z\mathrm{d}z)=\rho(a-g)\mathrm{d}z$$

积分得：

$$p=\rho(a-g)z+C$$

边界条件 $z=0$ 时，$p=p_a, C=p_a$。

压强分布：

$$p=p_a+\rho(a-g)z$$

$$p-p_a=\rho z(g-a)$$

$$a=g-\frac{p-p_a}{\rho z}$$

容器底部 $z=-2m, p=p_a+2\rho(g-a)$。

(1) $p=p_a+2\rho(g-a)=101325+2\times1000\times(9.8-4.9)=111125(\mathrm{Pa})$

(2) $a=g-\dfrac{p-p_a}{\rho h}=g\dfrac{p_a-p_a}{\rho h}=g=9.8(\mathrm{m/s^2})$

(3) $a=g-\dfrac{p-p_a}{\rho h}=9.8-\dfrac{0-101325}{1000\times2}=60.4625(\mathrm{m/s^2})$

3-16　图 3-52 所示为一圆柱形容器，直径 $d=300\mathrm{mm}$，高 $H=500\mathrm{mm}$，容器内装水，水深 $h_1=300\mathrm{mm}$，使容器绕铅垂直轴做等角速旋转。(1)试确定水正好不溢出时的转速 n_1；(2)求刚好露出容器底面时的转速 n_2；这时容器停止旋转，水静止后的深度 h_2 等于多少？

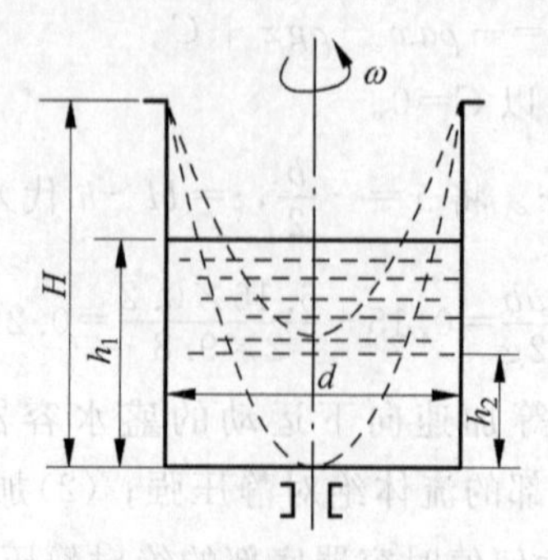

图 3-52　习题 3-16 示意图

解：(1) 设抛物面顶点为原点，边沿得高度为 Z，由于前后体积未发生改变，则由体积公式可得：

$$\frac{1}{4}\pi d^2[h-(H-Z)]=\frac{1}{2}\times\frac{1}{4}\pi d^2\times Z$$

得
$$Z=2(H-h_1)=2\times(500-300)=400(\mathrm{mm})=0.4(\mathrm{m})$$

由于 $p_e=\rho g\left(\frac{\omega^2 r^2}{2g}-Z\right)$，当 $r=d/2$ 时，则 $p_e=0$。

$$\omega=\frac{\sqrt{Z\times 2g}}{r}=\frac{\sqrt{0.4\times 2\times 9.8}}{\frac{0.3}{2}}=18.67(\mathrm{rad/s})$$

$$n=\frac{\omega}{2\pi}\times 60=\frac{18.67}{2\times 3.14}\times 60=178.38(\mathrm{r/min})$$

(2) 当刚露底面时 $Z=H$，$r=d/2$，有 $p_e=0$，得

$$\omega=\frac{\sqrt{Z\times 2g}}{r}=\frac{\sqrt{0.5\times 2\times 9.8}}{\frac{0.3}{2}}=20.87(\mathrm{rad/s})$$

$$n=\frac{\omega}{2\pi}\times 60=\frac{20.87}{2\times 3.14}\times 60=199.39(\mathrm{r/min})$$

根据
$$\frac{1}{4}\pi d^2[h-(H-Z)]=\frac{1}{2}\times\frac{1}{4}\pi d^2\times Z$$

得
$$h-(H-Z)=\frac{1}{2}\times Z$$

$$h_2=\frac{H}{2}=0.25(\mathrm{m})$$

3-17　如图 3-53 所示，为了提高铸件的质量，用离心铸造机铸造车轮。已知铁水密度 $\rho=7138\mathrm{kg/m^3}$，车轮尺寸 $h=200\mathrm{mm}$，$d=900\mathrm{mm}$，下箱由基座支承，上箱及其砂重为 10kN。求转速 $n=600\mathrm{r/min}$ 时车轮边缘处的计示压强和螺栓群 A-A 所受的总拉力。

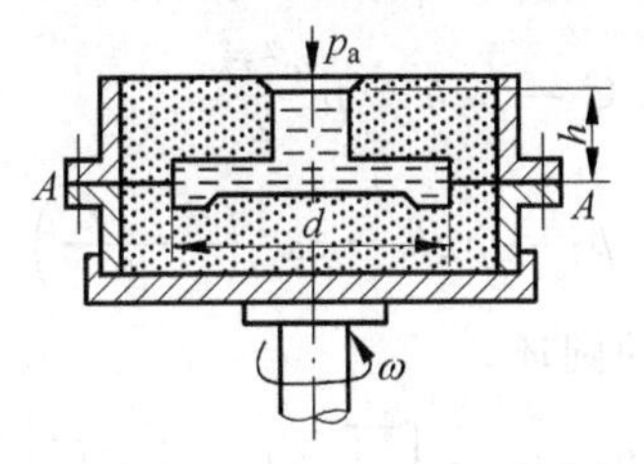

图 3-53　习题 3-17 示意图

解：$p=\rho g\left(\frac{\omega^2 r^2}{2g}-Z\right)+C$

当 $r=0$，$Z=0$ 时，$p_e=0$，$C=0$。

$$\omega=\frac{2\pi n}{60}=\frac{2\pi\times 600}{60}=20\pi$$

车轮边缘处 $r=0.45\mathrm{m}$，$Z=-0.2\mathrm{m}$。

$$p_e=\rho g\left(\frac{\omega^2 r^2}{2g}-Z\right)=7138\times 9.8\times\left(\frac{400\pi^2\times 0.45^2}{2\times 9.8}+0.2\right)=2864.29(\text{kPa})$$

$$F=F_p-G=\int_0^{\frac{d}{2}}\rho g\left[\frac{(20\pi)^2\times r^2}{2g}+0.2\right]\times 2\pi r\times \mathrm{d}r-10$$

$$=\int_0^{\frac{d}{2}}7138\times 9.8\left[\frac{(20\pi)^2\times r^2}{2\times 9.8}+0.2\right]\times 2\pi r\times \mathrm{d}r-10$$

$$=7138\times 9.8\times\left(\frac{400\pi^2 r^4}{2\times 9.8\times 4}+0.2\frac{r^2}{2}\right)2\pi-10000$$

$$=7138\times 9.8\times(2.0628+0.02025)2\pi-10000$$

$$=905.086(\text{kN})$$

3-18 如图 3-54 所示，一圆柱形容器，直径 $d=1.2\text{m}$，充满水，并绕铅直轴等角速度旋转。在盖顶上 $r_0=0.43\text{m}$ 处安装一开口测压管，管中的水位 $h=0.5\text{m}$。问此容器的转速 n 为多少时顶盖所受的静水总压力为零？

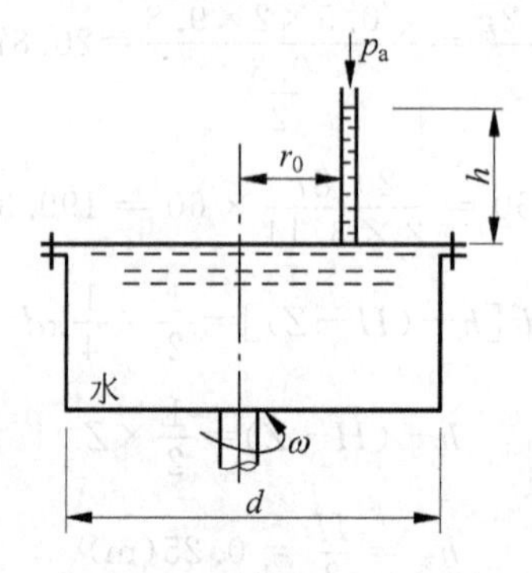

图 3-54 习题 3-18 示意图

解： $p=\rho g\left(\frac{\omega^2 r^2}{2g}-Z\right)+C$

根据边界条件，$Z=0$ 时，$r=r_0$，$p_e=\rho gh$。代入得

$$C=\rho gh-\rho\frac{\omega^2 r_0^2}{2}$$

$$p_e=\rho gh-\rho\omega^2\left(\frac{r_0^2-r^2}{2}\right)$$

在顶盖上取宽为 $\mathrm{d}r$，半径为 r 的圆环。

$$F=\int_0^{\frac{d}{2}}p_e\times 2\pi r\mathrm{d}r=\int_0^{\frac{d}{2}}\left[\rho gh-\rho\omega^2\left(\frac{r_0^2-r^2}{2}\right)\right]2\pi r\mathrm{d}r$$

$$=\left[\rho gh\frac{r^2}{2}-\rho\omega^2\left(\frac{r^2}{2}\times\frac{r_0^2}{2}-\frac{r^4}{8}\right)\right]2\pi\Big|_0^{\frac{d}{2}}=0$$

$$\rho gh\frac{r^2}{2}-\rho\omega^2\left(\frac{r^2}{2}\times\frac{r_0^2}{2}-\frac{r^4}{8}\right)=0$$

$$\rho gh\frac{r^2}{2}=\rho\omega^2\left(\frac{r^2}{2}\times\frac{r_0^2}{2}-\frac{r^4}{8}\right)$$

$$gh = \omega^2\left(\frac{r_0^2}{2} - \frac{r^2}{4}\right) = \omega^2\left[\frac{r_0^2}{2} - \frac{\left(\frac{d}{2}\right)^2}{4}\right] = \omega^2\frac{8r_0^2 - d^2}{16}$$

$$\omega = \sqrt{\frac{16gh}{8r_0^2 - d^2}} = 44.7(\mathrm{s}^{-1})$$

$$n = \frac{60\omega}{2\pi} = 427(\mathrm{r/min})$$

3-19　如图3-55所示，圆柱形容器的直径 $d=600\mathrm{mm}$，高 $H=500\mathrm{mm}$，盛水至 $h=400\mathrm{mm}$，余下的容积盛满密度 $\rho=800\mathrm{kg/m^3}$ 的油，容器顶盖中心有一小孔与大气相通。若此容器绕其主轴旋转，问转速 n 多大时油面开始接触到底板？求此时顶盖和底板上的最大和最小计示压强[提示：油水分界面为等压面]。

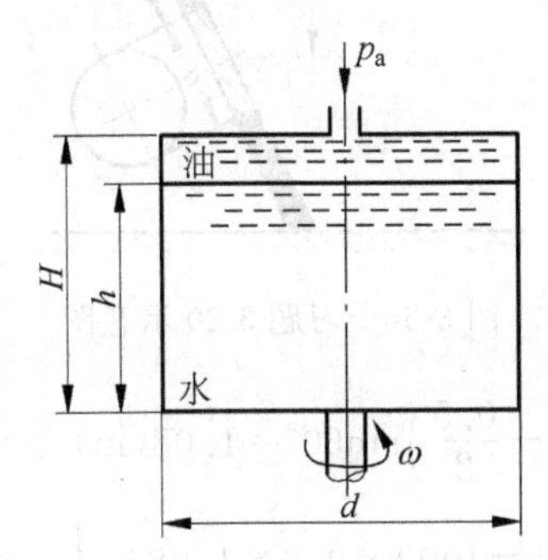

图3-55　习题3-19示意图

解：由体积公式知 $\frac{1}{4}\pi d^2(H-h)=\frac{1}{2}\times\frac{1}{4}\pi d_1^2\times H$。

$$d_1^2 = \frac{2d^2(H-h)}{H} = \frac{2\times 0.6^2\times(0.5-0.4)}{0.5} = 0.144 = (2r_1)^2$$

$$r_1 = \sqrt{\frac{0.144}{4}} = 0.1897(\mathrm{m})$$

以角速度 ω 旋转时，油水界面在轴心处触及底面，在 $r=r_1$ 处触及顶面，由于油水界面是一等压面，此面上轴心点处压强为 ρgH，$r=r_1$ 处压强为 $\rho g\frac{\omega^2 r_1^2}{2g}$，则

$$\rho gH = \rho g\frac{\omega^2 r_1^2}{2g} \Rightarrow \omega^2 r_1^2 = 2gH$$

$$\omega = \sqrt{\frac{2gH}{r_1^2}} = \sqrt{\frac{2\times 9.8\times 0.5}{0.1897^2}} = 16.5(\mathrm{rad/s})$$

$$n = \frac{60\omega}{2\pi} = \frac{60\times 16.5}{2\pi} = 157.64(\mathrm{r/min})$$

顶部中心处压强：$p_1=0$。

底部中心处压强：

$$p_2 = p_1 + \rho gH = 800\times 9.8\times 0.5 = 3920(\mathrm{Pa})$$

底部外围压强：

$$p_3 = p_2 + \rho_{H_2O} g \frac{\omega^2 \left(\frac{d}{2}\right)^2}{2g} = 3920 + \frac{9800 \times 16.5^2 \times \left(\frac{0.6}{2}\right)^2}{2 \times 9.8} = 16171.25(\mathrm{Pa})$$

顶部外围压强：

$$p_4 = p_3 - \rho_{H_2O} g H = 16171.25 - 9800 \times 0.5 = 11271.25(\mathrm{Pa})$$

3-20 如图 3-56 所示，求斜壁上圆形闸门上的总压力及压力中心。已知闸门直径 $d=0.5\mathrm{m}$，$a=1\mathrm{m}$，$\alpha=60°$。

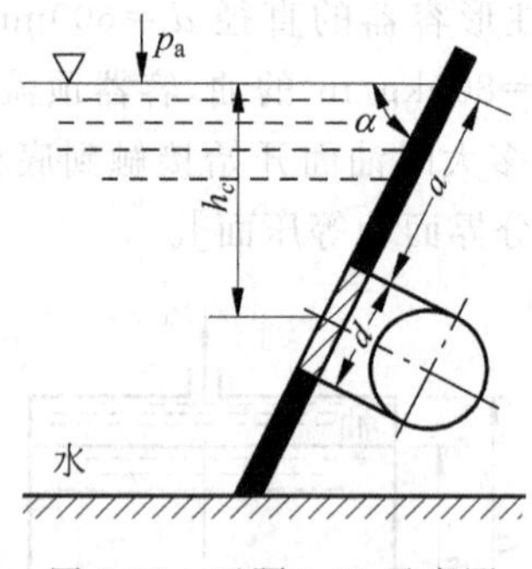

图 3-56 习题 3-20 示意图

解：$h_c = \left(a + \frac{d}{2}\right)\sin\alpha = \left(1 + \frac{0.5}{2}\right)\sin 60° = 1.08(\mathrm{m})$

$$F = PA = \rho g h_c \times \frac{1}{4}\pi d^2 = 1000 \times 9.8 \times 1.08 \times \frac{1}{4}\pi \times 0.5^2 = 2077.11(\mathrm{N})$$

$$x_D = x_c + \frac{I_{cy}}{x_c A} = \left(a + \frac{d}{2}\right) + \frac{\frac{\pi}{64} d^4}{\left(a + \frac{d}{2}\right) \times \frac{1}{4}\pi d^2}$$

$$= \left(1 + \frac{0.5}{2}\right) + \frac{\frac{\pi}{64} \times 0.5^4}{\left(1 + \frac{0.5}{2}\right) \times \frac{1}{4}\pi \times 0.5^2} = 1.2625(\mathrm{m})$$

3-21 如图 3-57 所示为绕铰链 O 转动的倾斜角 $\alpha=60°$ 的自动开启式水闸，当水闸一侧的水位 $H=2\mathrm{m}$，另一侧的水位 $h=0.4\mathrm{m}$ 时，闸门自动开启。试求铰链至水闸下端的距离 x。

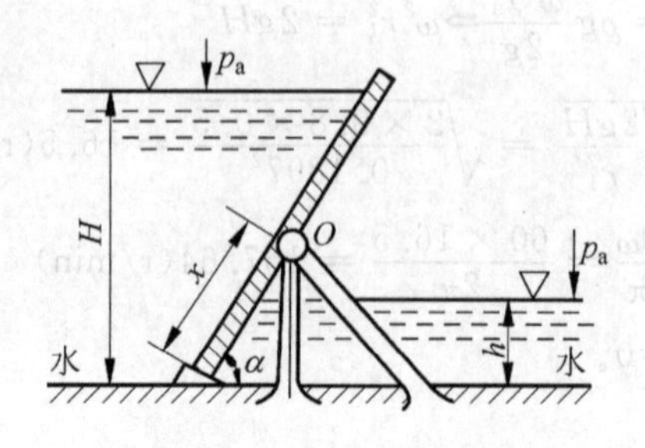

图 3-57 习题 3-21 示意图

解：设水闸宽度为 b。

作用在水闸左侧压力为 $F_{p1}=\rho g h_{c1} A_1=\rho g\ \frac{H}{2}b\ \frac{H}{\sin\alpha}=\frac{\rho g H^2 b}{2\sin\alpha}$。

作用在水闸右侧压力为 $F_{p2}=\rho g h_{c2} A_2=\rho g\ \frac{h}{2}b\ \frac{h}{\sin\alpha}=\frac{\rho g h^2 b}{2\sin\alpha}$。

由于矩形平面的压力中心的坐标为 $x_D=x_c+\frac{I_{cy}}{x_c A}=\frac{l}{2}+\frac{\frac{bl^3}{12}}{\frac{l}{2}bl}=\frac{2}{3}l$。所以，水闸左侧在闸门面上压力中心与水面距离为 $x_{D1}=\frac{2}{3}\times\frac{H}{\sin\alpha}$。

水闸右侧在闸门面上压力中心与水面距离为 $x_{D2}=\frac{2}{3}\times\frac{H}{\sin\alpha}$。

对通过 O 点垂直于图面的轴取力矩，设水闸左侧的力臂为 d_1，则

$$d_1=x-(l_1-x_{D1})=x-\left(\frac{H}{\sin\alpha}-\frac{2}{3}\times\frac{H}{\sin\alpha}\right)=x-\frac{H}{3\sin\alpha}$$

设水闸右侧的力臂为 d_2，则

$$d_2=x-(l_2-x_{D2})=x-\left(\frac{h}{\sin\alpha}-\frac{2}{3}\times\frac{h}{\sin\alpha}\right)=x-\frac{h}{3\sin\alpha}$$

当满足闸门自动开启条件时，对于通过 O 点垂直于图面的轴的合力矩应为零。

$$F_{p1}d_1-F_{p2}d_2=0$$

$$\frac{\rho g H^2 b}{2\sin\alpha}\left(x-\frac{H}{3\sin\alpha}\right)=\frac{\rho g h^2 b}{2\sin\alpha}\left(x-\frac{h}{3\sin\alpha}\right)$$

$$H^2\left(x-\frac{H}{3\sin\alpha}\right)=h^2\left(x-\frac{h}{3\sin\alpha}\right)$$

$$(H^2-h^2)x=\frac{1}{3\sin\alpha}(H^3-h^3)$$

$$x=\frac{1}{3\sin\alpha}\times\frac{H^3-h^3}{H^2-h^2}=\frac{1}{3\sin\alpha}\times\frac{H^2+Hh+h^2}{H+h}$$

$$=\frac{1}{3\sin 60^\circ}\times\frac{2^2+2\times 0.4+0.4^2}{2+0.4}=0.795(\mathrm{m})$$

3-22 水作用在图3-58所示3/4圆柱面 $ABCD$ 上，画出(a)、(b)、(c)三种开口测压管液面位置▽1、▽2、▽3情况的压力体及总压力垂直分力的作用方向。

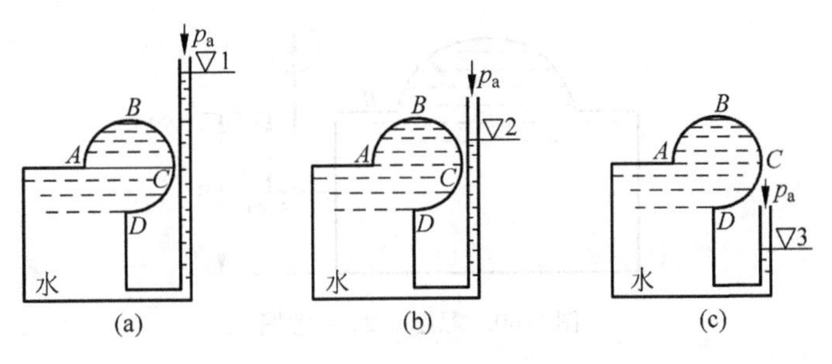

图3-58 习题3-22示意图

解：

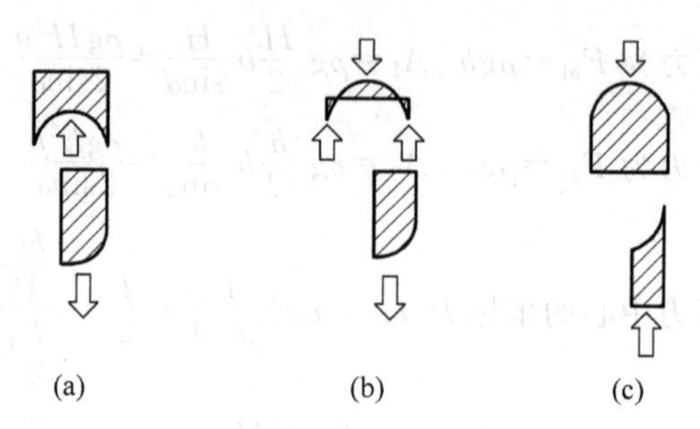

3-23 如图 3-59 所示为盛水的球体，直径 $d=2\text{m}$，球体下部固定不动，求作用于螺栓上的力。

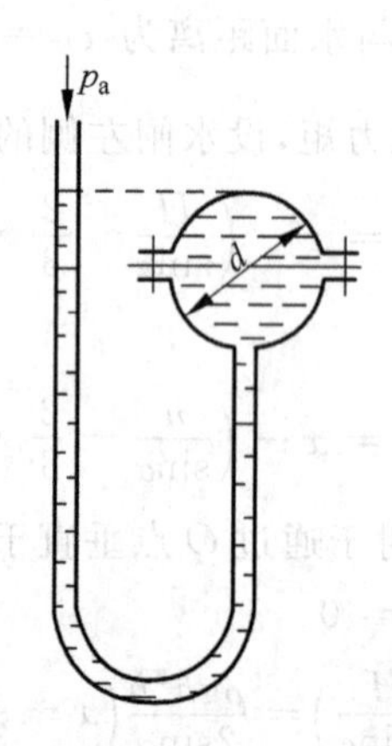

图 3-59 习题 3-23 示意图

解：将球分成上下两部分，对各部分来说水平方向分力相等方向相反，所以

$$F_p = F_{pz} = \rho g V_p = \rho g\left[\frac{\pi d^2}{4}\times\frac{d}{2}-\frac{1}{2}\times\frac{4}{3}\pi\times\left(\frac{d}{2}\right)^3\right]$$

$$= 1000\times 9.8\times\left[\frac{\pi\times 2^2}{4}\times\frac{2}{2}-\frac{1}{2}\times\frac{4}{3}\pi\times\left(\frac{2}{2}\right)^3\right]$$

$$= 10257.33(\text{N})$$

3-24 图 3-60 所示为一储水设备，在 C 点测得绝对压强 $p=196120\text{Pa}$，$h=2\text{m}$，$R=1\text{m}$，求作用于半球 AB 的总压力。

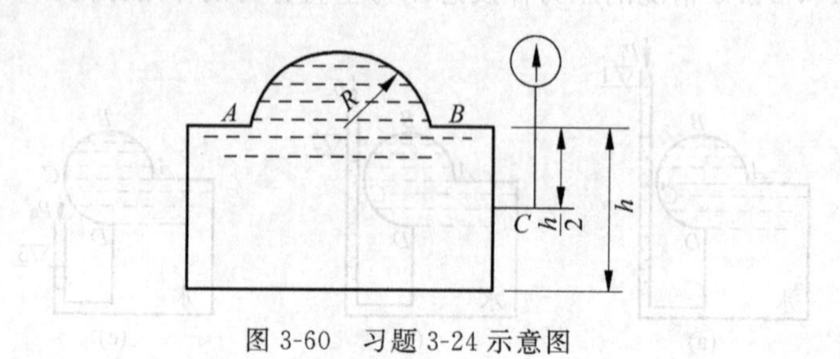

图 3-60 习题 3-24 示意图

解：将 C 点的压强转化为水柱高度，则

$$h_c=\frac{p-p_a}{\rho g}=\frac{196120-101325}{1000\times 9.8}=9.672$$

$$V_p=\pi R^2\left(h_c-\frac{h}{2}\right)-\frac{4}{3}\pi R^3\times\frac{1}{2}$$

$$F_z=\rho g V_p=1000\times 9.8\times\left[\pi R^2\left(h_c-\frac{h}{2}\right)-\frac{4}{3}\pi R^3\times\frac{1}{2}\right]$$

$$=1000\times 9.8\times\left[\pi R^2\left(h_c-\frac{h}{2}-\frac{2}{3}R\right)\right]$$

$$=1000\times 9.8\times\left[\pi\times 1^2\left(9.672-\frac{2}{2}-\frac{2}{3}\times 1\right)\right]$$

$$=246.33(\text{kN})$$

由于 $F_x=0$，所以 $F=F_z=246.33\text{kN}$。

3-25 图3-61所示为一扇形闸门，宽度 $B=1\text{m}$，$\alpha=45°$。水头 $H=3\text{m}$。求水对闸门的作用力的大小及方向。

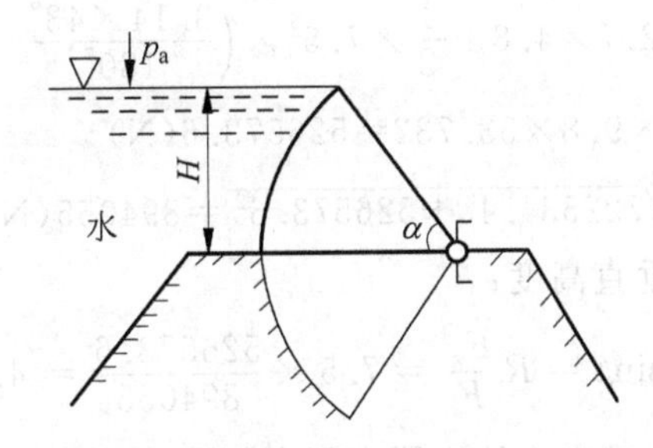

图3-61 习题3-25示意图

解：在水平方向 $h_c=\dfrac{H}{2}$，$A_x=BH$。

$$F_{px}=\rho g h_c A_x=\rho g\left(\frac{H}{2}\right)BH=1000\times 9.8\times\left(\frac{3}{2}\right)\times 1\times 3=44100(\text{N})$$

竖直方向 $R=\dfrac{H}{\sin\alpha}=\dfrac{3}{\sin 45°}=4.243(\text{m})$

$$F_{pz}=\rho g V_p=\rho g B\left[(R-R\cos\alpha)H-\left(\frac{\alpha}{360°}\pi R^2-\frac{1}{2}R\cos\alpha H\right)\right]$$

$$=1000\times 9.8\times 1\times\left[4.243\times(1-\cos 45°)\times 3\right.$$

$$\left.-4.243\times\left(\frac{45°}{360°}\pi\times 4.243-\frac{1}{2}\times\cos 45°\times 3\right)\right]$$

$$=11398.397(\text{N})$$

$$F_p=\sqrt{F_{px}^2+F_{pz}^2}=\sqrt{44100^2+11398.397^2}=45549.24(\text{N})$$

$$\theta=\arctan\left(\frac{F_{px}}{F_{pz}}\right)=\arctan\left(\frac{44100}{11398.397}\right)=75°30'$$

3-26 图3-62所示为一扇形闸门，半径 $R=7.5\text{m}$，挡着深度 $h=4.8\text{m}$ 的水，其圆心

角 $\alpha=43°$，旋转轴距渠底 $H=5.8\text{m}$，闸门的水平投影 $CB=a=2.7\text{m}$，闸门宽度 $B=6.4\text{m}$，试求作用在闸门上的总压力的大小和压力中心。

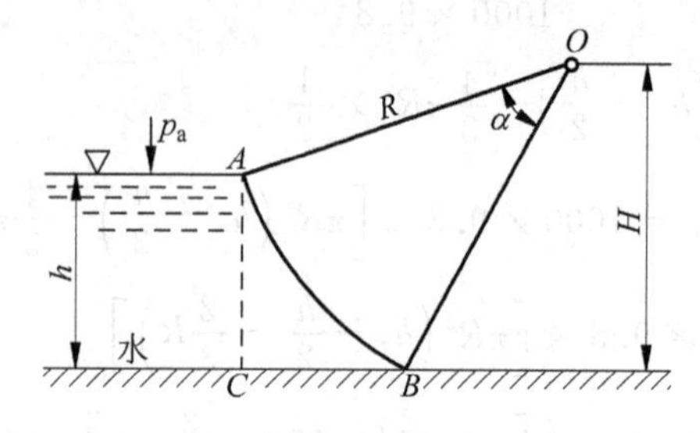

图 3-62 习题 3-26 示意图

解：$F_x=\rho g h_c A=\rho g\ \dfrac{h}{2}hB=9.8\times1000\times2.4\times4.8\times6.4=722534.4(\text{N})$

$$V_p=B\left[\frac{1}{2}ah+\frac{1}{2}R^2\left(\frac{\pi\alpha}{180°}-\sin\alpha\right)\right]$$

$$=6.4\times\left[\frac{1}{2}\times2.7\times4.8+\frac{1}{2}\times7.5^2\times\left(\frac{3.14\times43°}{180°}-\sin43°\right)\right]=53.732(\text{m}^3)$$

$$F_z=\rho g V_p=1000\times9.8\times53.732=526573.6(\text{N})$$

$$F=\sqrt{F_x^2+F_z^2}=\sqrt{722534.4^2+526573.6^2}=894055(\text{N})$$

压力中心距旋转轴的垂直高度：

$$x_D=R\sin\beta=R\frac{F_z}{F}=7.5\times\frac{526573.6}{894055}=4.42(\text{m})$$

3-27 如图 3-63 所示，盛有水的容器底部有圆孔口，用空心金属球体封闭，该球体的重力 $W=2.452\text{N}$，半径 $r=4\text{cm}$，孔口直径 $d=5\text{cm}$，水深 $H=20\text{cm}$。试求提起该球体所需之最小力 F。

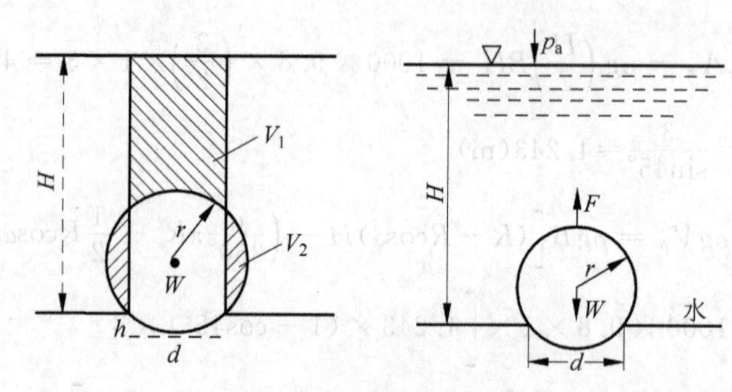

图 3-63 习题 3-27 示意图

解：$h=r-\sqrt{r^2-\left(\dfrac{d}{2}\right)^2}=4-\sqrt{4^2-\left(\dfrac{5}{2}\right)^2}=0.8775(\text{cm})$

上球缺的体积：

$$V_1=\pi h^2\left(r-\frac{h}{3}\right)=\pi\times0.8775^2\times\left(4-\frac{0.8775}{3}\right)=8.964(\text{cm}^3)$$

侧面的体积：

$$V_2 = \frac{4}{3}\pi r^3 - 2V_1 - \pi\left(\frac{d}{2}\right)^2(2r-2h)$$

$$= \frac{4}{3}\pi \times 4^3 - 2\times 8.964 - \pi\left(\frac{5}{2}\right)^2 \times (2\times 4 - 2\times 0.8775)$$

$$= 127.46(\text{cm})$$

$$F = W + \rho g V_1 - \rho g V_2$$

$$= 2.452 + 1000\times 9.8\times 8.964\times 10^{-6} - 1000\times 9.8\times 127.46\times 10^{-6}$$

$$= 3.613(\text{N})$$

3-28 如图3-64所示，汽油箱底部有锥阀，其尺寸为 $d_1=100\text{mm}$，$d_2=50\text{mm}$，$d_3=25\text{mm}$，$a=100\text{mm}$，$b=50\text{mm}$，汽油密度 $\rho=830\text{kg/m}^3$，略去阀芯自重和运动时的摩擦阻力。试确定：(1)当压强表读数为 $9.806\times 10^3\text{Pa}$ 时，提升阀芯所需的初始力 F；(2)$F=0$ 时箱中空气的计示压强 p_e 等于多少？

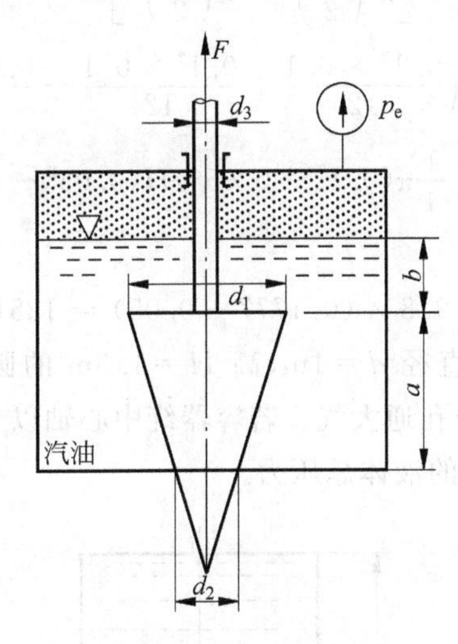

图3-64 习题3-28示意图

解：(1) 阀门口至锥尖的高度为 h，$\frac{a}{h}=\frac{d_1-d_2}{d_2}$，$h=0.1\text{m}$。

自由液面高：

$$H = b + \frac{p_e}{\rho g} = 0.05 + \frac{9.806\times 10^3}{1000\times 9.8} = 1.05(\text{m})$$

上面压力体：

$$V_{p1} = \left[\pi\left(\frac{d_1}{2}\right)^2 - \pi\left(\frac{d_3}{2}\right)^2\right]H$$

$$= \frac{1}{4}\pi(0.1^2 - 0.025^2)\times 1.05$$

$$= 7.727\times 10^{-3}(\text{m}^3)$$

下面压力体：

$$V_{p2}=\frac{1}{3}\pi\left(\frac{d_1}{2}\right)^2(a+h)-\frac{1}{3}\pi\left(\frac{d_2}{2}\right)^2h-\pi\left(\frac{d_2}{2}\right)^2a+\left[\pi\left(\frac{d_1}{2}\right)^2-\pi\left(\frac{d_2}{2}\right)^2\right]H$$

$$=\pi\left(\frac{0.1^2\times0.1}{12}+\frac{0.1^2\times0.1}{12}-\frac{0.05^2\times0.1}{12}-\frac{0.05^2\times0.1}{4}\right)$$

$$+\frac{1}{4}\pi(0.1^2-0.05^2)\times1.05$$

$$=6.4434\times10^{-3}(\text{m}^3)$$

$$F=\rho gV_{p1}-\rho gV_{p2}$$

$$=1000\times9.8\times(7.727\times10^{-3}-6.4434\times10^{-3})=12.579(\text{N})$$

(2) $F=0$，则有 $V_{p1}=V_{p2}$。

$$\left[\pi\left(\frac{d_1}{2}\right)^2-\pi\left(\frac{d_3}{2}\right)^2\right]H=\frac{1}{3}\pi\left(\frac{d_1}{2}\right)^2(a+h)-\frac{1}{3}\pi\left(\frac{d_2}{2}\right)^2h-\pi\left(\frac{d_2}{2}\right)^2a$$

$$+\left[\pi\left(\frac{d_1}{2}\right)^2-\pi\left(\frac{d_2}{2}\right)^2\right]H$$

$$\frac{1}{4}\pi(0.1^2-0.025^2)H=\pi\left(\frac{0.1^2\times0.1}{12}+\frac{0.1^2\times0.1}{12}-\frac{0.05^2\times0.1}{12}-\frac{0.05^2\times0.1}{4}\right)$$

$$+\frac{1}{4}\pi(0.1^2-0.05^2)H(0.05^2-0.025^2)H=\frac{0.1^3}{3}$$

$$H=0.1777(\text{m})$$

$$p_e=\rho g(H-b)=1000\times9.8\times(0.1777-0.05)=1251.46(\text{Pa})$$

3-29 如图 3-65 所示，直径 $d=1\text{m}$，高 $H=1.5\text{m}$ 的圆柱形容器内充满密度 $\rho=900\text{kg/m}^3$ 的液体，顶盖中心开孔通大气。若容器绕中心轴以 $n=50\text{r/min}$ 的转速旋转，求容器的上盖、底面和侧面所受的液体总压力。

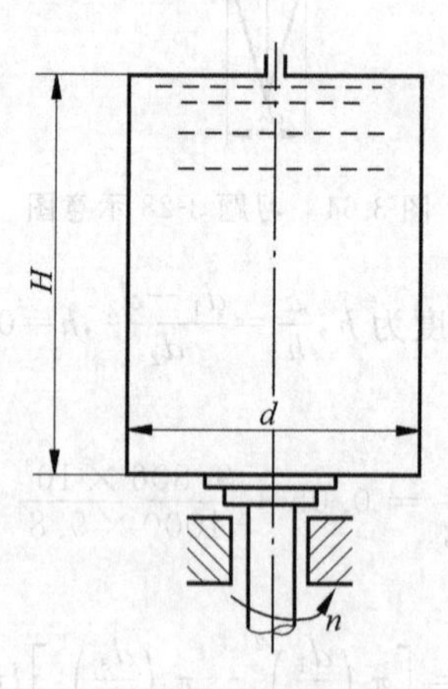

图 3-65 习题 3-29 示意图

解：$p=p_a+\rho g\left(\frac{\omega^2r^2}{2g}-z\right)$

$$p_e=\rho g\left(\frac{\omega^2r^2}{2g}-z\right)$$

(1) 作用在上盖的计示压强为

$$p_{e1}=\rho\frac{\omega^2r^2}{2}$$

设圆柱体的底面积为 A_d，则作用在上盖的总压力为

$$F_{p1}=\iint_{A_d}p_{e1}\mathrm{d}A=\int_0^{\frac{d}{2}}\rho\frac{\omega^2r^2}{2}2\pi r\mathrm{d}r=\int_0^{\frac{d}{2}}\rho\pi\omega^2r^3\mathrm{d}r=\frac{1}{4}\rho\pi\omega^2r^4\Big|_0^{\frac{d}{2}}$$

$$=\frac{1}{4}\rho\pi\omega^2\left(\frac{d}{2}\right)^4=\frac{1}{64}\rho\pi\omega^2d^4$$

由于

$$\omega=\frac{2\pi n}{60}=\frac{\pi n}{30}$$

$$F_{p1}=\frac{1}{64}\rho\pi\left(\frac{\pi n}{30}\right)^2d^4=\frac{1}{57600}\pi^3\rho n^2d^4$$

$$F_{p1}=\frac{1}{57600}\times\pi^3\times900\times50^2\times1^4=1209.34(\mathrm{N})$$

(2) 作用在底面的计示压强为

$$p_{e2}=p_{e1}+\rho gH=\rho\frac{\omega^2r^2}{2}+\rho gH$$

则作用在底面的总压力为

$$F_{p2}=\iint_{A_d}p_{e2}\mathrm{d}A=\int_0^{\frac{d}{2}}\left(\rho\frac{\omega^2r^2}{2}+\rho gH\right)2\pi r\mathrm{d}r=\int_0^{\frac{d}{2}}\rho\frac{\omega^2r^2}{2}2\pi r\mathrm{d}r+\int_0^{\frac{d}{2}}(\rho gH)2\pi r\mathrm{d}r$$

$$=F_{p1}+\pi\rho gHr^2\Big|_0^{\frac{d}{2}}=F_{p1}+\pi\rho gH\left(\frac{d}{2}\right)^2=F_{p1}+\frac{1}{4}\pi\rho gHd^2$$

$$F_{p2}=1209.34+\frac{1}{4}\pi\times900\times9.8\times1.5\times1^2=11594.89(\mathrm{N})$$

(3) 作用在上盖边缘的计示压强为 $p_{e1b}=\rho\dfrac{\omega^2\left(\frac{d}{2}\right)^2}{2}=\dfrac{\rho\omega^2d^2}{8}$，则作用在侧面的计示压强为

$$p_{e3}=p_{e1b}+\rho gh=\frac{\rho\omega^2d^2}{8}+\rho gh$$

设圆柱体的侧面积为 A_c，则作用在侧面的总压力为

$$F_{p3}=\iint_{A_c}p_{e3}\mathrm{d}A=\iint_{A_c}\left(\frac{\rho\omega^2d^2}{8}+\rho gh\right)\mathrm{d}A=\int_0^H\int_0^{2\pi}\left(\frac{\rho\omega^2d^2}{8}+\rho gh\right)\frac{d}{2}\mathrm{d}\theta\mathrm{d}h$$

$$=\int_0^H\int_0^{2\pi}\left(\frac{\rho\omega^2d^2}{8}\right)\frac{d}{2}\mathrm{d}\theta\mathrm{d}h+\int_0^H\int_0^{2\pi}(\rho gh)\frac{d}{2}\mathrm{d}\theta\mathrm{d}h$$

$$=\left(\frac{\rho\omega^2d^2}{8}\right)\frac{d}{2}\int_0^H\mathrm{d}h\int_0^{2\pi}\mathrm{d}\theta+\frac{\rho gd}{2}\int_0^Hh\mathrm{d}h\int_0^{2\pi}\mathrm{d}\theta$$

$$=\left(\frac{\rho\omega^2d^2}{8}\right)\frac{d}{2}\times H\times2\pi+\frac{\rho gd}{2}\times\frac{H^2}{2}\times2\pi$$

$$=\frac{\pi\rho\omega^2d^3H}{8}+\frac{\pi\rho gdH^2}{2}$$

$$F_{p3}=\frac{\pi\rho\left(\frac{\pi n}{30}\right)^2 d^3 H}{8}+\frac{\pi\rho g d H^2}{2}=\frac{\pi^3\rho n^2 d^3 H}{7200}+\frac{\pi\rho g d H^2}{2}$$

$$F_{p3}=\frac{\pi^3\times 900\times 50^2\times 1^3\times 1.5}{7200}+\frac{\pi\times 900\times 9.8\times 1\times 1.5^2}{2}=45668.74(\mathrm{N})$$

3-30 如图 3-66 所示，转动桥梁支承于直径 $d=3.4\mathrm{m}$ 的圆形浮筒上，浮筒漂浮于直径 $d_1=3.6\mathrm{m}$ 的室内。试确定：(1)无外载荷而只有桥梁和浮筒自身的重力 $W=29.43\times 10^4\mathrm{N}$ 时，浮筒沉没在水中的深度 H；(2)当桥梁的外载荷 $F=9.81\times 10^4\mathrm{N}$ 时，桥梁的沉没深度 h。

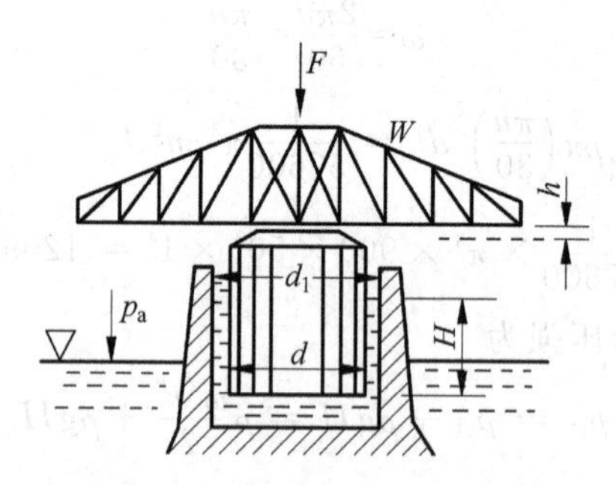

图 3-66 习题 3-30 示意图

解：(1) 无载荷时：

$$W=\rho g\frac{\pi d^2}{4}H$$

得
$$H=\frac{4W}{\rho g\pi d^2}=\frac{4\times 29.43\times 10^4}{1000\times 9.8\pi\times 3.4^2}=3.3093(\mathrm{m})$$

(2) 有载荷时：

$$F+W=\rho g\frac{\pi d^2}{4}H'$$

得
$$H'=\frac{4(F+W)}{\rho g\pi d^2}=\frac{4\times(9.81\times 10^4+29.43\times 10^4)}{1000\times 9.8\pi\times 3.4^2}=4.412(\mathrm{m})$$

设浮筒底部下降 h，液面上升 Δh，则

$$\frac{\pi d^2}{4}-h=\left(\frac{\pi d_1^2}{4}-\frac{\pi d^2}{4}\right)\Delta h$$

得
$$\Delta h=\frac{d^2}{d_1^2-d^2}h$$

$$H'=H+h+\Delta h=H+\frac{d_1^2}{d_1^2-d^2}h$$

得
$$h=(H'-H)\left[1-\left(\frac{d}{d_1}\right)^2\right]=(4.412-3.307)\times\left(1-\frac{3.4^2}{3.6^2}\right)=0.119(\mathrm{m})$$

3-31 一钢筋混凝土沉箱，长 6m、宽 5m、高 5m、底厚 0.5m、侧壁厚 0.3m，钢筋混凝土密度 $\rho_1=2400\mathrm{kg/m^3}$，海水密度 $\rho_2=1025\mathrm{kg/m^3}$，沉箱在海面上漂浮是否稳定？

解：$G_{沉箱}=G_{外}-G_{内}$

$$V_{沉箱}\cdot h_c=V_{外}\cdot\frac{h}{2}-V_{内}\cdot\left(\frac{h-d_1}{2}+d_1\right)$$

$$V_{混凝土}=V_{沉箱}=V_{外}-V_{内}=6\times5\times5-(6-0.3\times2)\times(5-0.3\times2)\times(5-0.5)$$
$$=43.08(\mathrm{m}^3)$$

$$h_c=\frac{V_{外}\times\frac{5}{2}-V_{内}\times\left(0.5+\frac{4.5}{2}\right)}{V_{混凝土}}$$
$$=\frac{6\times5\times5\times\frac{5}{2}-5.4\times4.4\times4.5\times\left(0.5+\frac{4.5}{2}\right)}{43.08}$$
$$=1.88(\mathrm{m})$$

$$h_D=\frac{1}{2}y_D=\frac{1}{2}\times\frac{\rho_1 V_{混凝土}}{\rho_2\times长\times宽}=\frac{1}{2}\times\frac{2400\times43.08}{1025\times6\times5}=1.68(\mathrm{m})$$

$$e=h_C-h_D=1.88-1.68=0.2(\mathrm{m})$$

$$\rho=\frac{I_y}{V}=\frac{6\times\frac{5^3}{12}}{6\times5\times2\times1.68}=0.62(\mathrm{m})$$

$$h_m=\rho-e=0.62-0.2=0.42(\mathrm{m})>0$$

所以沉箱是稳定的。

第4章

流体运动学和流体动力学基础

4.1 主要内容

1. 流体运动的描述方法

欧拉法：不是着眼于个别流体质点的运动，而是着眼于整个流场中的状态，即研究表征流场内流体流动特性的各种物理量的矢量场和标量场。

$$\begin{cases} a_x = \dfrac{\mathrm{d}v_x}{\partial t} = \dfrac{\partial v_x}{\partial t} + v_x\dfrac{\partial v_x}{\partial x} + v_y\dfrac{\partial v_x}{\partial y} + v_z\dfrac{\partial v_x}{\partial z} \\ a_y = \dfrac{\mathrm{d}v_y}{\partial t} = \dfrac{\partial v_y}{\partial t} + v_x\dfrac{\partial v_y}{\partial x} + v_y\dfrac{\partial v_y}{\partial y} + v_z\dfrac{\partial v_y}{\partial z} \\ a_z = \dfrac{\mathrm{d}v_z}{\partial t} = \dfrac{\partial v_z}{\partial t} + v_x\dfrac{\partial v_z}{\partial x} + v_y\dfrac{\partial v_z}{\partial y} + v_z\dfrac{\partial v_z}{\partial z} \end{cases}$$

拉格朗日法：着眼于每个个别流体质点运动的研究，综合所有流体质点的运动后便可得到整个流体的运动规律。

2. 流动的分类

(1) 定常流动与非定常流动。

流场中各点的流动参数不随时间变化的流动称为定常流动。

流场中各点的流动参数随时间变化的流动称为非定常流动。

(2) 一维流动、二维流动和三维流动。

根据流动参数与三个空间坐标关系，将流动分为一维流动、二维流动、三维流动。

3. 迹线　流线

迹线：流体质点的运动轨迹。

流线：流线上的每一点的速度矢量总是在该点与此曲线相切。

流线的微分方程：

$$\frac{dx}{v_x}=\frac{dy}{v_y}=\frac{dz}{v_z}$$

流线具有以下性质。

(1) 流线上某点的切线方向与该点处的速度方向一致。

(2) 流线之间一般不能相交。如果相交,交点速度必为零或无穷大。速度为零的点称为驻点;速度为无穷大的点称为奇点。

(3) 非定常流动时,流线随时间改变;定常流动时则不随时间改变,此时流线与迹线重合。

4. 流管　流束　流量　水力半径

(1) 流管　流束　缓变流　急变流

流管:在流场内作一本身不是流线又不相交的封闭曲线,通过这样的封闭曲线上各点的流线所构成的管状表面。

流束:流管内部的流体。

总流:流动边界内所有流束的总和称为总流。

缓变流:流束内流线间的夹角很小、曲率半径很大的近乎平行直线的流动。

急变流:不符合缓变流条件的流动。

(2) 流量　平均流速

流量:单位时间流经某一规定表明的流体量称为经过该表面的流量。以体积表示时称为体积流量(简称流量),用 q_V 表示。以质量表示时称为质量流量,用 q_m 表示。

平均流速:流经有效截面的体积流量除以有效截面积而得到的商。

$$v=\frac{q_V}{A}$$

(3) 湿周　水力半径

湿周:在总流的有效面上,流体同固体边界接触部分的周长称为湿周,用 χ 表示。

水力半径:总流的有效截面与湿周之比称为水力半径,用 R_h 表示。

$$R_h=\frac{A}{\chi}$$

5. 系统　控制体　输运方程

系统:一团流体质点的集合。

控制体:流场中某一确定的空间区域,这个区域的周界称为控制面。

$$\frac{dN}{dt}=\frac{\partial}{\partial t}\iiint_{CV}\eta\rho\,dV+\iint_{CS}\eta\rho\vec{v}\cdot d\vec{A}$$

它是将按拉格朗日方法求系统内物理量的时间变化率转换为按欧拉方法去计算的公式。该式说明,流体系统某种物理量的时间变化率等于控制体内这种物理量的时间变化率加上这种物理量单位时间内经过控制面的净通量。

流体的某种物理量的随体导数由两部分组成:一部分相当于当地导数,等于控制体没这种物理量的时间变化率;另一部分相当于迁移导数,等于经过控制面单位时间流出和流进的这种物理量的差值。

6. 连续方程

单位时间内控制体内流体质量的增加(或减少)等于同时间内通过控制面流入(流出)的净流体质量。

$$\rho_1 v_1 A_1 = \rho_2 v_2 A_2$$

如果流体是不可压缩的,有

$$v_1 A_1 = v_2 A_2$$

7. 动量方程与动量矩方程

定常管流的动量方程:

$$\sum F_x = \rho q_V (v_{2x} - v_{1x})$$

$$\sum F_y = \rho q_V (v_{2y} - v_{1y})$$

$$\sum F_z = \rho q_V (v_{2z} - v_{1z})$$

动量方程的物理意义是:作用在流体段上的外力的总和等于单位时间内流出和流入它的动量之差。

动量矩方程:

$$\sum \vec{M} = \rho q (\vec{r}_2 \times \vec{v}_2 - \vec{r}_1 \times \vec{v}_1)$$

8. 能量方程

重力场中管内绝能定常流的能量方程:

$$\iint_{A_2} \rho v \left(u + \frac{v^2}{2} + gz + \frac{P}{\rho} \right) \mathrm{d}A - \iint_{A_1} \rho v \left(u + \frac{v^2}{2} + gz + \frac{P}{\rho} \right) \mathrm{d}A = 0$$

9. 伯努利方程及其应用

(1) 理想流体的伯努利方程

$$\frac{v^2}{2g} + gz + \frac{p}{\rho g} = C$$

它表明在有势质量力的作用下,理想不可压缩流体作定常流动时,函数值是沿流线不变的。

(2) 理想流体的伯努利方程的应用条件

① 在定常流动条件下。

② 沿同一流线积分。

③ 流体所受的质量力是有势力。

④ 不可压缩流体。

(3) 理想流体伯努利方程的意义

① 几何意义。

理想流体伯努利方程的几何意义就是,其总水头线是一条平等于基线的水平线。

3 个水头可以相互增减变化，但总水头不变。

② 能量意义。

能量意义表明在符合限定条件下，在同一条流线上(或微小流束上)，单位重量流体的机械能(位能、压力能、动能)可以互相转化，但总和不变。

由此可见，伯努利方程的本质是机械能守恒及转换定律在流体力学中的反映。

10. 沿流线主法线方向的压强和速度变化

(1) 速度变化

$$v = \frac{C}{r}$$

在弯曲流线主法线方向上，速度随距曲率中心的距离的减小而增加，所以在弯曲管道中，内侧的速度高，外侧的速度低。

(2) 压强变化

$$p = C_1 - \rho \frac{C}{2r^2}$$

在弯曲流线主法线方向上压力随距曲率中心的距离的增加而增加，所以在弯曲管道中，外侧流体的压强低，内侧的压强高。

11. 黏性流体总流的伯努利方程

(1) 实际流体总流的伯努利方程

$$\frac{\alpha_1 v_{1a}^2}{2g} + z_1 + \frac{p_1}{\rho g} = \frac{\alpha_2 v_{2a}^2}{2g} + z_2 + \frac{p_2}{\rho g} + h_w$$

总流截面 1 上平均单位重量流体的总的机械能，等于截面 2 上的平均单位重量流体的总的机械能与截面 1～2 的平均单位重量流体的机械能损失之和。它反映能量守恒原理。

(2) 实际总流伯努利方程的应用条件

① 不可压缩流体。

② 流体作定常流动。

③ 流体所受的质量力仅有重力。

④ 所选取的断面 1～2 必须符合缓变流条件(两断面之间不一定符合缓变流条件)。

⑤ 两截面间与外界没有热交换。

4.2 本章难点

(1) 应用伯努利方程时要注意的事项

① 实际流体总流的伯努利方程不是对任何流动都适用的，必须注意适用条件。

② 方程式中的位置水头是相比较而言的，只要求基准面是水平面就可以。为了方便起见，常常取通过两个计算点中较低的一点所在的水平面作为基准面，这样可以使方程式中的位置水头一个是0，另一个为正值。

③ 压强 p_1、p_2 应取相同的标准；对气体流动应采用绝对压强为宜，这样可以包含大气压强的变化。

④ 在选取断面时，尽可能使两个断面只包含一个未知数。但两个断面的平均流速可以通过连续性方程求得，只要知道一个流速，就能算出另一个流速。换句话说，有时需要同时使用伯努利方程和连续性方程求解两个未知数。

⑤ 方程中动能修正系数 α 可以近似地取1。

(2) 应用动量方程解题时应注意的事项

① 建立合适的坐标系(一般选取出口方向为 x 方向)，能够使问题简化。

② 选择适当的控制体。选择的控制体应包括求解的问题。

③ 分析作用在控制体和控制面上的外力。

④ 分析控制体的运动时应注意所选用的坐标系，在惯性坐标系中应用绝对速度。

4.3 课后习题解答

4-1 已知绕过圆柱体的平面流动的速度分布规律为

$$\vec{v} = v_\infty\left[1-\left(\frac{r_0}{r}\right)^2\right]\cos\theta\,\vec{i}_r - v_\infty\left[1+\left(\frac{r_0}{r}\right)^2\right]\sin\theta\,\vec{i}_\theta$$

求：(1)驻点位置；(2)柱面上($r=r_0$)的最大速度位置；(3)画出直线 $\theta=\pi/2, r\geqslant r_0$ 时的速度分布图。

解：

(1) 驻点处 $v=0$。

$$\left[1-\left(\frac{r_0}{r}\right)^2\right]\cos\theta = 0 \Rightarrow r = r_0$$

$$\left[1+\left(\frac{r_0}{r}\right)^2\right]\sin\theta = 0 \Rightarrow \theta = 0 \text{ 或 } \pi$$

(2) 当 $r=r_0$ 时，$\left[1+\left(\frac{r_0}{r}\right)^2\right]\sin\theta$ 最大，即 $\theta=\frac{\pi}{2}$。

(3) 当 $\theta=\frac{\pi}{2}$ 时，$\vec{v}=-v_\infty\left[1+\left(\frac{r_0}{r}\right)^2\right]\vec{i}_\theta$。

当 $r=r_0$ 时，$\vec{v}=-v_\infty 2\,\vec{i}_\theta$。

当 $r=2r_0$ 时，$\vec{v}=-\frac{5}{4}v_\infty 2\,\vec{i}_\theta$。

当 $r=4r_0$ 时，$\vec{v}=-\frac{17}{16}v_\infty 2\,\vec{i}_\theta$。

画出速度分布图如下图所示。

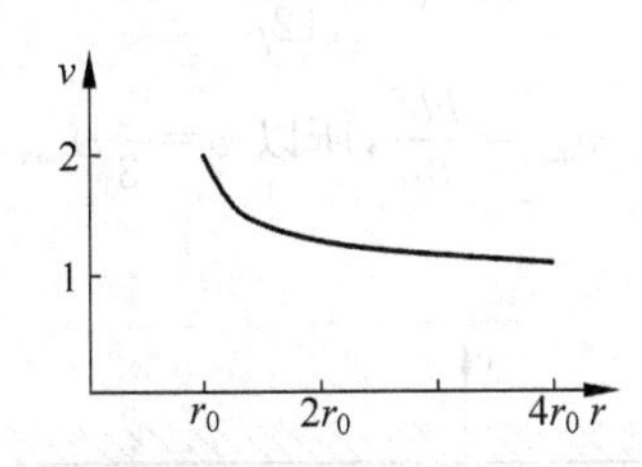

4-2 已知平面流动的速度分布规律为

$$\vec{v}=-\frac{\Gamma}{2\pi}\frac{y}{x^2+y^2}\vec{i}+\frac{\Gamma}{2\pi}\frac{x}{x^2+y^2}\vec{j}$$

式中：Γ 为常数。求流线方程并画出若干条流线。

解：由题意得 $v_x=-\frac{\Gamma}{2\pi}\frac{y}{x^2+y^2}, v_y=\frac{\Gamma}{2\pi}\frac{x}{x^2+y^2}$。

代入流线的微分方程$\frac{dx}{v_x}=\frac{dy}{v_y}$得：

$$\frac{dx}{-\frac{\Gamma}{2\pi}\frac{y}{x^2+y^2}}=\frac{dy}{\frac{\Gamma}{2\pi}\frac{x}{x^2+y^2}}$$

$$\frac{dx}{-y}=\frac{dy}{x}$$

$$-x dx = y dy$$

两边积分得 $x^2+y^2=C$。

画出若干条流线如下图所示。

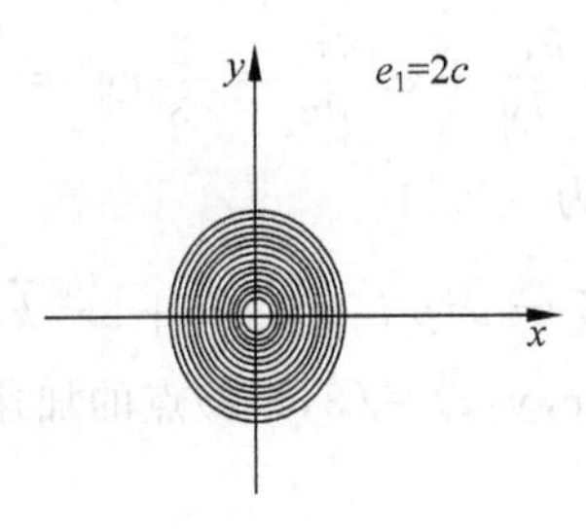

4-3 已知两平行平板间的平面流动的速度为

$$v_x=\frac{k}{2\mu}\left(\frac{b^2}{4}-y^2\right),\quad v_y=0$$

式中：k、μ 为常数；b 为两平板之间的距离。试给出速度分布图。

解：假设平板厚度为 d，计算半个平板间高度的流量：

$$q=vA=\int_A v dA$$

$$v\frac{b}{2}d=\int_0^{\frac{b}{2}}\frac{k}{2\mu}\left(\frac{b^2}{4}-y^2\right)dy\times d$$

$$v\frac{b}{2}=\frac{k}{2\mu}\left(\frac{b^2}{4}y-\frac{1}{3}y^3\right)_0^{\frac{b}{2}}$$

$$v = \frac{kb^2}{12\mu}$$

根据 $v_x=\frac{k}{2\mu}\left(\frac{b^2}{4}-y^2\right)$，$v_y=0$，得 $v_{\max}=\frac{kb^2}{8\mu}$，所以 $v=\frac{2}{3}v_{\max}$。

速度分布图如下图所示。

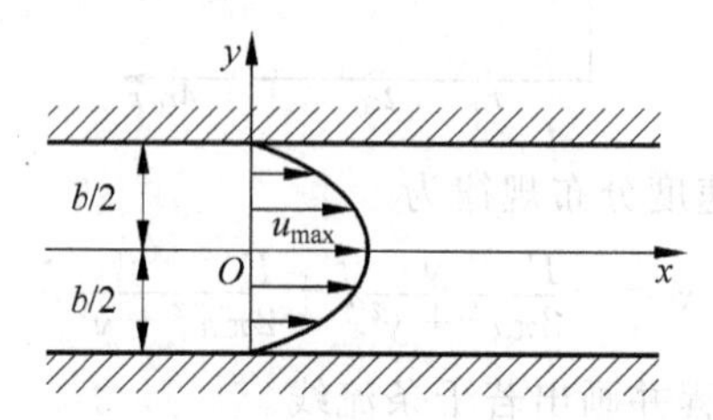

4-4 已知流场的速度分布为

$$\vec{v} = xy^2\,\vec{i} - \frac{1}{3}y^3\,\vec{j} + xy\,\vec{k}$$

(1)问属几维流动？(2)求$(x,y,z)=(1,2,3)$点的加速度。

解：(1) 属二维流动。

(2) $v_x = xy^2$， $v_y = -\frac{1}{3}y^3$， $v_z = xy$

$$a_x = \frac{\partial v_x}{\partial t} + v_x\frac{\partial v_x}{\partial x} + v_y\frac{\partial v_x}{\partial y} + v_z\frac{\partial v_x}{\partial z} = xy^4 - \frac{2}{3}xy^4 = 2^4 - \frac{2}{3}\times 2^4 = \frac{16}{3}$$

$$a_y = \frac{\partial v_y}{\partial t} + v_x\frac{\partial v_y}{\partial x} + v_y\frac{\partial v_y}{\partial y} + v_z\frac{\partial v_y}{\partial z} = \frac{1}{3}y^5 = \frac{1}{3}\times 2^5 = \frac{32}{3}$$

$$a_z = \frac{\partial v_z}{\partial t} + v_x\frac{\partial v_z}{\partial x} + v_y\frac{\partial v_z}{\partial y} + v_z\frac{\partial v_z}{\partial z} = \frac{2}{3}xy^3 = \frac{2}{3}\times 2^3 = \frac{16}{3}$$

4-5 已知流场的速度分布为

$$\vec{v} = x^2y\,\vec{i} - 3y\,\vec{j} + 2z^2\,\vec{k}$$

(1)问属几维流动？(2)求$(x,y,z)=(3,1,2)$点的加速度。

解：(1) 是三维流动。

(2) $v_x = x^2y$， $v_y = -3y$， $v_z = 2z^2$

$$a_x = \frac{\partial v_x}{\partial t} + v_x\frac{\partial v_x}{\partial x} + v_y\frac{\partial v_x}{\partial y} + v_z\frac{\partial v_x}{\partial z} = 2x^3y^2 - 3yx^2$$

$$= 2\times 3^3\times 1^2 - 3\times 1\times 3^2 = 27$$

$$a_y = \frac{\partial v_y}{\partial t} + v_x\frac{\partial v_y}{\partial x} + v_y\frac{\partial v_y}{\partial y} + v_z\frac{\partial v_y}{\partial z} = 9y = 9\times 1 = 9$$

$$a_z = \frac{\partial v_z}{\partial t} + v_x\frac{\partial v_z}{\partial x} + v_y\frac{\partial v_z}{\partial y} + v_z\frac{\partial v_z}{\partial z} = 8z^3 = 8\times 2^3 = 64$$

4-6 已知流场的速度分布为

$$\vec{v} = (4x^3 + 2y + xy)\,\vec{i} + (3x - y^3 + z)\,\vec{j}$$

(1)问属几维流动？(2)求$(x,y,z)=(2,2,3)$点的加速度。

解：(1) 是三维流动。

(2) $v_x = 4x^3 + 2y + xy$，$v_y = 3x - y^3 + z$

$$a_x = \frac{\partial v_x}{\partial t} + v_x \frac{\partial v_x}{\partial x} + v_y \frac{\partial v_x}{\partial y} + v_z \frac{\partial v_x}{\partial z}$$

$$= (4x^3 + 2y + xy)(12x^2 + 6) + (3x - y^3 + z)(2 + x)$$

$$= 2004$$

$$a_y = \frac{\partial v_y}{\partial t} + v_x \frac{\partial v_y}{\partial x} + v_y \frac{\partial v_y}{\partial y} + v_z \frac{\partial v_y}{\partial z} = 3(4x^3 + 2y + xy) - 3y^2(3x - y^3 + z)$$

$$= 108$$

4-7　有一输油管道，在内径为 20cm 的截面上流速为 2m/s，求另一内径为 5cm 截面上的流速以及管道内的质量流量。已知油的相对密度为 0.85。

解：$q_V = v_1 A_1 = v_1 \frac{\pi d_1^2}{4} = 2 \times \frac{\pi \times 0.2^2}{4} = 0.0628(\mathrm{m^3/s})$

$$q_V = v_2 A_2 = v_2 \frac{\pi d_2^2}{4} \Rightarrow v_2 = \frac{4q_V}{\pi d_2^2} = \frac{4 \times 0.0628}{\pi \times 0.05^2} = 32(\mathrm{m/s})$$

$$q_m = \rho q_V = (\rho_d \rho_W) q_V = 1000 \times 0.85 \times 0.0628 = 53.38(\mathrm{kg/s})$$

4-8　在一内径为 5cm 的管道中，流动的空气的质量流量为 0.5kg/s，在某一截面上压强为 5×10^5Pa，温度为 100℃。求在该截面上的气流平均速度。

解：查表 $R=287.1\mathrm{J/(kg \cdot K)}$

$$p = \rho RT \Rightarrow \rho = \frac{p}{RT} = \frac{5 \times 10^5}{287.1 \times (273 + 100)} = 4.669(\mathrm{kg/m^3})$$

$$q_m = \rho v A = \rho v \frac{\pi d^2}{4} \Rightarrow v = \frac{4q_m}{\rho \pi d^2} = \frac{4 \times 0.5}{4.669 \times \pi \times 0.05^2} = 54.57(\mathrm{m/s})$$

4-9　长 3cm 的锥形喷嘴，其两端内径分别是 8cm 和 2cm，流量为 $0.01\mathrm{m^3/s}$，流体无黏性且不可压缩。试导出沿喷嘴轴向的速度表达式，x 距离从大内径一端的端面计起。

解：由题意知，大内径的端面与母线的夹角为 45°，所以 $d=8-2x$。

$$q_V = vA = v\frac{\pi}{4}(8 - 2x)^2 = v\pi(4 - x)^2$$

$$v = \frac{0.01}{\pi(4 - x)^2}$$

4-10　已知流场内的速度分布为

$$\vec{v} = \frac{4x}{x^2 + y^2}\vec{i} + \frac{4y}{x^2 + y^2}\vec{j}$$

求证通过任意一个以原点为圆心的同心圆的流量都是相等的(z 方向取单位长度)。提示：流场速度用极坐标表示。

解：设圆半径 r

圆弧上水流速度　$v = \sqrt{\left(\frac{4x}{x^2 + y^2}\right)^2 + \left(\frac{4y}{x^2 + y^2}\right)^2} = \frac{4}{r}$

圆柱面　$A = 2Hr$

流量 $q_V = Av = \frac{4}{r} \times 2Hr = 8Hr$ 结果是一个常数，所以任意一个原点为同心圆的流量相等。

4-11 由空气预热器经两条管道送往锅炉喷燃器的空气质量流量 $q_m=8000\text{kg/h}$，气温400℃，管道截面尺寸均为400mm×600mm。已知标准状态(0℃，101325Pa)空气的密度 $\rho_0=1.29\text{kg/m}^3$，求输气管道中空气的平均流速。

解：由 $p=\rho RT$ 得

$$\frac{\rho_0}{\rho_1}=\frac{T_1}{T_0}\Rightarrow\rho_1=\frac{\rho_0 T_0}{T_1}$$

$$q_m=\rho_1 q_V=\rho_1 vA=2\rho_1 v\times 0.24$$

得 $$v=\frac{q_m}{2\rho_1\times 0.24}=\frac{8000/3600}{2\times\frac{\rho_0 T_0}{T_1}\times 0.24}=\frac{8000/3600}{2\times\frac{1.29\times(273+0)}{273+400}\times 0.24}=8.987(\text{m/s})$$

4-12 比体积 $v=0.3816\text{m}^3/\text{kg}$ 的汽轮机废汽沿一直径 $d_0=100\text{mm}$ 的输气管进入主管，质量流量 $q_m=2000\text{kg/h}$，然后沿主管上的另两支管输送给用户。已知用户的需用流量分别为 $q_{m1}=500\text{kg/h}$，$q_{m2}=1500\text{kg/h}$，管内流速均为25m/s。求输气管中蒸汽的平均流速及两支管的直径 d_1、d_2(见图4-26)。

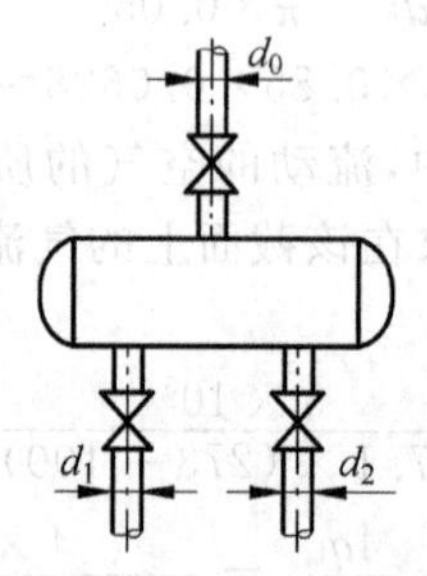

图4-26 习题4-12示意图

解：$\rho=\frac{1}{v}=\frac{1}{0.3816}=2.6205(\text{kg/m}^3)$

$$q_m=\rho vA=\rho v\,\frac{\pi d_0^2}{4}\Rightarrow v=\frac{4q_m}{\rho\pi d_0^2}=\frac{4\times 2000/3600}{2.6205\times\pi\times 0.1^2}=27.00(\text{m/s})$$

$$q_{m1}=\rho vA_1=\rho v\,\frac{\pi}{4}d_1^2\Rightarrow d_1=\sqrt{\frac{4q_{m1}}{\pi\rho v}}=\sqrt{\frac{4\times 500/3600}{\pi\times 2.6205\times 27}}=0.05(\text{m})$$

$$q_{m2}=\rho vA_2=\rho v\,\frac{\pi}{4}d_2^2\Rightarrow d_2=\sqrt{\frac{4q_{m2}}{\pi\rho v}}=\sqrt{\frac{4\times 1500/3600}{\pi\times 2.6205\times 27}}=0.0866(\text{m})$$

4-13 如图4-27所示直立圆管管径为10mm，一端装有直径为5mm的喷嘴，喷嘴中心离圆管截面①的高度为3.6m，从喷嘴排入大气的水流出口速度为18m/s。不计摩擦损失，计算截面①处所需要的计示压强。

解：连续方程：

$$v_1\,\frac{\pi}{4}d_1^2=v_2\,\frac{\pi}{4}d_2^2$$

$$v_1\times 0.01^2=18\times 0.005^2$$

$$v_1=4.5(\text{m/s})$$

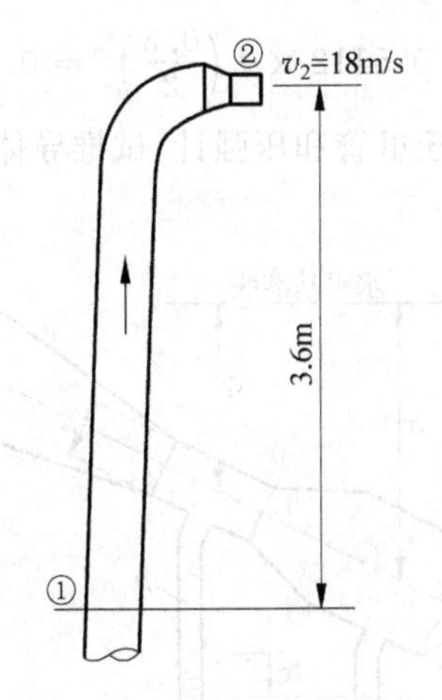

图 4-27　习题 4-13 示意图

伯努利方程：

$$\frac{v_1^2}{2g}+z_1+\frac{p_{1e}}{\rho g}=\frac{v_2^2}{2g}+z_2+\frac{p_{2e}}{\rho g}$$

$$z_1=0,\quad z_2=H,\quad p_{2e}=0$$

$$\frac{v_1^2}{2g}+\frac{p_{1e}}{\rho g}=\frac{v_2^2}{2g}+z_2$$

$$p_{1e}=\rho g\left(\frac{v_2^2-v_1^2}{2g}+z_2\right)=1000\times 9.8\times\left(\frac{18^2-4.5^2}{2\times 9.8}+3.6\right)=1.871\times 10^5(\text{Pa})$$

4-14　忽略损失，求图 4-28 所示文丘里管内的流量。

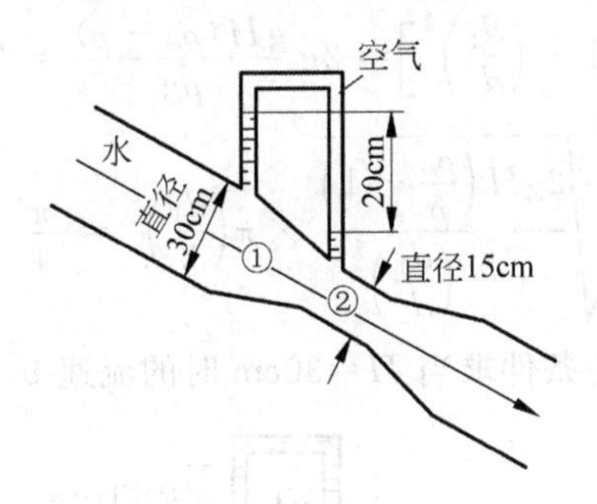

图 4-28　习题 4-14 示意图

解：$v_1\ \frac{\pi}{4}d_1^2=v_2\ \frac{\pi}{4}d_2^2\Rightarrow v_1\left(\frac{0.3}{2}\right)^2=v_2\left(\frac{0.15}{2}\right)^2\Rightarrow v_2=4v_1$

$$\frac{v_1^2}{2g}+z_1+\frac{p_1}{\rho g}=\frac{v_2^2}{2g}+z_2+\frac{p_2}{\rho g},\quad p_2-p_1=\rho gh-\rho g(z_2-z_1)$$

得

$$v_2^2-v_1^2=2g\left(z_2-z_1+\frac{p_2-p_1}{\rho g}\right)=2gh=2\times 9.8\times 0.2=3.92$$

$$v_1=\sqrt{\frac{3.92}{15}}=0.5112(\text{m/s})$$

$$q_V = v_1 A = 0.5112 \times \pi \left(\frac{0.3}{2}\right)^2 = 0.0361(\mathrm{m^3/s})$$

4-15 图 4-29 所示为一文丘里管和压强计，试推导体积流量和压强计读数之间的关系式。

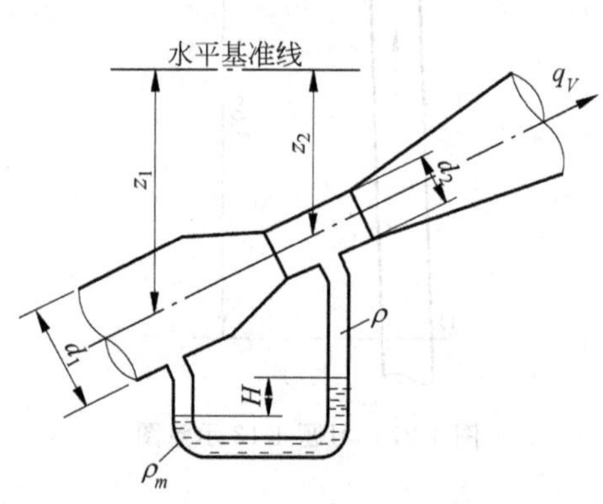

图 4-29 习题 4-15 示意图

解：$v_1 \dfrac{\pi}{4} d_1^2 = v_2 \dfrac{\pi}{4} d_2^2$

$$p_1 - p_2 = \rho g (z_1 - z_2) + (\rho_m - \rho) g H$$

$$\frac{v_1^2}{2g} + z_1 + \frac{p_1}{\rho g} = \frac{v_2^2}{2g} + z_2 + \frac{p_2}{\rho g}$$

得
$$\frac{v_1^2 - v_2^2}{2g} = z_2 - z_1 + \frac{p_2 - p_1}{\rho g} = \frac{gH(\rho_m - \rho)}{\rho g}$$

$$\Rightarrow \quad v_1^2 - v_2^2 = v_1^2 \left[1 - \left(\frac{d_1}{d_2}\right)^4\right] = 2g \frac{gH(\rho_m - \rho)}{\rho g} = 2gH\left(\frac{\rho_m}{\rho} - 1\right)$$

$$q_V = v_1 A_1 = \sqrt{\frac{2gH\left(\dfrac{\rho_m}{\rho} - 1\right)}{1 - \left(\dfrac{d_1}{d_2}\right)^4}} \times \pi \left(\frac{d_1}{2}\right)^2 = \frac{\pi}{4}\left[\frac{2gH\left(\dfrac{\rho_m}{\rho} - 1\right)}{\dfrac{1}{d_2^4} - \dfrac{1}{d_1^4}}\right]^{1/2}$$

4-16 按图 4-30 所示的条件求当 $H=30\mathrm{cm}$ 时的流速 v。

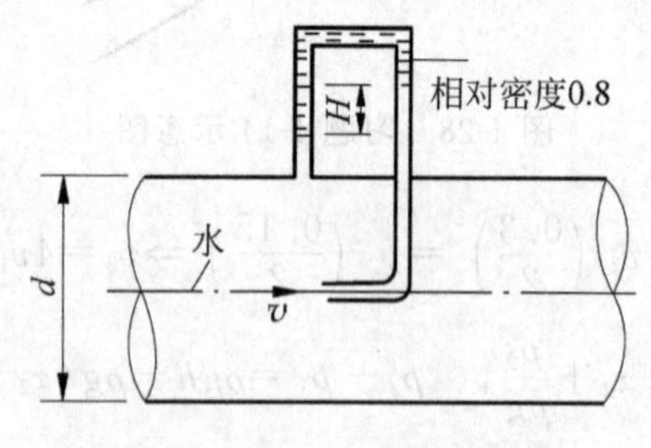

图 4-30 习题 4-16 示意图

解：$\rho_{H_2O} = 1000\mathrm{kg/m^3}$，$\rho = \rho_d \rho_{H_2O} = 800\mathrm{kg/m^3}$

$z_1 = z_2 = 0$，　$v_2 = 0$

$$\frac{v_1^2}{2g}+z_1+\frac{p_{1e}}{\rho_{H_2O}g}=\frac{v_2^2}{2g}+z_2+\frac{p_{2e}}{\rho_{H_2O}g}\Rightarrow\frac{v_1^2}{2}+\frac{p_{1e}}{\rho_{H_2O}}=\frac{p_{2e}}{\rho_{H_2O}}\Rightarrow v_1^2=2\ \frac{p_{2e}-p_{1e}}{\rho_{H_2O}}$$

$$p_{1e}-\rho_{H_2O}gh-\rho gH=p_{2e}-\rho_{H_2O}g(h+H)\Rightarrow p_{2e}-p_{1e}=(\rho_{H_2O}-\rho)gH$$

$$v_1=\sqrt{2gH\left(1-\frac{\rho}{\rho_{H_2O}}\right)}=\sqrt{2\times9.8\times0.3\times\left(1-\frac{800}{1000}\right)}=1.084(\text{m/s})$$

4-17 输水管中水的计示压强为$6.865\times10^5\text{Pa}$,假设法兰盘接头之间的填料破损,形成一个面积$A=2\text{mm}^2$的穿孔,求该输水管一昼夜所漏损的水量。

解：将$z_1=z_2=0,v_2=0,p_2=p_a$代入伯努利方程得出：

$$\frac{p_{1e}}{\rho g}=\frac{v_1^2}{2g}\Rightarrow v_1=\sqrt{\frac{2p_{1e}}{\rho}}$$

$$V=tq_V=24\times3600\times v_1A=24\times3600\times\sqrt{\frac{2p_{1e}}{\rho}}\times2\times10^{-6}$$

$$=24\times3600\times\sqrt{\frac{2\times6.865\times10^5}{1000}}\times2\times10^{-6}=6.4(\text{m}^3)$$

4-18 如图4-31所示,敞口水池中的水沿一截面变化的管道排出,质量流量$q_m=14\text{kg/s}$。若$d_1=100\text{mm},d_2=75\text{mm},d_3=50\text{mm}$,不计损失。求所需的水头$H$以及第二管段中央$M$点的压强,并绘制测压管水头线。

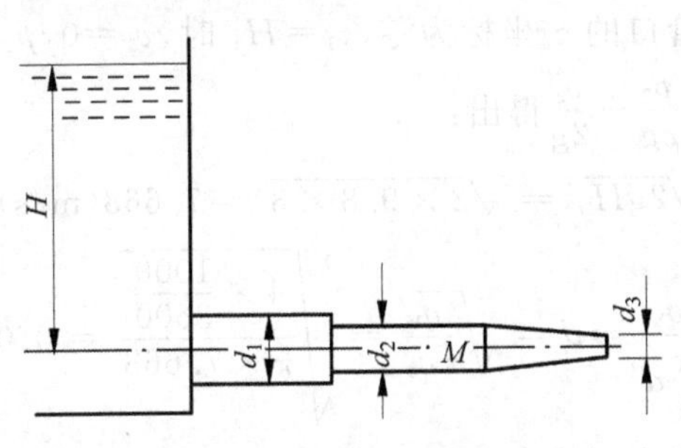

图4-31 习题4-18示意图

解：$z_1=z_2=z_3=0,v_1=0,p_1=\rho gH+p_a,p_3=p_a$

对液面和管道出口截面列伯努利方程：

$$H=\frac{v_3^2}{2g}$$

$$q_m=\rho v_3A_3$$

得
$$H=\frac{v_3^2}{2g}=\frac{\left(\frac{q_m}{\rho A_3}\right)^2}{2g}=\frac{\left[\frac{14}{1000\cdot\pi\left(\frac{0.05}{2}\right)^2}\right]^2}{2\times9.8}=2.596(\text{m})$$

对第二管段中央和管道出口截面列伯努利方程：

$$\frac{p_m}{\rho g}+\frac{v_2^2}{2g}=\frac{v_3^2}{2g}$$

$$q_m=\rho v_2A_2$$

得 $$p_m=\frac{\rho}{2}(v_3^2-v_2^2)=\frac{\rho}{2}\left[\left(\frac{q_m}{\rho A_3}\right)^2-\left(\frac{q_m}{\rho A_2}\right)^2\right]=\frac{\rho q_m^2}{2\rho^2}\left[\left(\frac{1}{\pi\left(\frac{d_3}{2}\right)^2}\right)^2-\left(\frac{1}{\pi\left(\frac{d_2}{2}\right)^2}\right)^2\right]$$

$$=\frac{\rho q_m^2\times 16}{2\pi^2\rho^2}\left(\frac{1}{d_3^4}-\frac{1}{d_2^4}\right)=\frac{14^2\times 8}{1000\pi^2}\times\left(\frac{1}{0.05^4}-\frac{1}{0.075^4}\right)=2.04\times 10^4(\text{Pa})$$

4-19 如图 4-32 所示，水从井 A 利用虹吸管引到井 B 中，设已知体积流量 $q_V=100\text{m}^3/\text{h}$，$H_1=3\text{m}$，$z=6\text{m}$，不计虹吸管中的水头损失。试求虹吸管的管径 d 及上端管中的负计示压强值 p_e。

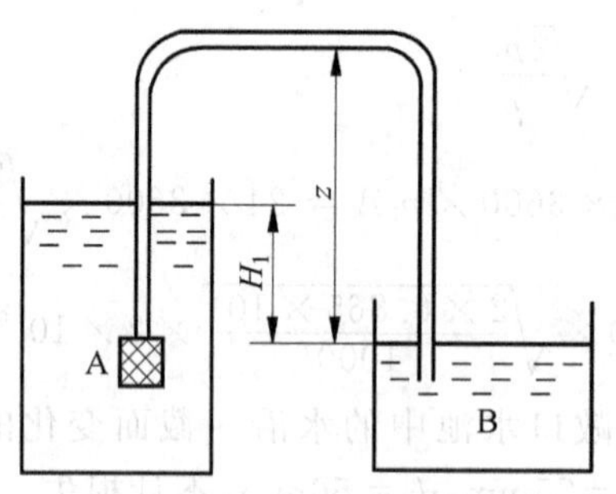

图 4-32 习题 4-19 示意图

解：取 B 容器出水管口的 z_2 坐标为零，$z_1=H_1$ 时，$v_1=0$，$p_1=p_2$。

代入 $z_1+\frac{p_1}{\rho g}+\frac{v_1^2}{2g}=\frac{p_2}{\rho g}+\frac{v_2^2}{2g}$ 得出：

$$v_2=\sqrt{2gH_1}=\sqrt{2\times 9.8\times 3}=7.668(\text{m/s})$$

$$v_2=\frac{q_V}{\frac{\pi}{4}d^2}\Rightarrow d=\sqrt{\frac{4q_V}{\pi v_2}}=\sqrt{\frac{4\times\frac{1000}{3600}}{\pi\times 7.668}}=0.068(\text{m})$$

水平管中的绝对压强由下式求得：

$$H_1+\frac{p_1}{\rho g}=z+\frac{p}{\rho g}+\frac{v^2}{2g}$$

$$p=\rho g\left[H_1+\frac{p_1}{\rho g}-\left(z+\frac{v^2}{2g}\right)\right]=1000\times 9.8\times\left[3+\frac{101325}{1000\times 9.8}-\left(6+\frac{7.668^2}{2\times 9.8}\right)\right]$$

$$=0.425\times 10^5(\text{Pa})$$

$$p-p_a=0.425\times 10^5-101325=-0.588\times 10^5(\text{Pa})$$

4-20 送风管道的截面积 $A_1=1\text{m}^2$，体积流量 $q_{V1}=108000\text{m}^3/\text{h}$，静压 $p_1=0.267\text{N/cm}^2$，风温 $t_1=28℃$。管道经过一段路程以及弯管，大小节收缩段等管子件后，截面积 $A_2=0.64\text{m}^2$，静压 $p_2=0.133\text{N/cm}^2$，风温 $t_2=24℃$。当地测得的大气压 $p_a=101325\text{Pa}$，求截面 A_2 处的质量流量 q_{m2}，体积流量 q_{V2} 以及两个截面上的平均流速 v_1、v_2。

解：$$\begin{cases}p_1+p_a=\rho_1 RT\\ p_2+p_a=\rho_2 RT\end{cases}\Rightarrow\begin{cases}0.267\times 10^4+101325=\rho_1\times 287.1\times(28+273)\\ 0.133\times 10^4+101325=\rho_2\times 287.1\times(24+273)\end{cases}$$

$$\Rightarrow\begin{cases}\rho_1=1.2034(\text{kg/m}^3)\\ \rho_2=1.2039(\text{kg/m}^3)\end{cases}$$

$$q_{V1}=q_{V2}=\frac{108000}{3600}=30(\mathrm{m^3/s})$$

$$q_{m2}=\rho_2 q_{V2}=1.2039\times 30=36.117(\mathrm{kg/s})$$

$$v_1=\frac{q_{V1}}{A_1}=\frac{30}{1}=30(\mathrm{m/s})$$

$$v_2=\frac{q_{V2}}{A_2}=\frac{30}{0.64}=46.875(\mathrm{m/s})$$

4-21　如图 4-33 所示，水沿渐缩管道垂直向上流动，已知 $d_1=30\mathrm{cm}$，$d_2=20\mathrm{cm}$，计示压强 $p_1=19.6\mathrm{N/cm^2}$，$p_2=9.81\mathrm{N/cm^2}$，$h=2\mathrm{m}$。若不计摩擦损失，试计算其流量。

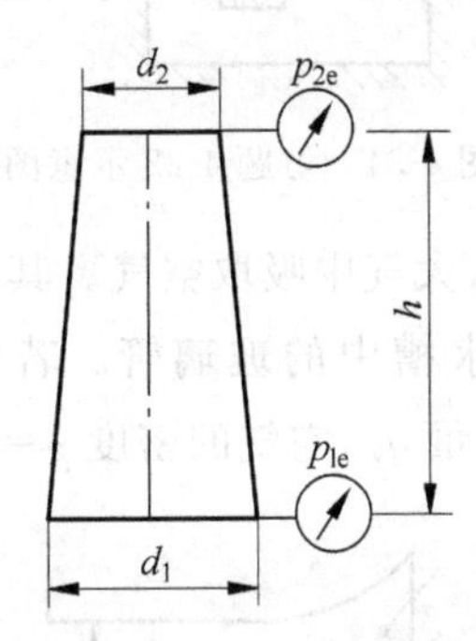

图 4-33　习题 4-21 示意图

解：$\dfrac{p_1}{\rho g}+\dfrac{v_1^2}{2g}=\dfrac{p_2}{\rho g}+\dfrac{v_2^2}{2g}+h$

$$v_1=\frac{q}{\pi\left(\frac{d_1}{2}\right)^2},\quad v_2=\frac{q}{\pi\left(\frac{d_2}{2}\right)^2}$$

所以

$$\frac{19.6\times 10^4}{9.8\times 1000}+\frac{\left[\dfrac{q}{\pi\left(\frac{d_1}{2}\right)^2}\right]^2}{2\times 9.8}=\frac{9.81\times 10^4}{9.8\times 1000}+\frac{\left[\dfrac{q}{\pi\left(\frac{d_2}{2}\right)^2}\right]^2}{2\times 9.8}+2$$

$$q=0.439(\mathrm{m^3/s})$$

4-22　如图 4-34 所示，离心式水泵借一内径 $d=150\mathrm{mm}$ 的吸水管以 $q=60\mathrm{m^3/h}$ 的流量从一敞口水槽中吸水，并将水送至压力水箱。设装在水泵与吸水管接头上的真空计指示出负压值为 39997Pa。水力损失不计，试求水泵的吸水高度 H_s。

解：$v=\dfrac{q}{\pi\left(\frac{d}{2}\right)^2}=\dfrac{60/3600}{\pi\left(\frac{0.15}{2}\right)^2}=0.943(\mathrm{m/s})$

以水池液面为基准，对水池液面和水泵两截面列伯努利方程：

$$\begin{cases}0+0+0=H_s+\dfrac{p}{\rho g}+\dfrac{v^2}{2g}\\[2mm] 0+0+0=H_s+\dfrac{-39997}{1000\times 9.8}+\dfrac{0.943^2}{2\times 9.8}\end{cases}$$

$$H_s=4.03(\mathrm{m})$$

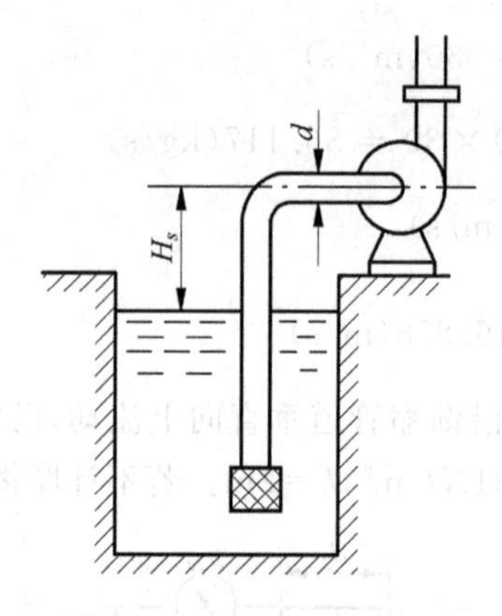

图 4-34　习题 4-22 示意图

4-23　离心式风机借集流器从大气中吸取空气。其测压装置为一从直径 $d=200\text{mm}$ 圆柱形管道上接出的，下端插入水槽中的玻璃管。若水在玻璃管中的上升高度 $H=250\text{mm}$，求风机每秒钟吸取的空气量 q_V，空气的密度 $\rho=1.29\text{kg/m}^3$（见图 4-35）。

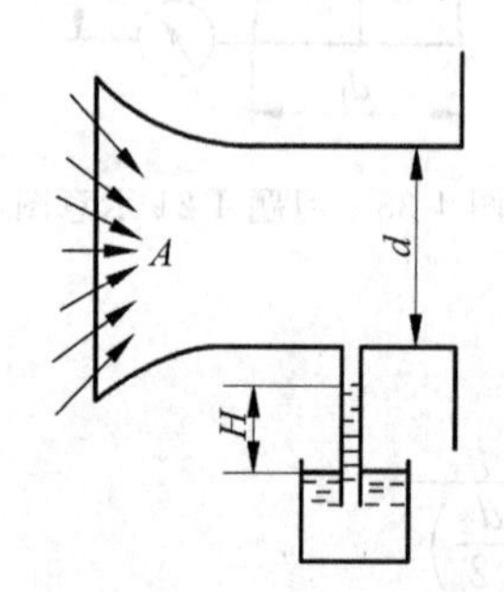

图 4-35　习题 4-23 示意图

解：$p_2=\rho_{H_2O}gH=1000\times9.8\times0.25=2450(\text{Pa})$

对集流器入气口和水面上列伯努利方程：

$$\frac{p_1}{\rho g}+\frac{v_1^2}{2g}+z_1=\frac{p_2}{\rho g}+\frac{v_2^2}{2g}+z_2$$

$$p_1=p_a,\quad z_1=z_1=0,\quad v_1=0$$

$$0+0+0=\frac{p_2}{\rho g}+\frac{v_2^2}{2g}+0$$

$$v_2^2=\sqrt{2\frac{p_2}{\rho}}=\sqrt{\frac{2\times2450}{1.29}}=61.63(\text{m/s})$$

$$q_V=v_2\times A_2=61.63\times\pi\left(\frac{0.2}{2}\right)^2=1.935(\text{m}^3/\text{s})$$

4-24　连续管系中的 90°渐缩弯管放在水平面上，管径 $d_1=15\text{cm}$，$d_2=7.5\text{cm}$，入口处水平均流速 $v_1=2.5\text{m/s}$，计示静压强 $p_{1e}=6.86\times10^4\text{Pa}$。如不计能量损失，试求支撑弯管在其位置所需的水平力。

解：(1) 连续性方程：

$$v_1 A_1 = v_2 A_2, \quad v_1 \frac{\pi d_1^2}{4} = v_2 \frac{\pi d_2^2}{4}$$

$$v_2 = v_1 \left(\frac{d_1}{d_2}\right)^2 = 2.5 \times \left(\frac{0.15}{0.075}\right)^2 = 10(\mathrm{m/s})$$

(2) 伯努利方程：

$$\frac{v_1^2}{2g} + z + \frac{p_{1e}}{\rho g} = \frac{v_2^2}{2g} + z + \frac{p_{2e}}{\rho g}$$

$$p_{2e} = p_{1e} + \frac{1}{2}\rho(v_1^2 - v_2^2) = 6.86 \times 10^4 + \frac{1}{2} \times 1000 \times (2.5^2 - 10^2) = 21725(\mathrm{Pa})$$

(3) x 方向动量方程：

$$\rho q_V (v_{2x} - v_{1x}) = \sum F_x, \quad \rho v_1 \frac{\pi d_1^2}{4}(0 - v_1) = p_{1e} \frac{\pi d_1^2}{4} - R_x$$

$$R'_x = -R_x = -\frac{\pi d_1^2}{4}(p_{1e} + \rho v_1^2) = -\frac{\pi (0.15)^2}{4} \times (6.86 \times 10^4 + 1000 \times 2.5^2)$$

$$= -1322.04(\mathrm{N})$$

(4) y 方向动量方程：

$$\rho q_V (v_{2y} - v_{1y}) = \sum F_y, \quad \rho v_2 \frac{\pi d_2^2}{4}(v_2 - 0) = R_y - p_{2e} \frac{\pi d_2^2}{4}$$

$$R'_y = -R_y = -\frac{\pi d_2^2}{4}(p_{2e} + \rho v_2^2) = -\frac{\pi (0.075)^2}{4} \times (21275 + 1000 \times 10^2) = -535.5(\mathrm{N})$$

(5) 合力：

$$R' = \sqrt{R_x'^2 + R_y'^2} = \sqrt{1322.04^2 + 535.5^2} = 1426.38(\mathrm{N})$$

4-25　额定流量 $q_m = 35.69\mathrm{kg/s}$ 的过热蒸汽，压强 $p = 981\mathrm{N/cm^2}$，温度 $t = 510℃$（对应的蒸汽比体积 $\upsilon = 0.03067\mathrm{m^3/kg}$），经 $\phi 273 \times 23\mathrm{mm}$ 的主蒸汽管道铅垂向下，再经 90°弯管转向水平方向流动。如不计能量损失，试求蒸汽作用给弯管的水平力。

解：管道直径 d＝外径 273－2×壁厚 23＝227(m)

$$q_m = \rho v A$$

$$v = \frac{q_m}{\rho A} = \frac{35.69 \times 0.03067}{\pi \left(\frac{0.227}{2}\right)^2} = 27.047(\mathrm{m/s})$$

$$q_m (V_{2x} - V_{1x}) = R_x - P_{2e} A_2$$

$$R_x = q_m (V_{2x} - V_{1x}) + P_{2e} A_2 = 35.69 \times (27.047 - 0) + 81 \times 10^4 \times \frac{\pi \times 0.227^2}{4}$$

$$= 3.98 \times 10^5(\mathrm{N})$$

4-26　如图 4-36 所示，相对密度为 0.83 的油水平射向直立的平板，已知 $v_0 = 20\mathrm{m/s}$，求支撑平板所需的力 F。

解：建 xoy 坐标系，x 轴沿平板方向，选平板、油的轮廓线为控制体，x 方向动量方程：

$$\rho q_V (v_{2x} - v_{1x}) = \sum F_x, \quad \rho v_0 \frac{\pi d^2}{4}(0 - v_0) = -F$$

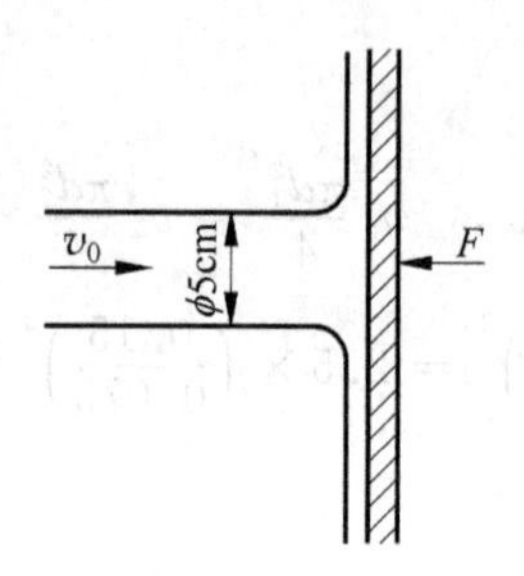

图 4-36　习题 4-26 示意图

$$F' = -F = -\rho v_0^2 \frac{\pi d^2}{4} = -0.83 \times 1000 \times 20^2 \times \frac{\pi (0.05)^2}{4} = -652(\text{N})$$

$$F = 652(\text{N})$$

4-27　标准状态的空气从喷嘴里射出，吹到一与之成直角的壁面上，壁面上装有测压计，测压计读数高于大气压 466.6Pa。求空气离开喷嘴时的速度。

解：在 x 方向列动量方程：

$$\rho q_V(0 - v) = -pA \Rightarrow \rho v A v = pA \Rightarrow v = \sqrt{\frac{p}{\rho}} = \sqrt{\frac{466.6}{1.293}} = 19(\text{m/s})$$

4-28　水龙头与压力箱连接，压强 170kPa。水龙头的入流速度可忽略不计，水龙头往大气中喷水，设水柱成单根流线，忽略空气阻力，估计水流离出口能达到的最大高度。

解：$v_1 = v_2 = 0, z_1 = 0, p_{2e} = 0$

列伯努利方程：

$$\frac{p_{1e}}{\rho g} + z_1 + \frac{v_1^2}{2g} = \frac{p_{2e}}{\rho g} + z_2 + \frac{v_2^2}{2g}$$

$$\frac{p_{1e}}{\rho g} = H$$

$$H = \frac{p_{1e}}{\rho g} = \frac{170 \times 10^3}{1000 \times 9.8} = 17.3(\text{m})$$

4-29　如图 4-37 所示，一股射流以速度 v_0 水平射到倾斜光滑平板上，体积流量为 q_{V0}。求沿板面向两侧的分流流量 q_{V1} 与 q_{V2} 的表达式，以及流体对板面的作用力。忽略流体撞击的损失和重力影响，射流的压强分布在分流前后都没有变化。

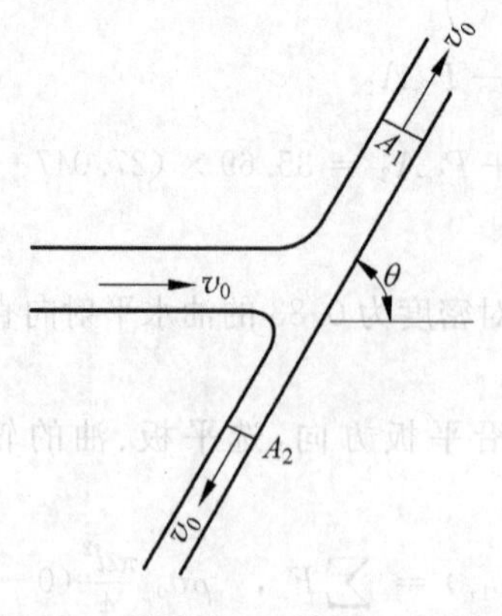

图 4-37　习题 4-29、习题 4-30 示意图

解：平板受力沿法向，建 xoy 坐标系，y 轴沿法向射流及分流都在大气环境中 $p_e=0$，由伯努利方程 $v_1=v_2=v_0$，x 轴动量方程：

$$(\rho q_{V1}v_0-\rho q_{V2}v_0)-\rho q_{V0}v_0\cos\theta=0$$

$$q_{V1}-q_{V2}=q_{V0}\cos\theta$$

连续性方程：

$$q_{V1}+q_{V2}=q_{V0}$$

所以 $$q_{V1}=\frac{1}{2}q_{V0}(1+\cos\theta),\quad q_{V2}=\frac{1}{2}q_{V0}(1-\cos\theta)$$

y 方向上动量方程：

$$0-(-\rho q_{V0}v_0\sin\theta)=R_y,\quad R'_y=-R_y=-\rho q_{V0}v_0\sin\theta$$

4-30　如图 4-37 所示的流动，如果沿下侧流动的流量为流体总流量的 45%，问平板倾斜角 θ 多大？

解：由习题 4-29 可得

$$q_{V2}=\frac{1-\cos\theta}{2}q_{V0}\Rightarrow\frac{1-\cos\theta}{2}=45\%\Rightarrow\theta=84°15'$$

4-31　如图 4-38 所示，平板向着射流以等速 v 运动，导出使平板运动所需功率的表达式。

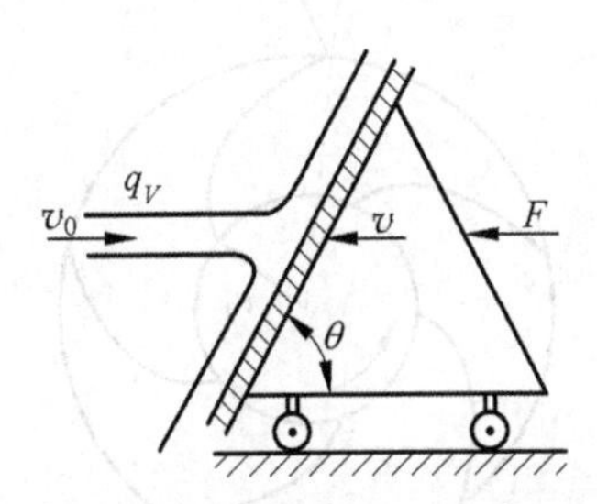

图 4-38　习题 4-31 示意图

解：由习题 4-29 的结论，在平板不运动的情况下，流体对板面的作用力为

$$F=-\rho q_{V0}v_0\sin\theta=-\rho A_0v_0v_0\sin\theta=-\rho A_0v_0^2\sin\theta$$

平板向着射流以等速 v 运动，将坐标系建立在平板上，则射流的速度为 $v'=v_0+v$ 带入上式得

$$F'=-\rho A_0(v_0+v)^2\sin\theta$$

水平方向上的分力为

$$F'=F''\sin\theta=-\rho A_0(v_0+v)^2\sin\theta\sin\theta=-\rho A_0(v_0+v)^2\sin^2\theta$$

平板在水平方向上等速运动，则使平板运动施加的力为

$$F=-F'=\rho A_0(v_0+v)^2\sin^2\theta$$

$$P=Fv=\rho A_0(v_0+v)^2\sin^2\theta v=\rho A_0v(v_0+v)^2\sin^2\theta$$

而 $A_0=\dfrac{q_{V0}}{v_0}$，所以有

$$P=\rho\frac{q_{V0}}{v_0}v(v_0+v)^2\sin^2\theta$$

4-32 如图 4-39 所示，射流以绝对速度 v_0 流入叶片。假如射流的绝对速度偏转 120°，求叶片出口边 θ 角度。

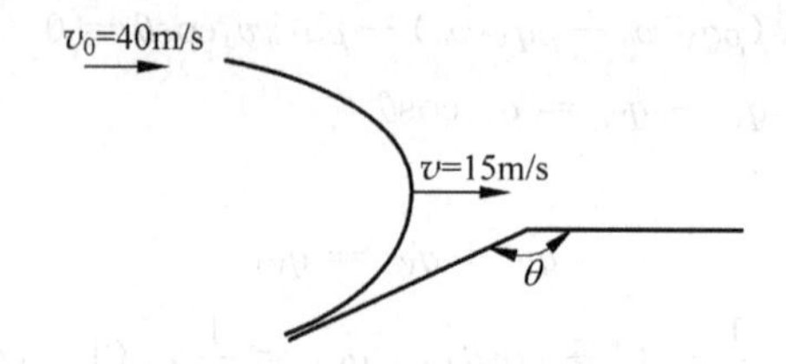

图 4-39　习题 4-32 示意图

解：$\tan(\pi-\theta)=\dfrac{40\times\tan30^\circ+15}{40\times\tan60^\circ}=0.5498$

$\theta=151.2^\circ$

4-33 图 4-40 中水泵叶轮的内径 $d_1=20\text{cm}$，外径 $d_2=40\text{cm}$，叶片宽度 $b=4\text{cm}$，水在叶轮入口处沿径向流入，在出口处与径向成 30°角的方向流出，质量流量 $q_m=81.58\text{kg/s}$。试求水在叶轮入口与出口处的流速 v_1 与 v_2。

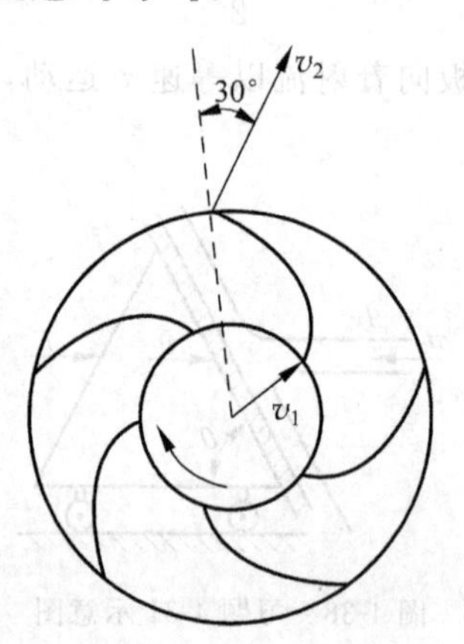

图 4-40　习题 4-33 示意图

解：$v_1=\dfrac{q_m}{\rho\pi d_1 b}=\dfrac{81.58}{1000\times\pi\times0.2\times0.04}=3.248(\text{m/s})$

$$v_2=\frac{q_m}{\rho\pi d_2 b\cos30^\circ}=\frac{81.58}{1000\times\pi\times0.4\times0.04\cos30^\circ}=1.875(\text{m/s})$$

4-34 图 4-41 中的风机叶轮的内径 $d_1=12.5\text{cm}$，外径 $d_2=30\text{cm}$，叶片宽度 $b=2.5\text{cm}$，转速 $n=1725\text{r/min}$，体积流量 $q_V=372\text{m}^3/\text{h}$。空气在叶片入口处沿径向流入，绝对压强 $p_1=9.7\times10^4\text{Pa}$，气温 $t_1=20℃$，叶片出口方向与叶轮外缘切线方向的夹角 $\beta_2=30^\circ$。假设流体是理想不可压缩流体：(1)画出入口处的速度图，并计算叶片的入口角 β_1；(2)画出出口处的速度图，并计算出口速度 v_2；(3)求所需的扭矩 M_z。

解：(1) $\rho_1=\dfrac{p_1 T_0}{p_0 T_1}\rho_0=\dfrac{9.7\times10^4\times273}{101325\times(273+20)}\times1.293=1.15(\text{kg/m}^3)$

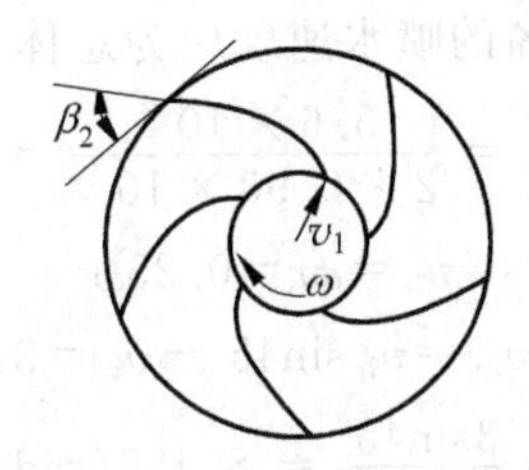

图 4-41 习题 4-34 示意图

出口牵连速度 $u_1=\dfrac{\pi d_1 n}{60}=\dfrac{\pi\times 0.125\times 1725}{60}=11.29(\text{m/s})$

进口绝对速度径向分速度 $v_{1n}=\dfrac{q_V}{\pi d_1 b}=\dfrac{372/3600}{\pi\times 0.125\times 0.025}=10.53(\text{m/s})$

由于空气在叶片进口处沿径向流入，则进口绝对速度与牵连速度之间的夹角 $\alpha_1=90°$，进口绝对速度 v_1 与径向分速度 v_{1n} 相等，即 $v_1=v_{1n}=10.53\text{m/s}$。

进口角 $\beta_1=\arctan\dfrac{v_1}{u_1}=\arctan\dfrac{10.53}{11.29}=43°$，入口速度三角形如下图所示。

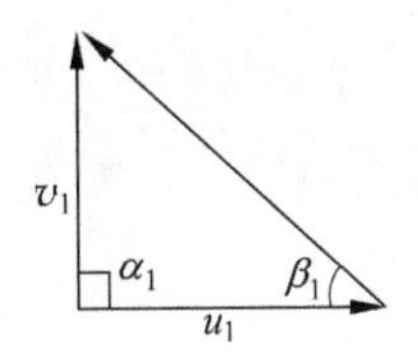

(2) 同理可求得 $u_2=\dfrac{\pi d_2 n}{60}=\dfrac{\pi\times 0.3\times 1725}{60}=27.1(\text{m/s})$

$$v_{2n}=\frac{q_V}{\pi d_2 b}=\frac{372/3600}{\pi\times 0.3\times 0.025}=4.39(\text{m/s})$$

则

$$u_{2n}=u_2-\frac{v_{2n}}{\tan\beta_2}=27.1-\frac{4.39}{\tan 30°}=19.5(\text{m/s})$$

出口绝对速度 $v_2=\sqrt{v_{2n}^2+u_{2n}^2}=\sqrt{4.39^2+19.5^2}=19.98(\text{m/s})$

出口速度三角形如下图所示。

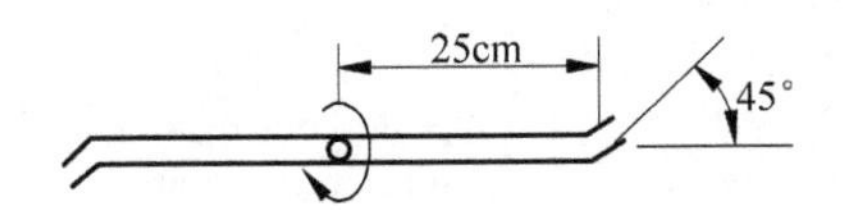

(3) $M_d=\rho q_V(v_{2n}r_2-v_{1n}r_1)=1.15\times\dfrac{372}{3600}\times(19.5\times 0.15-0)=0.348(\text{N}\cdot\text{m})$

4-35 图 4-42 所示为一有对称臂的洒水器，设总体积流量为 $5.6\times 10^{-4}\text{m}^3/\text{s}$，喷嘴面积为 0.93cm^2。不计摩擦。求它的角速度 ω。如不让它转动，应施加多大扭矩。

25cm
45°

图 4-42 习题 4-35 示意图

解：水的相对流速为每个喷嘴的喷水速度应为总体积流量的一半除以喷嘴面积。

$$v_{2r}=\frac{Q}{2A}=\frac{5.6\times10^{-4}}{2\times0.93\times10^{-4}}=3(\mathrm{m/s})$$

牵连速度为 $v_{2e}=\omega r=0.25\omega$

绝对速度在 y 轴上的投影为 $v_{2y}=v_{2r}\sin45^\circ-v_{2e}=3\sin45^\circ-0.25\omega=0$

$$\omega=\frac{3\sin45^\circ}{0.25}=8.485(\mathrm{rad/s})$$

当洒水器停止不动时，在每个喷嘴上水流的反击力轴向分量是

$$F=\rho Qv_{2r}\sin45^\circ=1000\times5.6\times10^{-4}\times3\times0.707=1.18776(\mathrm{m/s})$$

$$M=Fr=1.18776\times0.25=0.297(\mathrm{N\cdot m})$$

第5章

相似原理和量纲分析

5.1 主要内容

1. 流动的力学相似

(1) 几何相似指模型与原型的全部对应线性长度的比例相等,且对应夹角相等。

$$k_l = \frac{l'}{l}$$

几何相似时,对应的面积和体积也成一定的比例,即

$$k_A = k_l^2$$

$$k_v = k_l^3$$

(2) 运动相似指模型与原型的流场所有对应点上、对应时刻的流速方向相同而流速大小的比例相等。

$$k_v = \frac{v'}{v}$$

(3) 动力相似指模型与原型的流场所有对应点作用在流体微团上的各种力彼此方向相同,大小成比例。

流体受到的力一般有压力、黏性力、重力、弹性力等。即

$$k_F = \frac{F'}{F}$$

$$k_F = k_\rho k_l^2 k_v^2$$

2. 动力相似准则

定义合作用力与惯性力之比为牛顿数,即

$$\frac{F}{\rho L^2 v^2} = Ne$$

模型与原型的流场动力相似,它们的牛顿数必定相等。这就是牛顿相似准则。

(1) 重力相似准则

在重力作用相似时，弗鲁德数相等。

$$Fr = \frac{v}{(gl)^{1/2}}$$

(2) 黏滞力相似准则

在黏滞力作用相似时，雷诺数相等。

$$Re = \frac{\rho v l}{\mu}$$

(3) 压力相似准则

在压力作用相似时，欧拉数相等。

$$Eu = \frac{P}{\rho v^2}$$

(4) 非定常性相似准则

两者定常流动相似，斯特劳哈尔数相等。

$$Sr = \frac{l}{vt}$$

(5) 弹性力相似准则

在可压缩流体弹性力作用相似时，柯西数相等。

$$Ca = \frac{\rho v^2}{K}$$

对于气体，习惯上将柯西准则转换为马赫准则。

$$Ma = \frac{v}{c}$$

(6) 表面张力相似准则

表面张力作用相似，韦伯数相等。

$$We = \frac{\rho v^2 l}{\sigma}$$

3. 流动相似条件

相似条件是指保证流动相似的必要和充要条件。

(1) 相似的流动都属于同一类流动，都应为相同的微分方程组所描述。

(2) 单值条件相似。

(3) 由单值条件中的物理量所组成的相似准则数相等。

相似条件解决了模型实验中必须解决的问题。

(1) 应根据单值条件相似和相似准则数相等的原则去设计模型，选择模型中的流动介质。

(2) 试验过程中应测定各相似准则数中包含的一切物理量，并整理成相似准则数。

(3) 用与试验数据相拟合的方法找出相似准则数之间的函数关系，即准则方程式。

4. 近似的模型实验

工程上常常采用近似相似的模型试验方法，即在设计模型和组织模型试验时，在与流动过程有关的定性准则中考虑那些对流动过程起主导作用的定性准则，而忽略那些对过程影响较小的定性准则，达到两流动的近似相似。

5. 量纲分析法

(1) 物理方程量纲一致性原则

物理量单位的种类叫量纲。量纲分为基本量纲和导出量纲。任何一个物理方程中各项的量纲必定相同，用量纲表示的物理方程必定是齐次性的，这就是量纲一致性原则。

量纲分析的规律。

① 方程式等式两边的每一项的量纲是相同的。

② 一个量纲齐次性方程，只要用方程的任意一项除以其余各项，就可使方程的每一项都变成无量纲量，整个方程化为无量纲方程。

(2) 瑞利法

瑞利量纲分析法步骤如下。

① 确定影响流动的重要物理参数，并假设它们之间的关系是幂函数乘积形式。

② 根据量纲一致性原理，建立各物理量的幂指数的联立方程式。

③ 解此方程式求得各物理量的指数值，代入所假定的函数关系式中，得到无量纲(相似准则数)之间的关系式。

④ 通过模型实验，确定函数关系式中的待定常数和具体的函数形式。

(3) π 定理

若影响物理现象的有量纲的物理量有 n 个，即 $x_1, x_2, x_3, \cdots, x_n$，其函数关系式可表示为 $F(x_1, x_2, x_3, \cdots, x_n)=0$。

设这些物理量包含有 m 个基本量纲，则这个物理现象可用这 n 个物理量所组成的 $n-m$ 个无量纲(相似准则数)的组合量 $\pi_1, \pi_2, \cdots, \pi_{n-m}$ 表示的函数关系式来描述，即

$$f(\pi_1, \pi_2, \cdots, \pi_{n-m}) = 0$$

应用 π 定理的步骤如下。

① 根据对所研究对象的认识，确定影响这个现象的 n 个主要物理量。

② 在 n 个物理量中任选 m 个作为独立变量，但这 m 个独立变量的量纲不能相同，而且它们必须包含有 n 个物理量所涉及的全部 m 个基本量纲。

③ 将剩余的$(n-m)$个物理量分别用所选定的 m 个独立变量的乘幂组合来表示，而相差的倍数就是相应的无量纲数 π。即

$$x_i = \pi_i x_1^{a_1} x_2^{a_2} x_3^{a_3} \cdots x_m^{a_m}$$

$$\pi_i = \frac{x_i}{x_1^{a_1} x_2^{a_2} x_3^{a_3} \cdots x_m^{a_m}}$$

④ 根据量纲的和谐性原理，分别求出待定指数 $a_{i1}, a_{i2}, a_{i3}, \cdots, a_{im}$ $(i=1,2,\cdots,n-m)$，再求出 $\pi_1, \pi_2, \cdots, \pi_{n-m}$。

⑤ 将 $\pi_1, \pi_2, \cdots, \pi_{n-m}$ 代入，写出描述物理量的关系式，这样就把一个具有各物理量的关系式简化为各无量纲组合量的表达式。

5.2 本章难点

（1）在应用相似原理进行模型实验时，如何确定采用什么样的相似准则，关键是要能判断出在该流动中，什么样的力起主要作用。

（2）量纲分析方法的应用。

瑞利法对涉及物理量的个数少于 5 个的物理现象是非常方便的，对于涉及 5 个以上（含 5 个）变量的物理现象虽然也是适用的，但不如 π 定理方便。

（3）应用量纲分析法时，需要注意以下几点。

① 必须找到对所求物理过程有影响的全部物理量，缺少任何一个将得到不全面甚至是错误的结果。

② 在准则方程中如果存在无量纲系数，则需要由实验来确定这些系数。

③ 因为量纲分析是以量纲一致性为基础，因此它无法区分量纲相同的物理量。

5.3 课后习题解答

5-1 试导出用基本量纲 L、T、M 表示的体积流量 q_V、质量流量 q_m、角速度 ω、力矩 M、功 W、功率 P 的量纲。

解：$q_V=\dfrac{V}{t}$，$\dim q_V=L^3T^{-1}$

$$q_m=\rho\frac{V}{t}=\frac{m}{V}\frac{V}{t}=\frac{m}{t},\quad \dim q_m=MT^{-1}$$

$$\omega=\frac{v}{l}=\frac{\frac{s}{t}}{l},\quad \dim\omega=T^{-1}$$

$$M=Fl=mal=m\frac{v}{t}l=m\frac{\frac{s}{l}}{t}l=m\frac{s}{t},\quad \dim M=MLT^{-1}$$

$$W=Fs=mas=m\frac{v}{t}s=m\frac{\frac{s}{t}}{t}s,\quad \dim W=ML^2T^{-2}$$

$$P=Fv=mav=m\frac{v}{t}v=m\frac{\left(\frac{s}{t}\right)^2}{t},\quad \dim P=ML^2T^{-3}$$

5-2 如图 5-8 所示，用模型研究溢流堰的流动，采用长度比例尺 $k_l=1/20$。(1)已知原型堰上水头 $h=3\text{m}$，试求模型的堰上水头；(2)测得模型上的流量 $q_V'=0.19\text{m}^3/\text{s}$，试求原型上的流量；(3)测得模型堰顶的计示压强 $p_e=-1960\text{Pa}$，试求原型堰顶的计示压强。

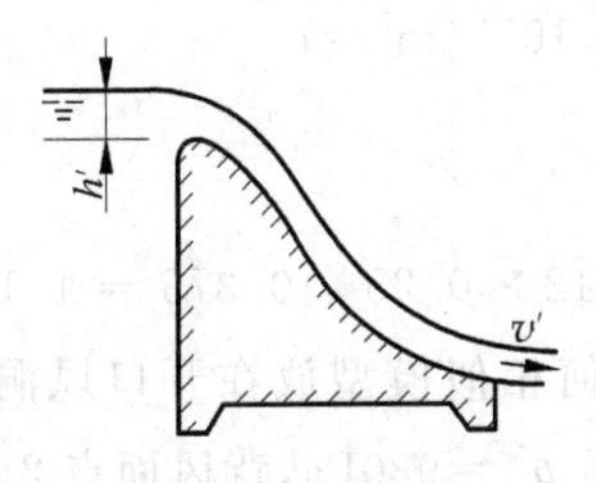

图 5-8　溢流堰

解：(1) $k_l=\dfrac{h'}{h}=\dfrac{1}{20}, h'=k_l h=\dfrac{3}{20}=0.15(\text{m})$

(2) 溢流受重力作用

$$F_r'=F_r,\quad g'=g$$

$$\frac{v'}{(g'l')^{1/2}}=\frac{v}{(gl)^{1/2}},\quad k_v=k_l^{1/2}$$

$$k_{q_V}=\frac{q_V'}{q_V}=\frac{v'A'}{vA}=k_v k_l^2=k_l^{5/2}$$

$$q_V=q_V' k_l^{2/5}=0.19\times\left(\frac{1}{20}\right)^{2/5}=339.9(\text{m}^3/\text{s})$$

(3) 压强作用

$$E_u'=E_u,\quad \rho'=\rho$$

$$\frac{p_e'}{\rho' v'^2}=\frac{p_e}{\rho v^2},\quad k_{p_e}=k_v^2=k_l$$

$$p_e=\frac{p_e'}{k_{p_e}}=\frac{p_e'}{k_l}=\frac{-1960}{\dfrac{1}{20}}=-39200(\text{Pa})$$

5-3　有一内径 $d=200\text{mm}$ 的圆管，输送运动黏度 $\nu=4.0\times10^{-5}\text{m}^2/\text{s}$ 的油，其流量 $q_V=0.12\text{m}^3/\text{s}$。若用内径 $d'=50\text{mm}$ 的圆管并分别用 20℃的水和 20℃的空气做模型试验，试求流动相似时模型管内应有的流量。

解：(1) $k_l=\dfrac{d'}{d}=0.25$

$$20℃\text{ 水}：v'=1.007\times10^{-6}\text{m}^2/\text{s}$$

$$k_v=\frac{v'}{v}=0.025175$$

黏性作用：$Re=\dfrac{v'l'}{\nu'}=\dfrac{vl}{\nu}$

$$k_v=\frac{k_\nu}{k_l}$$

$$k_{qv}=\frac{q_V'}{q_V}=\frac{A'v'}{Av}=k_l^2 k_v=k_l k_v$$

$$q_V'=q_V k_l k_v=0.12\times0.25\times0.025175=7.553\times10^{-4}(\text{m}^3/\text{s})$$

(2) 20℃空气：$v'=15.00\times10^{-6}(\mathrm{m^2/s})$

$$k_v=\frac{v'}{v}=0.375$$

$$q_V'=q_Vk_lk_v=0.12\times0.25\times0.375=1.125\times10^{-2}(\mathrm{m^3/s})$$

5-4 将一高层建筑物的几何相似模型放在开口风洞中吹风，风速为 $v'=10\mathrm{m/s}$，测得模型迎风面点 1 处的计示压强 $p_{1e}'=980\mathrm{Pa}$，背风面点 2 处的计示压强 $p_{2e}'=-49\mathrm{Pa}$。试求建筑物在 $v=30\mathrm{m/s}$ 强风作用下对应点的计示压强。

解：压强作用：$E_u'=E_u,\rho'=\rho$

(1) 迎风面点 1：$\dfrac{p_{1e}'}{\rho'v'^2}=\dfrac{p_{1e}}{\rho v^2},p_{1e}=\left(\dfrac{v}{v'}\right)^2p_{1e}'=\left(\dfrac{30}{10}\right)^2\times980=8820(\mathrm{Pa})$

(2) 背风面点 2：$\dfrac{p_{2e}'}{\rho'v'^2}=\dfrac{p_{2e}}{\rho v^2},p_{2e}=\left(\dfrac{v}{v'}\right)^2p_{2e}'=\left(\dfrac{30}{10}\right)^2\times(-49)=-441(\mathrm{Pa})$

5-5 长度比例尺 $k_l=1/40$ 的船模，当牵引速度 $v'=0.54\mathrm{m/s}$ 时，测得波阻 $F_w'=1.1\mathrm{N}$。如不计黏性影响，试求原型船的速度、波阻及消耗的功率。

解：(1) 重力作用

$$F_r'=F_r,\quad g'=g$$

$$\frac{v'}{(g'l')^{1/2}}=\frac{v}{(gl)^{1/2}},\quad k_v=k_l^{1/2}$$

$$v=\frac{v'}{k_v}=\frac{v'}{k_l^{1/2}}=\frac{0.54}{\left(\frac{1}{40}\right)^{1/2}}=3.415(\mathrm{m/s})$$

(2) 波阻作用

$$N'e=Ne,\quad \rho'=\rho$$

$$\frac{F_w'}{\rho'l'^2v'^2}=\frac{F_w}{\rho l^2v^2},\quad k_F=k_l^2k_v^2=k_l^3$$

$$F_w=\frac{F_w'}{k_F}=\frac{F_w'}{k_l^3}=\frac{1.1}{\left(\frac{1}{40}\right)^3}=70400(\mathrm{N})$$

(3) 功率

$$k_p=\frac{p'}{p}=\frac{F'_wv'}{F_wv}=k_{F_w}k_v=k_l^{7/2}$$

$$p=\frac{p'}{k_p}=\frac{F'v'}{k_l^{7/2}}=\frac{1.1\times0.54}{\left(\frac{1}{40}\right)^{7/2}}=2.404\times10^5(\mathrm{W})$$

5-6 长度比例尺 $k_l=1/225$ 的模型水库，开闸后完全放空库水的时间是 4min。试求原型水库放空库水的时间。

解：(1) 重力作用

$$F_r'=F_r,\quad g'=g$$

$$\frac{v'}{(g'l')^{1/2}}=\frac{v}{(gl)^{1/2}},\quad k_v=k_l^{1/2}$$

(2) 放空时间

$$k_t=\frac{t'}{t}=\frac{l'/v'}{l/v}=\frac{k_l}{k_v}=k_l^{1/2}$$

$$t=\frac{t'}{k_t}=\frac{t'}{k_l^{1/2}}=\frac{4}{\left(\frac{1}{225}\right)^{1/2}}=60(\text{min})$$

5-7 新设计的汽车高1.5m,最大行驶速度为108km/h,拟在风洞中进行模型试验。已知风洞试验段的最大风速为45m/s,试求模型的高度。在该风速下测得模型的风阻力为1500N,试求原型在最大行驶速度时的风阻。

解:黏滞力作用:

$$Re'=Re,\quad \rho'=\rho,\quad \mu'=\mu$$

$$\frac{\rho'v'l'}{\mu'}=\frac{\rho vl}{\mu},\quad k_v=\frac{1}{k_l}$$

$$\frac{v'}{v}=\frac{h}{h'}\Rightarrow h'=\frac{hv}{v'}=1.5\times\frac{30}{45}=1(\text{m})$$

因为 $$k_F=\frac{F'}{F}=k_\rho k_l^2k_v^2=k_\rho=1$$

所以 $$F=F'=1500(\text{N})$$

5-8 在管道内以$v=20\text{m/s}$的速度输送密度$\rho=1.86\text{kg/m}^3$,运动黏度$\nu=1.3\times10^{-5}\text{m}^2/\text{s}$的天然气,为了预测沿管道的压强降,采用水模型试验。取长度比例尺$k_l=1/10$,已知水的密度$\rho'=998\text{kg/m}^3$,运动黏度$\nu'=1.007\times10^{-6}\text{m}^2/\text{s}$。为保证流动相似,模型内水的流速应等于多少?已经测得模型每0.1m管长的压降$\Delta p'=1000\text{Pa}$,天然气管道每米的压强降等于多少?

解:黏滞力作用$Re'=Re$

$$\frac{v'l'}{\nu'}=\frac{vl}{\nu}$$

$$v'=\frac{k_\nu}{k_l}v=\frac{1.007\times10^{-6}}{1.3\times10^{-5}}\times10\times20=15.49(\text{m/s})$$

由欧拉准则得:$p=\frac{p'}{k_\rho k_v^2}=\frac{1000}{\frac{998}{1.86}\times\left(\frac{15.49}{20}\right)^2}=3.107(\text{Pa})$

5-9 烟气在600℃的热处理炉中的流动情况拟用水模型来进行研究。已知烟气的运动黏度$\nu=9.0\times10^{-5}\text{m}^2/\text{s}$,长度比例尺$k_l=1/10$,水温为10℃,试求速度比例尺。

解:已知水温10℃时,$\nu'=1.308\times10^{-6}\text{m}^2/\text{s}$

黏滞力作用$Re'=Re$

$$\frac{v'l'}{\nu'}=\frac{vl}{\nu}$$

$$k_v = \frac{\nu'}{\nu k_l} = 10 \times \frac{1.308 \times 10^{-6}}{9.0 \times 10^{-5}} = 0.1453$$

5-10 某飞机的机翼弦长 $b=1500\text{mm}$，在气压 $p_a=10^5\text{Pa}$，气温 $t=10℃$ 的大气中以 $v=180\text{km/h}$ 的速度飞行，拟在风洞中用模型试验测定翼型阻力，采用长度比例尺 $k_1=1/3$。(a)如果用开口风洞，已知试验段的气压 $p_a'=101325\text{Pa}$，气温 $t'=25℃$，试验段的风速应等于多少？这样的试验有什么问题？(b)如果用压力风洞，试验段的气压 $p_a''=1\text{MPa}$，气温 $t''=30℃$，$\mu''=1.854\times10^{-5}\text{Pa}\cdot\text{s}$，试验段的风速应等于多少？

解：(a) 状态方程 $P=\rho RT \Rightarrow K_\rho=\dfrac{K_P}{K_T}=\dfrac{\frac{101325}{10^5}}{\frac{273+25}{273+10}}=0.96224$

查教材《工程流体力学(第4版)》(孔珑主编)中图2-5流体的动力黏度曲线得 $K_\mu=\dfrac{1.82\times10^{-5}}{1.75\times10^{-5}}=1.04$

黏滞力作用 $Re'=Re$

$$\frac{\rho'v'l'}{\mu'}=\frac{\rho vl}{\mu}$$

$$K_v=\frac{K_\mu}{K_\rho K_l}=\frac{1.04}{0.96224\times\frac{1}{3}}=3.2424$$

$$v'=K_v v=3.2424\times\frac{180\times10^3}{3600}=162.12(\text{m/s})$$

(b) 状态方程 $P=\rho RT \Rightarrow K_\rho=\dfrac{K_P}{K_T}=\dfrac{\frac{10^6}{10^5}}{\frac{273+30}{273+10}}=9.3399$

查教材《工程流体力学(第4版)》(孔珑主编)中图2-5流体的动力黏度曲线得 $K_\mu=\dfrac{1.85\times10^{-5}}{1.75\times10^{-5}}=1.057$

黏滞力作用 $Re'=Re$

$$\frac{\rho'v'l'}{\mu'}=\frac{\rho vl}{\mu}$$

$$K_v=\frac{K_\mu}{K_\rho K_l}=\frac{1.057}{9.3399\times\frac{1}{3}}=0.3395$$

$$v'=K_v v=0.3395\times\frac{180\times10^3}{3600}=16.97(\text{m/s})$$

5-11 低压轴流风机的叶轮直径 $d=0.4\text{m}$，转速 $n=1400\text{r/min}$，流量 $q_V=1.39\text{m}^3/\text{s}$，全压 $P_{te}=128\text{Pa}$，效率 $\eta=70\%$，空气密度 $\rho=1.20\text{kg/m}^3$，问消耗的功率 P 等于多少？在保证流动相似和假定风机效率不变的情况下，试确定作下列三种变动情况下的 q_V'、p_{te}' 和 P' 值：①n 变为 2800r/min；②风机相似放大，d' 变为 0.8m；③ρ' 变为 1.29kg/m^3。

解：输出功率 $P=\dfrac{q_V P_{te}}{\eta}=\dfrac{1.39\times128}{0.7}=254.171(\text{W})$

① $K_v=K_n=\dfrac{2800}{1400}=2$

$K_{q_V}=K_vK_l^2=2,\quad q'_V=K_{q_V}q_V=2\times1.39=2.78(\mathrm{m^3/s})$

$K_{P_{te}}=K_\rho K_v^2=4,\quad P'_{te}=K_{P_{te}}P_{te}=4\times128=512(\mathrm{Pa})$

$K_P=K_\rho K_l^2K_v^3=8,\quad P'=K_PP=8\times254.17=2033.36(\mathrm{W})$

② $K_l=\dfrac{0.8}{0.4}=2$

$K_{q_V}=K_vK_l^2=4,\quad q''_V=K_{q_V}q'_V=4\times2.78=11.12(\mathrm{m^3/s})$

$K_{P_{te}}=K_\rho K_v^2=1,\quad P''_{te}=K_{P_{te}}P'_{te}=1\times512=512(\mathrm{Pa})$

$K_P=K_\rho K_l^2K_v^3=4,\quad P''=K_PP'=4\times2033.36=8133.44(\mathrm{W})$

③ $K_\rho=\dfrac{1.29}{1.20}=1.075$

$K_{q_V}=K_vK_l^2=1,\quad q'_V=K_{q_V}q_V=1\times1.39=1.39(\mathrm{m^3/s})$

$K_{P_{te}}=K_\rho K_v^2=1.075,\quad P'_{te}=K_{P_{te}}P_{te}=1.075\times128=137.6(\mathrm{Pa})$

$K_P=K_\rho K_l^2K_v^3=1.075,\quad P'=K_PP=1.075\times254.17=273.23(\mathrm{W})$

5-12 流体通过水平毛细管的流量 q_V 与管径 d,动力黏度 μ,压强梯度 $\Delta p/l$ 有关,试导出流量的表达式。

解:瑞利法表示流量为 $q_V=kd^{a_1}\mu^{a_2}\left(\dfrac{\Delta p}{L}\right)^{a_3}$,用基本量纲表示方程中各物理量的量纲,则有

$$L^3T^{-1}=L^{a_1}(ML^{-1}T^{-1})^{a_2}\left(\frac{ML^{-1}T^{-2}}{L}\right)^{a_3}$$

根据量纲一致性原则,可得

对 L:$3=a_1-a_2-2a_3$

对 T:$-1=-a_2-2a_3$

对 M:$0=a_2+a_3$

联立求解可得:$a_1=4,a_2=-1,a_3=1$。所以

$$q_V=kd^4\mu^{-1}\frac{\Delta p}{L}=k\frac{d^4\Delta p}{\mu L}$$

其中,k 为系数。

5-13 薄壁孔口出流的流速 v 与孔口直径 d,孔口上水头 H,流体密度 ρ,动力黏度 μ,表面张力 σ,重力加速度 g 有关。试导出孔口出流速度的表达式。

解:物理方程:$F(H,\sigma,\mu,g,d,v,\rho)=0$

物理方程中有7个物理量,选取 d,v,ρ 作为基本变量,可以组成4个无量纲量。

$$\pi_1=\frac{H}{d^{a_1}v^{b_1}\rho^{c_1}},\quad \pi_2=\frac{\sigma}{d^{a_2}v^{b_2}\rho^{c_2}},\quad \pi_3=\frac{\mu}{d^{a_3}v^{b_3}\rho^{c_3}},\quad \pi_4=\frac{g}{d^{a_4}v^{b_4}\rho^{c_4}}$$

用基本量纲表示 π_1 中的各物理量,得

$$L=L^{a_1}(LT^{-1})^{b_1}(MT^{-3})^{c_1}$$

根据物理方程量纲一致性原则,由等式两端基本量纲 L、T、M 的指数可得

$$1=a_1+b_1-3c_1,\quad 0=-b_1,\quad 0=c_1$$

解得 $a_1=1,b_1=0,c_1=0$，故有 $\pi_1=\frac{H}{d}$。

用基本量纲表示 π_2 中的各物理量，得

$$ML^{-2}=L^{a_2}(LT^{-1})^{b_2}(MT^{-3})^{c_2}$$

根据物理方程量纲一致性原则，由等式两端基本量纲 L、T、M 的指数可得

$$0=a_2+b_2-3c_2,\quad -2=-b_2,\quad 1=c_2$$

解得 $a_2=1,b_2=2,c_2=1$，故有 $\pi_2=\frac{\sigma}{dv^2\rho}=\frac{1}{We}$。

用基本量纲表示 π_3 中的各物理量，得

$$ML^{-1}T^{-1}=L^{a_3}(LT^{-1})^{b_3}(MT^{-3})^{c_3}$$

根据物理方程量纲一致性原则，由等式两端基本量纲 L、T、M 的指数可得

$$-1=a_3+b_3-3c_3,\quad -1=-b_3,\quad 1=c_3$$

解得 $a_3=1,b_3=1,c_3=1$，故有 $\pi_3=\frac{\mu}{dv\rho}=\frac{1}{Re}$。

用基本量纲表示 π_4 中的各物理量，得

$$LT^{-2}=L^{a_4}(LT^{-1})^{b_4}(MT^{-3})^{c_4}$$

根据物理方程量纲一致性原则，由等式两端基本量纲 L、T、M 的指数可得

$$1=a_4+b_4-3c_4,\quad -2=-b_4,\quad 0=c_4$$

解得 $a_4=-1,b_4=2,c_4=0$，故有 $\pi_4=\frac{g}{d^{-1}v^2}$。

π_4 中含有被决定量：孔口出流速度 v，故 π_4 是非定性准则数，π_1、π_2、π_3 是定性准则数，则

$$\pi_4=f(\pi_1,\pi_2,\pi_3)$$

即

$$\frac{g}{d^{-1}v^2}=f\left(\frac{H}{d},\frac{1}{We},\frac{1}{Re}\right)$$

$$v=f\left(\frac{H}{d},\frac{1}{We},\frac{1}{Re}\right)^{-1/2}(gd)^{1/2}=f\left(\frac{d}{H},We,Re\right)(gd)^{1/2}$$

5-14 小球在不可压缩黏性流体中运动的阻力 F_d 与小球的直径 d，等速运动的速度 v，流体的密度 ρ，动力黏度 μ 有关，试导出阻力的表达式。

解：阻力的物理方程为 $F(F_D,d,v,\rho,\mu)=0$

d、v、ρ 3 种量的量纲组成的行列式值为 $\begin{bmatrix}1 & 1 & -3\\ 0 & -1 & 0\\ 0 & 0 & 1\end{bmatrix}=-1\neq 0$，所以选取 d、v、ρ 3 种量为基本量，组成 2 个无量纲量为

$$\pi_1=\frac{F_D}{d^{a_1}v^{b_1}\rho^{c_1}},\quad \pi_2=\frac{\mu}{d^{a_2}v^{b_2}\rho^{c_2}}$$

用基本量纲表示方程中的各物理量：

$$MLT^{-2}=L^{a_1}(LT^{-1})^{b_1}(ML^{-3})^{c_1}$$

$$ML^{-1}T^{-1}=L^{a_2}(LT^{-1})^{b_2}(ML^{-3})^{c_2}$$

根据量纲一致性原则可得

$$\begin{cases}1 = c_1 \\ 1 = a_1 + b_1 - 3c_1, \\ -2 = -b_1\end{cases} \quad \begin{cases}1 = c_2 \\ -1 = a_2 + b_2 - 3c_2 \\ -1 = -b_2\end{cases}$$

求解方程组得$\begin{cases}a_1 = 2 \\ b_1 = 2, \\ c_1 = 1\end{cases}\begin{cases}a_2 = 1 \\ b_2 = 1。 \\ c_2 = 1\end{cases}$

所以$\pi_1 = \dfrac{F_D}{d^2 v^2 \rho}, \pi_2 = \dfrac{\mu}{dv\rho} = \dfrac{1}{Re}$,因此阻力为

$$F_D = \pi_1 d^2 v^2 \rho = f(Re) d^2 v^2 \rho$$

或者可写为

$$F_D = f(Re) d^2 v^2 \rho = f(Re) \frac{\pi d^2}{4} \frac{\rho v^2}{2}$$

5-15 通过图 5-9 所示三角形堰的流量 q_V 与堰上水头 H,槽口的半顶角 θ,重力加速度 g,液体的密度 ρ,动力黏度 μ,表面张力 σ 有关。试导出流量的表达式。

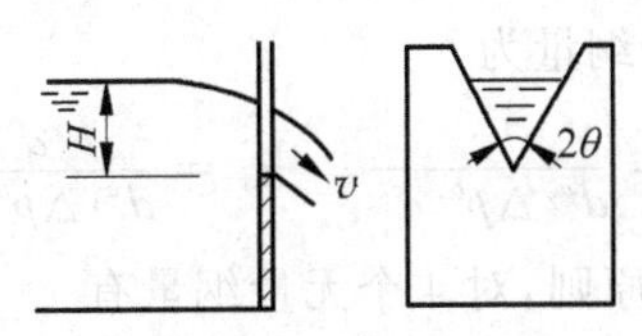

图 5-9　习题 5-15 示意图

解:流量的物理方程为 $F(q_V, H, \theta, g, \rho, \mu, \sigma) = 0$

$H(L)$、$\rho(ML^{-3})$、$g(LT^{-2})$ 3 种量的量纲的行列式值是 $\begin{vmatrix}1 & -3 & 1 \\ 0 & 1 & 0 \\ 0 & 0 & -2\end{vmatrix} = -2 \neq 0$,所以选取 H、ρ、g 为基本量,表示 4 个无量纲量为

$$\pi_1 = \frac{q_V}{H^{a_1} g^{b_1} \rho^{c_1}}, \quad \pi_2 = \frac{\mu}{H^{a_2} g^{b_2} \rho^{c_2}}, \quad \pi_3 = \frac{\sigma}{H^{a_3} g^{b_3} \rho^{c_3}}, \quad \pi_4 = \theta$$

根据物理方程量纲一致性原则,对 4 个无量纲量有

$$L^3 T^{-1} = L^{a_1} (LT^{-2})^{b_1} (ML^{-3})^{c_1}$$
$$ML^{-1} T^{-1} = L^{a_2} (LT^{-2})^{b_2} (ML^{-3})^{c_2}$$
$$MT^{-2} = L^{a_3} (LT^{-2})^{b_3} (ML^{-3})^{c_3}$$

所以有方程组:

$$\begin{cases}3 = a_1 + b_1 - 3c_1 \\ -1 = -2b_1 \\ 0 = c_1\end{cases}, \quad \begin{cases}-1 = a_2 + b_2 - 3c_2 \\ -1 = -2b_2 \\ 1 = c_2\end{cases}, \quad \begin{cases}0 = a_3 + b_3 - 3c_3 \\ -2 = -2b_3 \\ 1 = c_3\end{cases}$$

求解得

$$\begin{cases}a_1 = \dfrac{5}{2} \\ b_1 = \dfrac{1}{2}, \\ c_1 = 0\end{cases} \begin{cases}a_2 = \dfrac{3}{2} \\ b_2 = \dfrac{1}{2}, \\ c_2 = 1\end{cases} \begin{cases}a_3 = 2 \\ b_3 = 1 \\ c_3 = 1\end{cases}$$

所以无量纲量为

$$\pi_1=\frac{q_V}{H^{\frac{5}{2}}g^{\frac{1}{2}}},\quad \pi_2=\frac{\mu}{H^{\frac{3}{2}}g^{\frac{1}{2}}\rho}=\frac{\mu}{H(Hg)^{\frac{1}{2}}\rho}=\frac{\mu}{HV\rho}=\frac{1}{Re},$$

$$\pi_3=\frac{\sigma}{H^2g\rho}=\frac{\sigma}{H(Hg)\rho}=\frac{\sigma}{HV^2\rho}=\frac{1}{We},\quad \pi_4=\theta$$

流量的表达式为

$$q_V=\pi_1H^{\frac{5}{2}}g^{\frac{1}{2}}=f(\pi_2,\pi_3,\pi_4)H^{\frac{5}{2}}g^{\frac{1}{2}}=f(Re,We,\theta)H^{\frac{5}{2}}g^{\frac{1}{2}}=f(Re,We,\theta)H^2\sqrt{gH}$$

5-16 流体通过孔板流量计的流量 q_V 与孔板前后的压差 Δp，管道的内径 d_1，管内流速 v，孔板的孔径 d，流体的密度 ρ，动力黏度 μ 有关。试导出流量 q_V 的表达式。

解：流量的物理方程为 $F(q_V,\Delta p,d_1,v,d,\rho,\mu)$

Δp、d_1、ρ 3 种量的量纲组成的行列式值为 $\begin{vmatrix}-1 & 1 & -3\\ -2 & 0 & 0\\ 1 & 0 & 1\end{vmatrix}=2\neq0$，所以选取 Δp、d_1、ρ 3 种量为基本量，组成 4 个无量纲量为

$$\pi_1=\frac{q_V}{d^{a_1}\Delta p^{b_1}\rho^{c_1}},\quad \pi_2=\frac{v}{d^{a_2}\Delta p^{b_2}\rho^{c_2}},\quad \pi_3=\frac{d}{d^{a_3}\Delta p^{b_3}\rho^{c_3}},\quad \pi_4=\frac{\mu}{d^{a_4}\Delta p^{b_4}\rho^{c_4}}$$

根据物理方程量纲一致性原则，对 4 个无量纲量有

$$L^3T^{-1}=(ML^{-1}T^{-2})^{a_1}(L)^{b_1}(ML^{-3})^{c_1}$$
$$LT^{-1}=(ML^{-1}T^{-2})^{a_2}(L)^{b_2}(ML^{-3})^{c_2}$$
$$L=(ML^{-1}T^{-2})^{a_3}(L)^{b_3}(ML^{-3})^{c_3}$$
$$ML^{-1}T^{-1}=(ML^{-1}T^{-2})^{a_4}(L)^{b_4}(ML^{-3})^{c_4}$$

所以有方程组：

$$\begin{cases}3=-a_1+b_1-3c_1\\ -1=-2a_1\\ 0=a_1+c_1\end{cases},\quad \begin{cases}1=-a_2+b_2-3c_2\\ -1=-2a_2\\ 0=a_2+c_2\end{cases},$$

$$\begin{cases}1=-a_3+b_3-3c_3\\ 0=-2a_3\\ 0=a_3+c_3\end{cases},\quad \begin{cases}-1=-a_4+b_4-3c_4\\ -1=-2a_4\\ 1=a_4+c_4\end{cases}$$

解得：

$$\begin{cases}a_1=\frac{1}{2}\\ b_1=2\\ c_1=-\frac{1}{2}\end{cases},\quad \begin{cases}a_2=\frac{1}{2}\\ b_2=0\\ c_2=-\frac{1}{2}\end{cases},\quad \begin{cases}a_3=0\\ b_3=1,\\ c_3=0\end{cases}\quad \begin{cases}a_4=\frac{1}{2}\\ b_4=-2\\ c_4=-\frac{1}{2}\end{cases}$$

所以无量纲量为

$$\pi_1=\frac{q_V}{\Delta p^{1/2}d_1^2\rho^{-1/2}},\quad \pi_2=\frac{v}{\Delta p^{1/2}\rho^{-1/2}},\quad \pi_3=\frac{d}{d_1},\quad \pi_4=\frac{\mu}{\Delta p^{1/2}d_1^{-2}\rho^{-1/2}}=\frac{1}{Re}$$

流量的表达式为

$$q_V = \pi_1\sqrt{\frac{\Delta p}{\rho}}d_1^2 v = f\left[\frac{1}{v}\sqrt{\frac{\Delta p}{\rho}},\frac{d}{d_1},\mu d_1^2\sqrt{\frac{\rho}{\Delta p}}\right]d_1^2\sqrt{\frac{\Delta p}{\rho}}$$

$$= f\left[\frac{1}{v}\sqrt{\frac{\Delta p}{\rho}},\frac{d}{d_1},Re\right]\frac{\pi}{4}d_1^2\sqrt{\frac{2\Delta p}{\rho}}$$

5-17　水轮机的功率 P 与叶轮直径 d，叶片宽度 b，转速 n，有效水头 H，水的密度 ρ，动力黏度 μ，重力加速度 g 有关。试导出水轮机功率的表达式。

解：功率 P 的物理方程为 $F(P,d,b,n,H,\rho,\mu,g)=0$

$d(L)$，$n(T^{-1})$，$\rho(ML^{-3})$，因为3个量的量纲的行列式值 $\Delta=\begin{vmatrix}1 & 0 & -3\\ 0 & -1 & 0\\ 0 & 0 & 1\end{vmatrix}=-1\neq 0$，所以，$d$、$n$、$\rho$ 为基本量，组成5个无量纲量为

$$\pi_1=\frac{P}{d^{a_1}n^{b_1}\rho^{c_1}},\quad \pi_2=\frac{b}{d^{a_2}n^{b_2}\rho^{c_2}},\quad \pi_3=\frac{H}{d^{a_3}n^{b_3}\rho^{c_3}},\quad \pi_4=\frac{\mu}{d^{a_4}n^{b_4}\rho^{c_4}},\quad \pi_5=\frac{g}{d^{a_5}n^{b_5}\rho^{c_5}}$$

根据物理方程量纲一致性原则，对5个无量纲量：

$$MLT^{-2}\cdot LT^{-1}=L^{a_1}T^{-b_1}M^{c_1}L^{-3c_1}$$

$$L=L^{a_2}T^{-b_2}M^{c_2}L^{-3c_2}$$

$$L=L^{a_3}T^{-b_3}M^{c_3}L^{-3c_3}$$

$$MLT^{-2}\cdot L\cdot L^{-2}\cdot L^{-1}T=L^{a_4}T^{-b_4}M^{c_4}L^{-3c_4}$$

$$LT^{-2}=L^{a_5}T^{-b_5}M^{c_5}L^{-3c_5}$$

所以有方程组：

$$\begin{cases}1=c_1\\2=a_1-3c_1\\-3=-b_1\end{cases},\quad \begin{cases}1=a_2-3c_2\\0=-3b_2\\0=c_2\end{cases},\quad \begin{cases}1=a_3-3c_3\\0=-3b_3\\0=c_3\end{cases},\quad \begin{cases}1=c_4\\-1=a_4-3c_4\\-1=-b_4\end{cases},\quad \begin{cases}1=a_5-3c_5\\-2=-b_5\\0=c_5\end{cases}$$

求解得：

$$\begin{cases}a_1=5\\b_1=3\\c_1=1\end{cases},\quad \begin{cases}a_2=1\\b_2=0\\c_2=0\end{cases},\quad \begin{cases}a_3=1\\b_3=0\\c_3=0\end{cases},\quad \begin{cases}a_4=2\\b_4=1\\c_4=1\end{cases},\quad \begin{cases}a_5=1\\b_5=2\\c_5=0\end{cases}$$

所以

$$\pi_1=\frac{P}{d^5n^3\rho},\quad \pi_2=\frac{b}{d},\quad \pi_3=\frac{H}{d},\quad \pi_4=\frac{\mu}{d^2n\rho}=\frac{1}{Re},\quad \pi_5=\frac{g}{dn^2}$$

因为 $\pi_3\pi_5=\frac{H}{d}\frac{g}{dn^2}=\frac{Hg}{(dn)^2}=\frac{1}{Fr^2}$ 为一无量纲数。

所以 $P=\pi_1 d^5n^3\rho=f\left(\frac{d}{b},\frac{d^2n\rho}{\mu},\frac{dn}{\sqrt{gH}}\right)d^5n^3\rho=f\left(\frac{d}{b},Re,Fr\right)d^5n^3\rho$。

第6章

管内流动和水力计算　液体出流

6.1　主要内容

1. 管内流动的能量损失

(1) 沿程能量损失

沿程能量损失是发生在缓变流整个流程中的能量损失，是由流体的黏滞力造成的损失。

$$h_f = \lambda \frac{l}{d}\frac{v^2}{2g}$$

(2) 局部能量损失

局部能量损失是发生在流动状态急剧变化的急变流中的能量损失，是在管件附件的局部范围内主要由流体微团的碰撞、流体中产生的旋涡等造成的损失。

$$h_j = \zeta \frac{v^2}{2g}$$

流段的总能量损失：

$$h_W = \sum h_f + \sum h_j$$

2. 黏性流体的两种流动状态

雷诺实验：通过调整流速，观察流动的两种状态。

层流：流场呈一簇平行的流线，这种流动状态称为层流。

紊流：流体质点作复杂的无规则运动，这种流动状态称为紊流。

雷诺数是判别流体流动状态的准则量。

$$Re = \frac{vd}{\nu} = \frac{\rho v d}{\mu}$$

流动状态的判别：当 $Re \leqslant 2000$ 时，流动为层流；当 $Re > 2000$ 时，即认为流动是紊流。

3. 管道进口段黏性流体的流动

当黏性流体流经固体壁面时，在固体壁面与流体主流之间必定有一个流速变化的区域，在高速流中这个区域是个薄层，称为边界层。边界层相交以前的管段称为管道进口段。

4. 圆管中流体的层流流动

过流截面上的速度分布：

$$v_l = -\frac{r_0^2 - r^2}{4\mu}\frac{\mathrm{d}}{\mathrm{d}l}(p + \rho g h)$$

在管轴上的最大流速为

$$v_{l\max} = -\frac{r_0^2}{4\mu}\frac{\mathrm{d}}{\mathrm{d}l}(p + \rho g h)$$

$$v_l = \frac{1}{2}v_{l\max} = -\frac{r_0^2}{8\mu}\frac{\mathrm{d}}{\mathrm{d}l}(p + \rho g h)$$

层流的流量与平均流速：

$$q_V = \frac{\pi d^4 \Delta p}{128\mu l}$$

单位重量流体的压强降为

$$h_f = \frac{\Delta p}{\rho g} = \frac{128\mu l q_V}{\rho g \pi d^4} = \lambda \frac{l}{d}\frac{v^2}{2g}$$

可见，层流流动的沿程损失与平均流速的一次方成正比，沿程损失系数 λ 仅与雷诺数 Re 有关，而与管道壁面粗糙与否无关。

5. 黏性流体的紊流流动

1）紊流流动 时均速度和脉动速度

时均速度：

$$v_x = \frac{1}{\Delta t}\int_0^{\Delta t} u_{xi}\,\mathrm{d}t$$

瞬时速度：

$$v_{xi} = v_x + v_x'$$

2）紊流中的切向应力 普朗特混合长(度)

紊流中的切向应力 τ 可表示为

$$\tau = \tau_v + \tau_t = (\mu + \mu_t)\frac{\mathrm{d}v_x}{\mathrm{d}y}$$

$$\mu_t = \rho l^2 \left|\frac{\mathrm{d}v_x}{\mathrm{d}y}\right|$$

普朗特把如上定义的长度 l 叫做混合长度。

μ_t 与 μ 不同，它不是流体的属性，它只决定于流体的密度、时均速度梯度和混合长度。

3）圆管中紊流的速度分布和沿程损失

（1）圆管中紊流的区划、黏性底层、水力光滑与水力粗糙。

紊流流动可以分为3部分，即紧靠壁面的黏性底层部分、紊流充分发展的中心部分以及由黏性底层到紊流充分发展的过渡部分。

把管壁的粗糙凸出部分的平均高度 ε 叫做管壁的绝对粗糙度，而把绝对糙度 ε 与管径 d 的比值 ε/d 称为管壁的相对粗糙度。

水力光滑：当 $\delta>\varepsilon$ 时，黏性底层完全淹没了管壁的粗糙凸出部分。这时黏性底层以外的紊流区域完全感受不到管壁粗糙度的影响，流体好像在完全光滑的管子中流动一样。

水力粗糙：当 $\delta<\varepsilon$ 时，管壁的粗糙凸出部分有一部分或大部分暴露在紊流区中。这时流体流过凸出部分，将产生漩涡，造成新的能量损失，管壁粗糙度将对紊流流动发生影响。

（2）圆管中紊流的速度分布。

① 紊流光滑管。

速度分布：

$$\frac{v_x}{v_*}=5.75\lg\frac{yv_*}{\nu}+5.5$$

最大速度：

$$v_{x\max}=v_*\left(5.75\lg\frac{r_0v_*}{\nu}+5.5\right)$$

平均速度：

$$v=v_*\left(5.75\lg\frac{Re\lambda^{1/2}}{4\times2^{1/2}}+1.75\right)$$

② 紊流粗糙管。

速度分布：

$$\frac{v_x}{v_*}=5.75\lg\frac{y}{\varepsilon}+8.48$$

最大速度：

$$v_{x\max}=v_*\left(5.75\lg\frac{r_0}{\varepsilon}+8.48\right)$$

平均速度：

$$v=v_*\left(5.75\lg\frac{r_0}{\varepsilon}+4.75\right)$$

6. 沿程损失的实验研究

（1）尼古拉兹实验

尼古拉兹实验结果可分为5个区域。

① 层流区：$Re<2320$，$\lambda=64/Re$。

② 过渡区：$2320<Re<4000$。

③ 水力光滑管区：$4000<Re<26.98(d/\varepsilon)^{8/7}$。

当 $4\times10^3<Re<10^5$ 时，勃拉休斯计算公式：

$$\lambda=0.3164/Re^{0.25}$$

当 $10^5<Re<3\times10^6$ 时，尼古拉兹的计算公式：

$$\lambda=0.0032+0.221Re^{-0.237}$$

也可按卡门-普朗特公式进行计算：

$$\frac{1}{\sqrt{\lambda}}=2\lg(Re\lambda^{1/2})-0.8$$

④ 紊流粗糙管过渡区：$26.98(d/\varepsilon)^{8/7}<Re<2308\,(d/\varepsilon)^{0.85}$。

洛巴耶夫的公式计算：

$$\frac{1}{\sqrt{\lambda}}=1.42\left[\lg\left(1.273\,\frac{q_V}{\nu\varepsilon}\right)\right]$$

⑤ 紊流粗超管平方阻力区：$2308\,(d/\varepsilon)^{0.85}<Re$。

尼古拉兹公式进行计算：

$$\frac{1}{\lambda^{1/2}}=2\lg\frac{d}{2\varepsilon}+1.74$$

(2) 莫迪图

只要知道 ε/d 和 Re，从莫迪图中可直接查出 λ 值，使用起来既方便，又准确。

7. 非圆形管道沿程损失的计算

当量直径：

$$D=\frac{4A}{\chi}=4R_h$$

充满流体矩形管道当量直径：

$$D=\frac{2hb}{h+b}$$

圆环形管道当量直径：

$$D=d_2-d_1$$

管束当量直径：

$$D=\frac{4S_1S_2}{\pi d}-d$$

非圆形截面沿程阻力损失的计算：

$$Re=\frac{\rho vD}{\mu}=\frac{vD}{\nu}$$

$$h_f=\lambda\,\frac{l}{D}\,\frac{v^2}{2g}$$

8. 局部损失

管道截面突然扩大时，有

$$h_j = \xi_1 \frac{v_1^2}{2g} = \xi_2 \frac{v_2^2}{2g}$$

$$\xi_1 = \left(1 - \frac{A_1}{A_2}\right)^2$$

$$\xi_2 = \left(\frac{A_2}{A_1} - 1\right)^2$$

管道与大面积的水池相连时，$\xi=1$；大面积的水池与管道相连时，$\xi=0.5$。

9. 各类管流的水力计算

(1) 简单管道：等径和管壁粗糙度均相同的一根管子或这样的数根管子串联在一起的管道系统。

(2) 串联管道：由不同直径或粗糙度的数段管子连接在一起的管道。

$$q = q_1 = q_2 = \cdots = q_n$$

$$h = h_1 + h_2 + \cdots + h_n$$

(3) 并联管道：在某处分成几路、到下游某处又汇合成一路的管道。

$$q = q_1 + q_2 + \cdots + q_n$$

$$h = h_1 = h_2 = \cdots = h_n$$

(4) 分支管道：有支管分流或汇流的管道称为分支管道。

若管道汇合处的静水头线高度在中间容器液面高度以上，流体将流入中间容器，$q_{V1}=q_{V2}+q_{V3}$。

若管道汇合处的静水头线高度在中间容器液面高度以下，流体将从中间容器流出，$q_{V1}+q_{V2}=q_{V3}$。

(5) 管网：由若干管道环路相连结、在结点处流出的流量来自几个环路的管道系统。

管网水力计算应满足的条件。

① 流入结点的流量应等于流出结点的流量：$\sum q_V = 0$。

② 在任一环路中，由某一结点沿两个方向到另一个结点的能量损失应相等：$\sum h_f = 0$。

10. 几种常用的技术装置

集流器测风装置：

$$v = C_v \left(\frac{2P_e}{\rho}\right)^{1/2}$$

60°圆锥形集流器 $C_v=0.98$，圆弧形集流器 $C_v=0.99$。

11. 液体出流

孔口出流的 3 种分类方法。

$$\begin{cases} \dfrac{s}{d} < \dfrac{1}{2}\text{：薄壁孔口} \\ 2 \leqslant \dfrac{s}{d} \leqslant 4\text{：厚壁孔口} \end{cases}$$

大孔口：截面上各点静水头差异大，不能忽略
小孔口：截面上各点静水头差异小，可以忽略

自由出流：液体通过孔口流入大气
淹没出流：液体通过孔口流入液体空间

(1) 薄壁孔口定常出流。

① 薄壁小孔口自由出流。

$$v_c = C_v \sqrt{2\left(gH + \frac{\Delta p}{\rho}\right)}$$

$$q_V = C_q A \sqrt{2\left(gH + \frac{\Delta p}{\rho}\right)}$$

② 薄壁大孔口自由出流。

(2) 外伸管嘴(厚壁孔口)定常出流。

(3) 各种管嘴的出流系数。

(4) 薄壁孔口非定常出流。

$$t = \frac{1}{C_q A\ \sqrt{2g}} \int_{H_1}^{H_2} - A_1(z) \frac{1}{\sqrt{z}} \mathrm{d}z$$

12. 水击现象

水击：当管道中的阀门迅速关闭或泵突然停止运转时，水受阻而流速突然变小，水的惯性使局部压强突然升高。这种突然升高的压强首先出现在紧贴阀门上游的一层流体中，而后迅速向上游传播，并在一定条件下发射回来，产生往复波动而引起管道振动。

(1) 水击现象的描述

水击的周期 T 与 4 个阶段。

① $0 < t < \frac{l}{c}$，压缩阶段。

② $\frac{l}{c} < t < \frac{2l}{c}$，恢复阶段。

③ $\frac{2l}{c} < t < \frac{3l}{c}$，膨胀阶段。

④ $\frac{3l}{c} < t < \frac{4l}{c}$，恢复阶段。

$$周期\ T = 4l/c$$

$$水击压强\ P_h = \rho C_v$$

(2) 减弱水击的措施

直接水击：阀门关闭的时间 $t_s \leqslant \frac{2l}{c}$ 时，即第一道反射的膨胀波还没到达阀门时阀门已经完全关闭，阀门处将产生最大的水击压强 P_h。

间接水击：阀门关闭的时间 $t_s > \frac{2l}{c}$ 时，即反射的膨胀波陆续没到达阀门时阀门还没

完全关闭,阀门处的压强将达不到最大水击压强 P_h,而只能达到某一水击压强。

① 避免直接水击,在可能时尽量延长间接水击时的阀门关闭时间。

② 采用过载保护,在可能产生水击的管道中设置蓄能器、调压器或安全阀等以缓冲水击压强。

③ 可能时减低管内流速,缩短管长,使用弹性好的管道等。

13. 气穴和气蚀

气穴:由于压强降低而产生气泡的现象。

气蚀:气泡连续溃灭处的固体壁面在局部压强和局部温度的反复作用下发生剥蚀。

6.2 本章难点

沿程阻力的计算步骤。

(1) 计算雷诺数 Re,判定流动状态是层流还是紊流,在那一个区域流动,以便确定计算公式。

(2) 根据雷诺数及尼古拉兹实验曲线或莫迪图确定沿程阻力系数计算 λ。

(3) 计算沿程阻力损失 h_f。

6.3 课后习题解答

6-1 半径为 r_0 的管中流动是层流,流速恰好等于管内平均流速的地方与管轴之间的距离 r 等于多大?

解: $v_1=-\dfrac{r_0^2-r^2}{4\mu}\dfrac{\mathrm{d}}{\mathrm{d}l}(p+\rho gh)$

$$v_a=\frac{1}{2}v_{\max}=-\frac{r_0^2}{8\mu}\frac{\mathrm{d}}{\mathrm{d}l}(p+\rho gh)$$

$v_1=v_a$ 时,$-\dfrac{r_0^2-r^2}{4\mu}\dfrac{\mathrm{d}}{\mathrm{d}l}(p+\rho gh)=-\dfrac{r_0^2}{8\mu}\dfrac{\mathrm{d}}{\mathrm{d}l}(p+\rho gh)\Rightarrow-(r_0^2-r^2)=-\dfrac{1}{2}r_0^2$

$$r=\frac{\sqrt{2}}{2}r_0=0.707r_0$$

6-2 沿直径 $d=200\text{mm}$ 的管道输送润滑油,流量 $q_m=9000\text{kg/h}$,润滑油的密度 $\rho=900\text{kg/m}^3$,运动黏度冬季为 $\nu=0.0001092\text{m}^2/\text{s}$,夏季为 $\nu'=0.0000355\text{m}^2/\text{s}$。试分别判断冬、夏两季润滑油在管中的流动状态。

解: $q_m=\rho vA=\rho v\ \dfrac{\pi d^2}{4}\Rightarrow v=\dfrac{4q_m}{\rho\pi d^2}=\dfrac{4\times 9000/3600}{900\times\pi\times 0.2^2}=0.08842(\text{m/s})$

(1) $Re=\dfrac{vd}{\nu}=\dfrac{0.08842\times 0.2}{0.0001092}=161.9<2000$,为层流。

(2) $Re'=\frac{vd}{\nu'}=\frac{0.08842\times0.2}{0.0000355}=498.1<2000$，为层流。

6-3 图6-53所示为蒸汽轮机的凝汽器，它有400条管径 $d=20\text{mm}$ 的黄铜管，在这些管子中循环地留着冷却水。为了保证更迅速地散热，管内需要形成稳定的紊流（$Re=33000$），试求温度10℃的冷却水的流量。

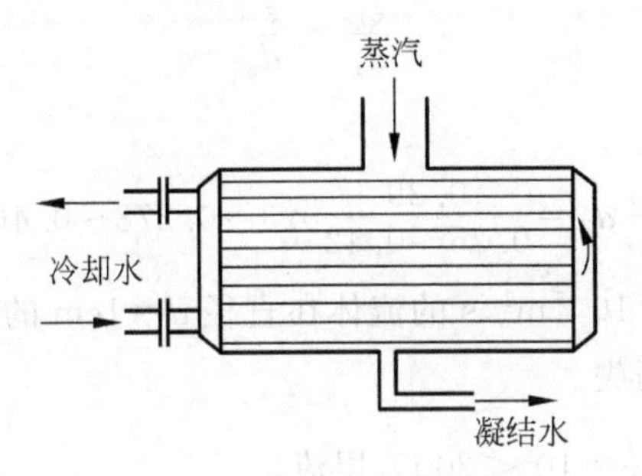

图6-53 习题6-3示意图

解：查教材中表2-2和表2-7得10℃的水：$\rho=999.73\text{kg/m}^3$，$\nu=1.308\times10^{-6}\text{m}^2/\text{s}$

$$Re=\frac{vd}{\nu},v=\frac{Re\nu}{d}=\frac{33000\times1.308\times10^{-6}}{0.02}=2.1582(\text{m/s})$$

$$q'_m=\rho vA=\rho v\frac{\pi d^2}{4}=999.73\times2.1582\times\frac{\pi\times0.02^2}{4}=0.6778(\text{kg/s})$$

$$q_m=Nq'_m=\frac{400}{2}\times0.6778=135.6(\text{kg/s})$$

6-4 欲使镀锌铁管内雷诺数 $Re=3.5\times10^5$ 的流动是水力光滑的，管子的直径至少要等于多少？

解：镀锌铁管 $\varepsilon=0.25\text{mm}$

$$\delta=\frac{34.2d}{Re^{0.875}}=\frac{34.2d}{(3.5\times10^5)^{0.875}}>\varepsilon=0.25$$

$$d>\frac{0.25\times(3.5\times10^5)^{0.875}}{34.2}=518.77(\text{mm})=0.519(\text{m})$$

6-5 用水在直径为30cm的水平管道上做沿程损失实验，在相距120m的两点用水银差压计（上面为水）测得的水银柱高度差为33cm，已知流量为 $0.23\text{m}^3/\text{s}$，问沿程损失系数等于多少？

解：$h_f=\lambda\frac{l}{d}\frac{v^2}{2g}=\lambda\times\frac{120}{0.3}\times\frac{\left(\frac{0.23}{\pi\times0.15^2}\right)^2}{2\times9.8}$

另外，$h_f=\rho_{Hg}gh=13600\times9.8\times0.33=43982.3(\text{m})$

$$\lambda=\frac{h_f d2g}{lv^2}=\frac{43982.3\times0.3\times2\times9.8}{120\times\left(\frac{q_V}{A}\right)^2}=\frac{43982.3\times0.3\times2\times9.8}{120\times\left[\frac{0.23}{\pi\left(\frac{0.3}{2}\right)^2}\right]^2}=203.53$$

6-6 当 $Re=10^5$ 时，直径多大的镀锌铁管的沿程损失系数与 30cm 直径铸铁管的相同？

解：镀锌铁管 $\varepsilon_1=0.39$，铸铁管 $\varepsilon_2=0.25\sim0.42$

设镀锌管为 $d_1,Re_1,\lambda_1,\varepsilon_1$，铸铁管为 $d_2,Re_2,\lambda_2,\varepsilon_2$

当 $Re_1=Re_2=Re=10^5,\lambda_1=\lambda_2$，由莫迪图可知，

$$\frac{\varepsilon_1}{d_1}=\frac{\varepsilon_2}{d_2}$$

所以

$$d_1=\frac{\varepsilon_1}{\varepsilon_2}d_2=\frac{0.39}{0.25\sim0.42}0.3=0.278\sim0.468(\text{m})$$

6-7 运动黏度 $\nu=4\times10^{-5}\text{m}^2/\text{s}$ 的流体在直径 $d=1\text{cm}$ 的管内以 $v=4\text{m/s}$ 的速度流动，求每米管长上的沿程损失。

解：$Re=\dfrac{vd}{\nu}=\dfrac{4\times0.01}{4\times10^{-5}}=10^3<2000$，层流。

$$h_f=\lambda\frac{l}{d}\frac{v^2}{2g}=\frac{64}{Re}\times\frac{1}{0.01}\times\frac{4^2}{2\times9.8}=5.224(\text{液体柱 /m})$$

6-8 喷水泉的喷嘴为一截头圆锥体，其长度 $l=0.5\text{m}$，两端的直径 $d_1=40\text{mm}$，$d_2=20\text{mm}$，竖直装置。若把计示压强 $p_{1e}=9.807\times10^4\text{Pa}$ 的水引入喷嘴，喷嘴的能量损失 $h_W=1.6\text{m}$(水柱)。不计空气阻力，试求喷出的流量 q_V 和射流的上升高度 H。

解：连续方程 $\dfrac{\pi}{4}d_1^2v_1=\dfrac{\pi}{4}d_2^2v\Rightarrow v_1=\left(\dfrac{d_2}{d_1}\right)^2v_2=\left(\dfrac{20}{40}\right)^2v_2=\dfrac{v_2}{4}$

伯努利方程 $z_1+\dfrac{p_{1e}}{\rho g}+\dfrac{v_1^2}{2g}=z_2+\dfrac{p_{2e}}{\rho g}+\dfrac{v_2^2}{2g}+h_f$

$$z_1=0,\quad z_2=0.5,\quad p_{2e}=0$$

$$\frac{9.807\times10^4}{1000\times9.8}+\frac{1}{2g}\times\left(\frac{v_2}{4}\right)^2=0.5+\frac{v_2^2}{2g}+1.6$$

$$v_2=\sqrt{(7.9\times9.8\times2\times16)/15}=12.852(\text{m/s})$$

$$q_V=v_2A_2=12.852\times\pi\left(\frac{0.02}{2}\right)^2=0.004(\text{m}^3/\text{s})$$

从上端面到上升最高点列伯努利方程 $z_2+\dfrac{v_2^2}{2g}=z_3$

$$H=z_3-z_2=\frac{v_2^2}{2\times9.8}=\frac{12.852^2}{2\times9.8}=8.427(\text{m})$$

6-9 输油管的直径 $d=150\text{mm}$，长 $l=5000\text{m}$，出口端比入口端高 $h=10\text{m}$，输送油的流量 $q_m=15489\text{kg/h}$，油的密度 $\rho=859.4\text{kg/m}^3$，进口端的油压 $p_i=49\times10^4\text{Pa}$，沿程损失系数 $\lambda=0.03$，试求出口端的油压 p_e。

解：$v=\dfrac{q_m/3600}{\rho\dfrac{\pi}{4}d^2}=\dfrac{15489/3600}{859.4\times\dfrac{\pi}{4}\times(0.15)^2}=0.283(\text{m/s})$

对进口端、出口端列伯努利方程得

$$\frac{p_i}{\rho g}=\frac{p_o}{\rho g}+z+\lambda\frac{l}{d}\frac{v^2}{2g}$$

$$p_o=p_i-\rho g\left(z+\lambda\frac{l}{d}\frac{v^2}{2g}\right)$$

$$=49\times10^4-859.4\times9.8\times\left(10+0.03\times\frac{5000\times0.283^2}{0.15\times2\times9.8}\right)$$

$$=3.7136\times10^5$$

6-10 水管直径 $d=250\text{mm}$，长度 $l=300\text{m}$，绝对粗糙度 $\varepsilon=0.25\text{mm}$，已知流量 $q_V=95\text{L/s}$，运动黏度 $\nu=0.000001\text{m}^2/\text{s}$，试求沿程损失为多少米水柱？

解：$v=\frac{4q_V}{\pi d^2}=\frac{4\times0.095}{3.14\times0.25^2}=1.936(\text{m/s})$

$Re=\frac{vd}{\nu}=\frac{1.936\times0.25}{10^{-6}}=484000>2000$，为紊流。

$\frac{\varepsilon}{d}=\frac{0.25}{250}=0.001$，查莫迪图 $\lambda=0.021$。

$$h_f=\lambda\frac{l}{d}\frac{v^2}{2g}=0.021\times\frac{300}{0.25}\times\frac{1.936^2}{2\times9.8}=4.81(\text{mH}_2\text{O})$$

6-11 加热炉消耗 $q_m=300\text{kg/h}$ 的重油，重油的密度 $\rho=880\text{kg/m}^3$，运动黏度 $\nu=0.000025\text{m}^2/\text{s}$。如图 6-54 所示，压力油箱位于喷油器轴线以上 $h=8\text{m}$ 处，而输油管的直径 $d=25\text{mm}$，长度 $l=30\text{m}$。求喷油器前重油的计示压强。

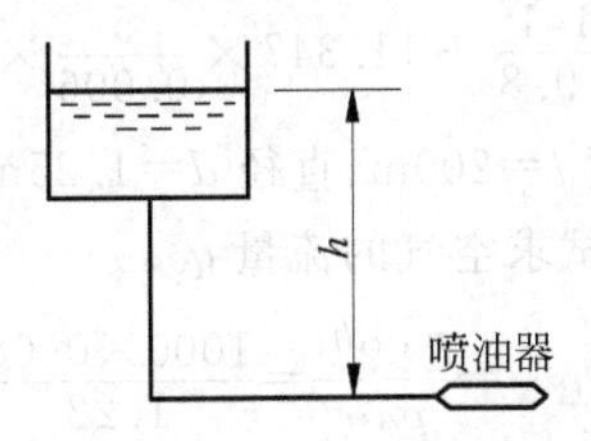

图 6-54 习题 6-11 示意图

解：$v=\frac{q_V}{\frac{\pi}{4}d^2}=\frac{q_m/\rho}{\frac{\pi}{4}d^2}=\frac{300/3600}{880\times\frac{\pi}{4}\times0.025^2}=0.193(\text{m/s})$

$Re=\frac{vd}{\nu}=\frac{0.193\times0.025}{0.000025}=193<2000$，为层流。

$\lambda=\frac{64}{Re}=\frac{64}{193}=0.33$

对油箱液面，喷油器前面列伯努利方程得

$$h=\frac{p_{2e}}{\rho g}+\frac{v_2^2}{2g}+\lambda\frac{v^2}{2g}\frac{l}{d}$$

$$p_{2e}=\rho gh-\rho\frac{v_2^2}{2}-\rho\lambda\frac{v^2}{2}\frac{l}{d}$$

$$=880\times9.8\times8-880\times\frac{0.193^2}{2}-880\times0.33\times\frac{0.193^2}{2}\times\frac{30}{0.025}$$

$$=62485.3(\text{Pa})$$

6-12 发动机润滑油的用量 $q_V=0.4\text{cm}^3/\text{s}$，油从压力油箱经一输油管供给(见图 6-55)，输油管的直径 $d=6\text{mm}$，长度 $l=5\text{m}$。油的密度 $\rho=820\text{kg/m}^3$，运动黏度 $\nu=0.000015\text{m}^2/\text{s}$。设输油管终端压强等于大气压强，求压力油箱所需的位置高度 h。

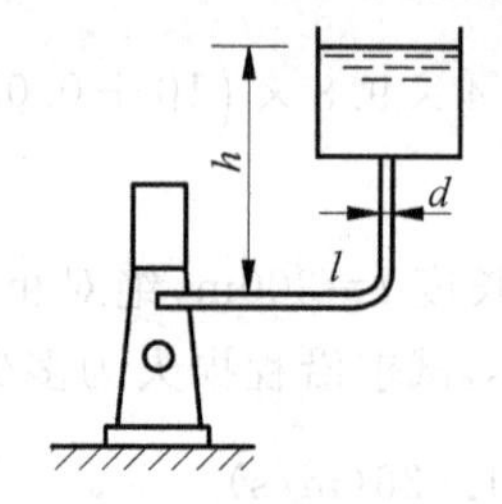

图 6-55　习题 6-12 示意图

解：$v=\dfrac{q_V}{\dfrac{\pi}{4}d^2}=\dfrac{4\times0.4\times10^{-6}}{\pi\times0.006^2}=0.0141(\text{m/s})$

$$Re=\frac{vd}{\nu}=\frac{0.0141\times0.006}{0.000015}=5.64$$

$$\lambda=\frac{64}{Re}=\frac{64}{5.64}=11.347$$

对油箱表面，输油管终端面列伯努利方程得

$$h=\frac{v^2}{2g}+\lambda\frac{l}{d}\frac{v^2}{2g}=\frac{0.0141^2}{2\times9.8}+11.347\times\frac{5}{0.006}\times\frac{0.0141^2}{2\times9.8}=0.09592(\text{m})$$

6-13 15℃的空气流过长度 $l=200\text{m}$、直径 $d=1.25\text{m}$、绝对粗糙度 $\varepsilon=1\text{mm}$ 的管道，已知沿程损失 $h_f=8\text{cm}$(水柱)，试求空气的流量 q_V。

解：$\rho_{空气}gh_{f空气}=\rho_{H_2O}gh_f\Rightarrow h_{f空气}=\dfrac{\rho_{H_2O}h_f}{\rho_{空气}}=\dfrac{1000\times0.08}{1.22}=65.57(\text{m})$

$$\frac{\varepsilon}{d}=\frac{1\times10^{-3}}{1.25}=0.0008$$

由莫迪图，试取 $\lambda=0.018$

$$h_f=\lambda\frac{l}{d}\frac{v^2}{2g}\Rightarrow v=\left(\frac{2gh_fd}{\lambda l}\right)^{\frac{1}{2}}=\left(\frac{2\times9.8\times65.57\times1.25}{0.018\times200}\right)^{1/2}=21.12(\text{m/s})$$

15℃的空气的运动黏度为 $\nu=14.55\times10^{-6}\text{m}^2/\text{s}$

$$Re=\frac{vd}{\nu}=\frac{21.12\times1.25}{14.55\times10^{-6}}=1814432.9$$

根据 Re 与 $\dfrac{\varepsilon}{d}$ 查莫迪图，得 $\lambda=0.018$

$$q_V=Av=\frac{\pi}{4}\times1.25^2\times21.12=25.905(\text{m}^3/\text{s})$$

6-14 用长度 $l=15\text{m}$、直径 $d=12\text{mm}$ 的低碳钢管排出油箱中的油。已知油的密度 $\rho=815.8\text{kg/m}^3$，黏度 $\mu=0.01\text{Pa}\cdot\text{s}$，油面比管道出口高 $H=2\text{m}$，求油的流量。

解：对油面，管道出口列伯努利方程得 $H=\dfrac{v^2}{2g}+\lambda\dfrac{l}{d}\dfrac{v^2}{2g}$

其中，已知低碳钢管的 $\varepsilon=0.046\text{mm}$，$\dfrac{\varepsilon}{d}=\dfrac{0.046}{12}=0.00383$

试取 $\lambda=0.029$，有

$$2=\frac{v^2}{2g}+0.029\times\frac{15}{0.012}\times\frac{v^2}{2g}\Rightarrow v=1.02584(\text{m/s})$$

$$Re=\frac{\rho vd}{\mu}=\frac{815.8\times1.02584\times0.012}{0.01}=1004.26$$

查莫迪图得 $\lambda=0.06$，属于层流区，故

$$\lambda=\frac{64}{Re}=\frac{64}{\dfrac{\rho vd}{\mu}}$$

$$H=\frac{v^2}{2g}+\lambda\frac{l}{d}\frac{v^2}{2g}=\frac{v^2}{2g}+\frac{64}{\dfrac{\rho vd}{\mu}}\frac{l}{d}\frac{v^2}{2g}\Rightarrow2\approx\frac{v}{2g}\frac{64}{\dfrac{815.8\times0.012}{0.01}}\frac{15}{0.012}\Rightarrow$$

$$v=0.4796(\text{m/s})$$

$$q_V=v\pi\left(\frac{d}{2}\right)^2=0.4796\times\pi\times\left(\frac{0.012}{2}\right)^2$$

$$=0.00005421(\text{m}^3/\text{s})=0.05421(\text{L/s})$$

6-15　密度 $\rho=860\text{kg/m}^3$，运动黏度 $\nu=5\times10^{-6}\text{m}^2/\text{s}$ 的轻柴油通过长 $l=150\text{m}$，绝对粗糙度 $\varepsilon=0.45\text{mm}$ 的铸铁管道从一油池被输送到储油库内。出油端比吸入端高 $H=25\text{m}$，要求流量 $q_m=10^5\text{kg/h}$。假设油泵能够产生的压强 $p_\text{i}=3.43\times10^5\text{Pa}$，只计沿程损失，试求必需的管道直径。

解：$v=\dfrac{q_V}{\dfrac{\pi}{4}d^2}=\dfrac{q_m/\rho}{\dfrac{\pi}{4}d^2}=\dfrac{10^5/3600}{860\times\dfrac{\pi}{4}d^2}=\dfrac{0.041146}{d^2}$

对管道吸入端，出油端列伯努利方程得

$$\frac{p_\text{i}}{\rho g}+\frac{v^2}{2g}=H+\frac{v^2}{2g}+\lambda\frac{l}{d}\frac{v^2}{2g}\Rightarrow\frac{p_\text{i}}{\rho g}=H+\lambda\frac{l}{d}\frac{v^2}{2g}\Rightarrow\frac{3.43\times10^5}{860g}=25+\lambda\frac{150}{d}\frac{v^2}{2g}$$

$$\frac{3.43\times10^5}{860g}=25+\lambda\frac{150}{d}\times\frac{0.041146^2/d^4}{2g}\Rightarrow\lambda=1211.56d^5$$

试取 $d=0.11\text{m}$，得 $\lambda=0.01951$

$$\frac{\varepsilon}{d}=\frac{0.45\times10^{-3}}{d}=4.09\times10^{-3}$$

$$Re=\frac{vd}{\nu}=\frac{\dfrac{0.041146}{0.11^2}\times0.11}{5\times10^{-6}}=74810.909$$

查莫迪图得 $\lambda=0.03$，$d=0.11988\text{m}$

$$\frac{\varepsilon}{d}=\frac{0.45\times10^{-3}}{d}=3.754\times10^{-3}$$

$$Re=\frac{vd}{\nu}=\frac{\dfrac{0.041146}{0.11988^2}\times0.11988}{5\times10^{-6}}=68645.31$$

查莫迪图得 $\lambda=0.029$，所以 $d=0.11988\text{m}$。

6-16 用新铸铁管输送25℃的水，流量 $q_V=300\text{L/s}$，在长度 $l=1000\text{m}$ 的管道上沿程损失为 $h_f=2\text{m}$(水柱)，试求必需的管道直径。

解：$v=\dfrac{4q_V}{\pi d^2}, h_f=\lambda\dfrac{l}{d}\dfrac{v^2}{2g}$

$$d^5=\frac{8lq_V^2}{\pi^2 gh_f}\lambda=\frac{8\times1000\times0.3^2}{\pi^2\times9.8\times2}\lambda=3.726\lambda$$

已知25℃水的 $\nu=0.897\times10^{-6}\,\text{m}^2/\text{s}$，新铸铁管 $\varepsilon=0.45\text{mm}$，将以 q_V 表示的 v 代入 Re 公式得

$$Re=\frac{vd}{\nu}=\frac{\frac{4q_V}{\pi d^2}d}{\nu}=\frac{4q_V}{\pi\nu d}=\frac{4\times0.3}{\pi\times0.897\times10^{-6}}\frac{1}{d}=\frac{426048.61}{d}$$

试取 $\lambda=0.02$，得 $d=0.5949\text{m}$

$$Re=716168$$

而 $\dfrac{\varepsilon}{d}=\dfrac{0.45\times10^{-3}}{0.5949}=0.000756$

查莫迪图，得 $\lambda=0.018$，得 $d=0.5825\text{m}$

$$Re=731413$$

而 $\dfrac{\varepsilon}{d}=\dfrac{0.45\times10^{-3}}{0.5825}=0.000773$

查莫迪图，得 $\lambda=0.018$，故管道 $d=0.5825\text{m}$。

6-17 已知油的密度 $\rho=800\text{kg/m}^3$，黏度 $\mu=0.069\text{Pa}\cdot\text{s}$，在图6-56所示连接两容器的光滑管中流动，已知 $H=3\text{m}$。当计及沿程和局部损失时，管内的流量为多少？

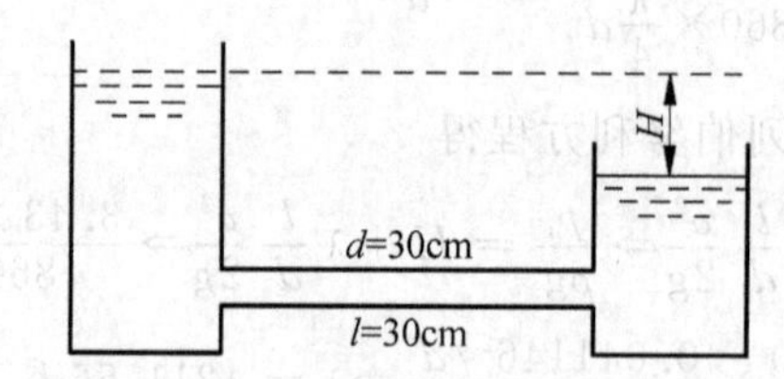

图6-56 习题6-17示意图

解：对两液面列伯努利方程得 $H=h_f+h_j$

$$h_f=\lambda\frac{l}{d}\frac{v^2}{2g},\quad h_j=\xi_1\frac{v^2}{2g}+\xi_2\frac{v^2}{2g}$$

其中，$\xi_1=0.5,\xi_2=1$。

$$H=3=h_f+h_j=\lambda\frac{l}{d}\frac{v^2}{2g}+\xi_1\frac{v^2}{2g}+\xi_2\frac{v^2}{2g}=\left(\lambda\frac{30}{30\times10^{-2}}+0.5+1\right)\frac{v^2}{2g}$$

$$\Rightarrow(100\lambda+1.5)v^2=6\times9.81=58.86$$

假设流动处于层流，则 $\lambda=\dfrac{64}{Re}=\dfrac{64\mu}{dv\rho}=\dfrac{64\times0.069}{30\times10^{-2}\times800\times v}=\dfrac{0.0184}{v}$，代入上式得 $\left(100\dfrac{0.0184}{v}+1.5\right)v^2=58.86$，求解得：$v=5.6808(\text{m/s})$。

则相应的雷诺数为 $Re=\frac{dv\rho}{\mu}=\frac{30\times10^{-2}\times5.6808\times800}{0.069}=19759.3>2320$，为湍流。

由于管子为光滑管，则 $\lambda=\frac{0.3164}{Re^{0.25}}=\frac{0.3164}{19759.3^{0.25}}=0.02669$。

所以代入式 $(100\lambda+1.5)v^2=6\times9.81=58.86$，可求出 v。

$$v=\sqrt{\frac{58.86}{100\times0.02669+1.5}}=3.757(\mathrm{m/s})$$

则其相应的雷诺数为 $Re=\frac{dv\rho}{\mu}=\frac{30\times10^{-2}\times3.757\times800}{0.069}=13067.8>2320$，为湍流。

由于管子为光滑管，则 $\lambda=\frac{0.3164}{Re^{0.25}}=\frac{0.3164}{13067.8^{0.25}}=0.029593$，所以代入式 $(100\lambda+1.5)v^2=6\times9.81=58.86$，可求出

$$v=\sqrt{\frac{58.86}{100\times0.029593+1.5}}=3.633(\mathrm{m/s})$$

则其相应的雷诺数为 $Re=\frac{dv\rho}{\mu}=\frac{30\times10^{-2}\times3.633\times800}{0.069}=12636.5>2320$，为湍流。

由于管子为光滑管，则 $\lambda=\frac{0.3164}{Re^{0.25}}=\frac{0.3164}{12636.5^{0.25}}=0.029842$，所以代入式 $(100\lambda+1.5)v^2=6\times9.81=58.86$，可求出

$$v=\sqrt{\frac{58.86}{100\times0.029842+1.5}}=3.623(\mathrm{m/s})$$

则其相应的雷诺数为 $Re=\frac{dv\rho}{\mu}=\frac{30\times10^{-2}\times3.623\times800}{0.069}=12601.7>2320$，为湍流。

由于管子为光滑管，则 $\lambda=\frac{0.3164}{Re^{0.25}}=\frac{0.3164}{12601.7^{0.25}}=0.029863$，所以代入式 $(100\lambda+1.5)v^2=6\times9.81=58.86$，可求出

$$v=\sqrt{\frac{58.86}{100\times0.029863+1.5}}=3.622(\mathrm{m/s})$$

所以，管中的流速为 $v=3.622\mathrm{m/s}$，管中的体积流量为

$$q_V=\frac{\pi d^2}{4}v=\frac{\pi\times(30\times10^{-2})^2\times3.622}{4}=0.2560(\mathrm{m^3/s})$$

6-18　假设在习题 6-17 的管道中安装一阀门，当调整阀门使管内流量减少到原流量的一半时，问阀门的局部损失系数 ξ 等于多少？按该管道换算的等值长度 l_e 等于多少？

解：$q_V=\frac{0.2560}{2}=0.128(\mathrm{m^3/s})$

$$v=\frac{q_V}{\pi\frac{d^2}{4}}=\frac{0.128}{\pi\frac{0.3^2}{4}}=1.8117(\mathrm{m/s})$$

$$Re=\frac{\rho vd}{\mu}=\frac{800\times1.8117\times0.3}{0.069}=6301.56$$

$$\lambda=\frac{0.3164}{Re^{0.25}}=0.0355(\mathrm{m^3/s})$$

$$H=h_f+h_j=\lambda\frac{lv^2}{d2g}+\xi_1\frac{v^2}{2g}+\xi_2\frac{v^2}{2g}+\xi\frac{v^2}{2g}$$

$$=\left(0.0355\frac{30}{30\times10^{-2}}+0.5+1+\xi\right)\frac{1.8117^2}{2g}=3$$

$$\xi=12.865(\mathrm{m^3/s})$$

$$\xi\frac{v^2}{2g}=\lambda\frac{l_e}{d}\frac{v^2}{2g}$$

$$l_e=\frac{\xi d}{\lambda}=\frac{12.865\times0.3}{0.0355}=108.72(\mathrm{m})$$

6-19 如图 6-57 所示，运动黏度 $\nu=0.000015\mathrm{m^2/s}$、流量 $q_V=15\mathrm{m^3/h}$ 的水在管径 $d=50\mathrm{mm}$，绝对粗糙度 $\varepsilon=0.2\mathrm{mm}$ 的 90°弯管中的流动，已知水银压差计连接点之间的距离 $l=0.8\mathrm{m}$，差压计中水银面高度差 $h=20\mathrm{mm}$，试求弯管的损失系数。

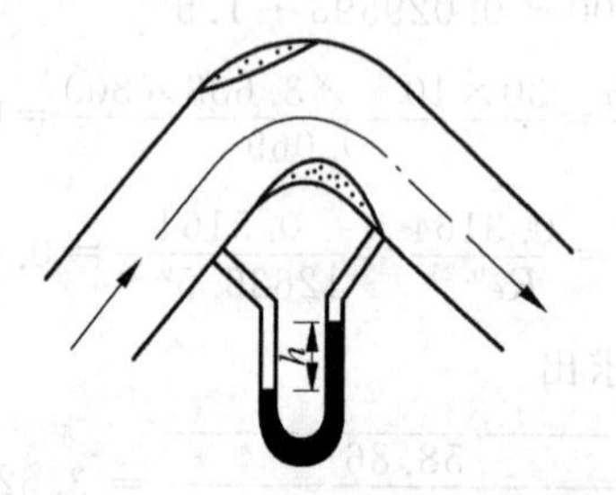

图 6-57 习题 6-19 示意图

解：$v=\dfrac{q_V}{\pi\dfrac{d^2}{4}}=\dfrac{15/3600}{\pi\dfrac{0.05^2}{4}}=2.123(\mathrm{m/s})$

$$Re=\frac{vd}{\nu}=\frac{2.123\times0.05}{0.00000151}=70298.01$$

$$\frac{\varepsilon}{d}=\frac{0.2\times10^{-3}}{0.05}=0.004$$

查莫迪图得 $\lambda=0.031$。

$$p_1-p_2=(\rho_{\mathrm{Hg}}-\rho_{\mathrm{H_2O}})gh$$

伯努利方程 $\dfrac{p_1}{\rho_{\mathrm{H_2O}}g}=\dfrac{p_2}{\rho_{\mathrm{H_2O}}g}+h_f$

$$h_f=\lambda\frac{l}{d}\frac{v^2}{2g}+\xi\frac{v^2}{2g}$$

所以 $\rho_{\mathrm{H_2O}}gh_f=\rho_{\mathrm{H_2O}}g\left(\lambda\dfrac{l}{d}\dfrac{v^2}{2g}+\xi\dfrac{v^2}{2g}\right)=(\rho_{\mathrm{Hg}}-\rho_{\mathrm{H_2O}})gh$

$$1000\times\left(0.031\times\frac{0.8}{0.05}\times\frac{2.123^2}{2\times9.8}+\xi\frac{2.123^2}{2\times9.8}\right)=(13600-1000)\times0.02$$

$$\xi=0.6$$

6-20　如图 6-58 所示为管径由 $d_1=50\text{mm}$ 突然扩大到 $d_2=100\text{mm}$ 的管道，流过流量 $q_V=16\text{m}^3/\text{h}$ 的水。在截面改变处插入内充四氯化碳（$\rho=1600\text{kg/m}^3$）的压差计，读得的液面高度差 $h=173\text{mm}$。试求管径扩大处的损失系数，并把求得的结果与按理论计算的结果相比较。

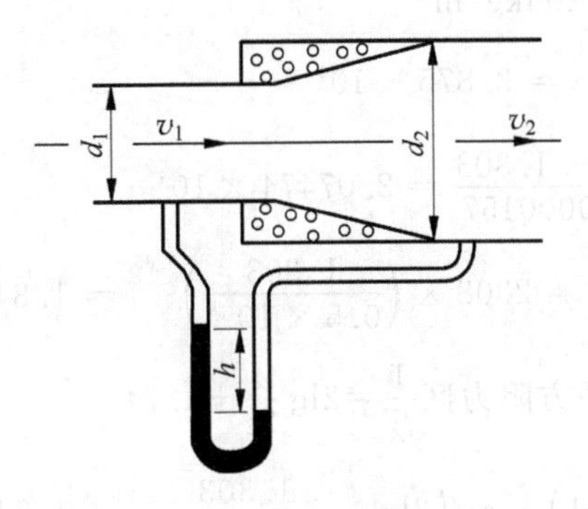

图 6-58　习题 6-20 示意图

解：$z_1+\dfrac{p_1}{\rho_{H_2O}g}+\dfrac{v_1^2}{2g}=z_2+\dfrac{p_2}{\rho_{H_2O}g}+\dfrac{v_2^2}{2g}+h_W$

$$z_1=z_2,\quad h_W=h_j=\xi_2\frac{v_2^2}{2g},\quad p_2-p_1=(\rho-\rho_{H_2O})g\Delta h$$

$$v_1=\frac{d_2^2}{d_1^2}v_2,\quad v_2=\frac{4q_V}{\pi d_2^2}=\frac{4\times16}{3600\times3.14\times0.1^2}=0.5662(\text{m/s})$$

整理得

$$\xi_2=\left(\frac{d_2}{d_1}\right)^4-1-\frac{2(\rho-\rho_{H_2O})g\Delta h}{\rho_{H_2O}v_2^2}$$

$$=\left(\frac{100}{50}\right)^4-1-\frac{2\times(1600-1000)\times9.8\times0.173}{1000\times0.5622^2}=8.653$$

理论值：$\xi_2=\left(\dfrac{A_2}{A_1}-1\right)^2=\left(\dfrac{d_2^2}{d_1^2}-1\right)^2=\left(\dfrac{100^2}{50^2}-1\right)^2=9$

或 $v_2=\dfrac{d_1^2}{d_2^2}v_1$，　$v_1=\dfrac{4q_V}{\pi d_1^2}=\dfrac{4\times16}{3600\times3014\times0.05^2}=2.2647(\text{m/s})$

$$\xi_1=1-\left(\frac{d_1}{d_2}\right)^4-\frac{2(\rho-\rho_{H_2O})g\Delta h}{\rho_{H_2O}v_1^2}$$

$$=1-\left(\frac{50}{100}\right)^4-\frac{2\times(1600-1000)\times9.8\times0.173}{1000\times2.2647^2}=0.5408$$

理论值：$\xi_1=\left(1-\dfrac{A_1}{A_2}\right)^2=\left(1-\dfrac{d_1^2}{d_2^2}\right)^2=\left(1-\dfrac{50^2}{100^2}\right)^2=0.5625$

6-21　自鼓风机站供给高炉车间的空气量 $q_V=120000\text{m}^3/\text{h}$，空气温度 $t=20℃$，运动黏度 $\nu=0.0000157\text{m}^2/\text{s}$。输气管总长 $l=120\text{m}$、绝对粗糙度 $\varepsilon=0.5\text{mm}$，其中有五个弯曲半径 $R_1=2.6\text{m}$ 的弯曲处、四个弯曲半径 $R_2=1.3\text{m}$ 的弯曲处，还有两个局部损失系数 $\xi=2.5$ 的闸阀，已知输气管中空气的流速 $v=25\text{m/s}$，热风炉进口处的计示压强 $p_{ie}=$

156896Pa。试求输气管的管径 d 和鼓风机出口处的计示压强 p_{oe}。

解：$v=\dfrac{q_V}{\pi\dfrac{d^2}{4}}\Rightarrow d=\sqrt{\dfrac{q_V}{\pi v}}=\dfrac{4\times120000/3600}{\pi\times25}=1.303(\text{m})$

20℃的空气密度 $\rho=1.205\text{kg/m}^3$

$$\frac{\varepsilon}{d}=\frac{0.5\times10^{-3}}{1.3003}=3.875\times10^4$$

$$Re=\frac{vd}{\nu}=\frac{25\times1.303}{0.0000157}=2.07474\times10^6$$

$$2308\times\left(\frac{d}{\varepsilon}\right)^{0.85}=2308\times\left(\frac{1.303}{0.5\times10^{-3}}\right)^{0.85}=1.8484\times10^6<Re$$

流动处于紊流粗糙管平方阻力区 $\dfrac{1}{\sqrt{\lambda}}=2\lg\dfrac{d}{2\varepsilon}+1.74$

$$\lambda=\left(2\lg\frac{d}{2\varepsilon}+1.74\right)^{-2}=\left(2\lg\frac{1.303}{2\times0.5\times10^{-3}}+1.74\right)^{-2}=1.5743$$

$$\xi_1=0.131+0.163\left(\frac{d}{R_1}\right)^{3.5}=0.131+0.163\times\left(\frac{1.303}{2.6}\right)^{3.5}=0.1455$$

$$\xi_2=0.131+0.163\left(\frac{d}{R_2}\right)^{3.5}=0.131+0.163\times\left(\frac{1.303}{1.3}\right)^{3.5}=0.2953$$

伯努利方程：$\dfrac{p_{oe}}{\rho g}=\dfrac{p_{ie}}{\rho g}+\left(\lambda\dfrac{l}{d}+5\xi_1+4\xi_2+2\xi\right)\dfrac{v^2}{2g}$

$$p_{oe}=p_{ie}+\left(\lambda\frac{l}{d}+5\xi_1+4\xi_2+2\xi\right)\frac{\rho v^2}{2g}$$

$$=156896+\left(1.9699\times\frac{120}{1.303}+5\times0.1455+4\times0.2953+2\times2.5\right)\times\frac{1.205\times25^2}{2}$$

$$=1.6004\times10^5(\text{Pa})$$

6-22 如图 6-59 所示，在三路管状空气预热器中，将流量 $q_m=5816\text{kg/h}$ 的空气从 $t_1=20$℃加热到 $t_2=160$℃。预热器高 $H=4$。预热器管系的损失系数 $\xi=6$（对管内平均流速而言），管系的截面积 $A_1=0.4\text{m}^2$。连接箱的截面积 $A_2=0.8\text{m}^2$，管径与拐弯处的曲率半径的比值 $d/R=1$。若不计沿程损失，试按空气的平均温度计算流经空气预热器的总压降 Δp。

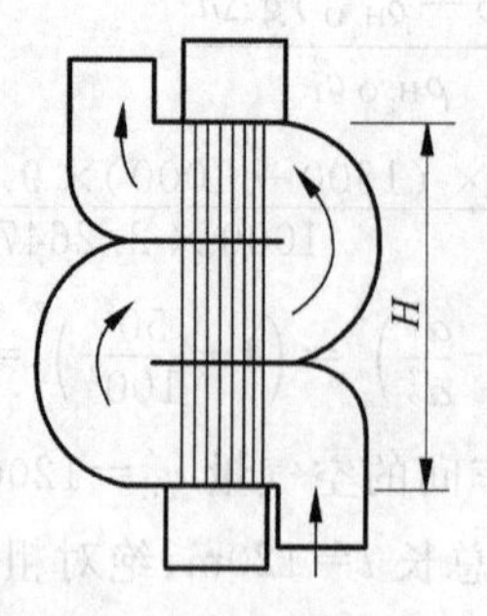

图 6-59 习题 6-22 示意图

解：$\rho_{空气}=\dfrac{P}{RT}=\dfrac{101325}{287.1\times\left(273+\dfrac{20+160}{2}\right)}=0.9722(\mathrm{kg/m^3})$

$v=\dfrac{q_m/\rho}{A_1}=\dfrac{5816}{3600\times0.9722\times0.4}=4.154(\mathrm{m/s})$

$h_W=(\xi+6\xi_{弯})\dfrac{v^2}{2g}=(6+6\times0.291)\times\dfrac{4.154^2}{2\times9.8}=6.8195(\mathrm{m})$

$\Delta p=\rho_{空气}g(H+h_W)=0.9722\times9.8\times(4+6.1895)=97.08(\mathrm{Pa})$

6-23 容器中的水通过锐边进口流入如图6-60所示可用于测试新阀门压强降的管系，钢管的内径均为50mm，绝对粗糙度为0.44mm；90°弯管的管径与弯管中心线的曲率半径之比为0.1。当水泵的流量稳定在$12\mathrm{m^3/h}$时，水银差压计的示数为150mm，试求：经过阀门的压强降；阀门的局部损失系数；阀门前的计示压强；水泵供给水的功率。

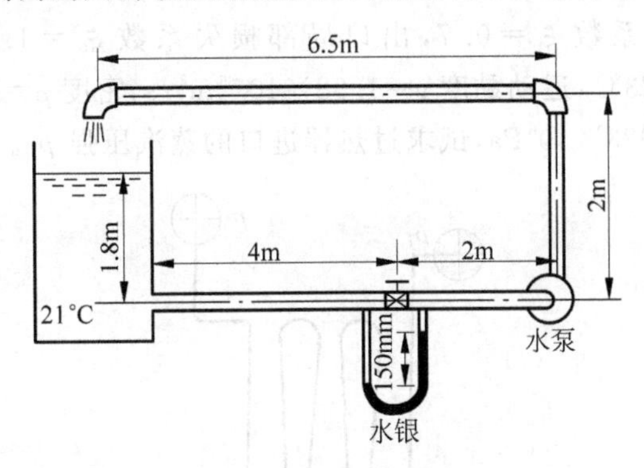

图6-60 习题6-23示意图

解：$v=\dfrac{q_V}{\pi\dfrac{d^2}{4}}=\dfrac{4\times12}{\pi\times0.05^2\times3600}=1.699(\mathrm{m/s})$

(1) 通过阀门的压强降

$$\Delta p=(\rho_{Hg}-\rho)gh=(13600-1000)\times9.8\times0.15=18522(\mathrm{Pa})$$

(2) 阀门的局部损失系数

$$h_j=\xi\frac{v^2}{2g}=\frac{\Delta p}{\rho g}\Rightarrow\xi=\frac{2\Delta p}{\rho v^2}=\frac{2\times18522}{1000\times1.699^2}=12.83$$

(3) $Re=\dfrac{\rho v d}{\mu}=\dfrac{1000\times1.699\times0.05}{0.993\times10^{-2}}=8.55\times10^4$

$\dfrac{\varepsilon}{d}=\dfrac{0.44\times10^{-3}}{0.05}=8.8\times10^{-3}$

查莫迪图，得$\lambda=0.0185$

管道入口的局部损失系数$\xi=0.5$。

对水箱液面和阀门前计示压强列伯努利方程：

$p=\rho g\left[1.8-\left(1+\xi+\lambda\dfrac{l}{d}\right)\dfrac{v^2}{2g}\right]$

$p=1000\times9.8\times\left[1.8+\left(1+0.5+0.0185\times\dfrac{4}{0.05}\right)\times\dfrac{1.699^2}{2\times9.8}\right]=13317(\mathrm{Pa})$

(4) 对水箱液面和水管出口列伯努利方程

$$0=(2-1.8)+\frac{v^2}{2g}-H+h_W$$

$$h_W=\left(0.0185\times\frac{4+2+2+6.5}{0.05}+0.5+3\times0.131+12.83\right)\times\frac{1.699^2}{2\times9.8}$$

$$=2.7(\mathrm{m})$$

$$h_p=(2-1.8)+\frac{v^2}{2g}+h_W=0.2+\frac{1.699^2}{2\times9.8}+2.7=3.05(\mathrm{m})$$

功率 $P=\rho g q_V h_p=1000\times9.8\times\frac{12}{3600}\times3.05=99.66(\mathrm{W})$

6-24 图 6-61 所示为某中压锅炉的过热器。已知无缝钢管的内径 $d=35\mathrm{mm}$、绝对粗糙度 $\varepsilon=0.08\mathrm{mm}$，在总长 $L=24\mathrm{m}$ 的管道上有 13 个弯头，每个弯头的局部损失系数 $\xi=0.2$，进口局部损失系数 $\xi_i=0.7$，出口局部损失系数 $\xi_o=1.1$，蒸汽的流量 $q_V=0.026\mathrm{m^3/s}$，温度 $t=423$℃，运动黏度 $\nu=1.98\times10^{-6}\mathrm{m^2/s}$，密度 $\rho=12.8\mathrm{kg/m^3}$，过热器出口的蒸汽压强 $p_2=3.923\times10^6\mathrm{Pa}$，试求过热器进口的蒸汽压强 p_1。

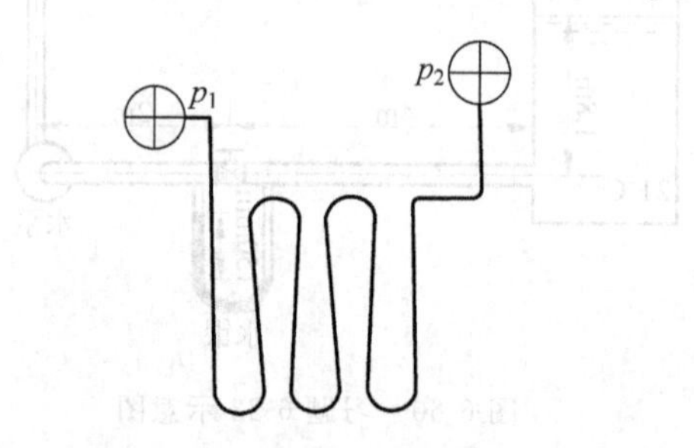

图 6-61 习题 6-24 示意图

解：$v=\frac{q_V}{\pi\frac{d^2}{4}}=\frac{4\times0.026}{\pi\times0.035^2}=27(\mathrm{m/s})$

$$Re=\frac{vd}{\nu}=\frac{27\times0.035}{1.98\times10^{-6}}=4.77\times10^5$$

$$\frac{\varepsilon}{d}=\frac{0.08\times10^{-3}}{0.035}=2.2857\times10^{-3}$$

$Re>2308\left(\frac{d}{\varepsilon}\right)^{0.85}=2308\times\left(\frac{1}{2.2857\times10^{-3}}\right)^{0.85}=405573$，处于紊流粗超管平方阻力区。

$$\lambda=\left(2\lg\frac{d}{2\varepsilon}+1.74\right)^{-2}=\left(2\lg\frac{0.035}{2\times0.08\times10^{-3}}+1.74\right)^{-2}=0.024$$

伯努利方程 $\frac{p_1}{\rho g}=\frac{p_2}{\rho g}+\left(\lambda\frac{l}{d}+13\xi+\xi_i+\xi_o\right)\frac{v^2}{2g}$

$$p_1=p_2+\rho\left(\lambda\frac{l}{d}+13\xi+\xi_i+\xi_o\right)\frac{v^2}{2}$$

$$=3.923\times10^6+12.8\times\left(0.024\times\frac{24}{0.035}+13\times0.2+0.7+1.1\right)\times\frac{27^2}{2}$$

$$=4.02\times10^6(\mathrm{Pa})$$

6-25　往车间送水的输水管道由两管段串联而成，管壁的绝对粗糙度都为 $\varepsilon=0.5\text{mm}$，第一管段的长度 $l_1=800\text{m}$、直径 $d_1=150\text{mm}$，第二管段的长度 $l_2=600\text{m}$、直径 $d_2=125\text{mm}$。设压力水塔具有的水头为 $H=20\text{m}$，不计局部损失，试求在阀门全开时的最大可能流量 q_V。

解：伯努利方程：$H=\lambda_1\dfrac{l_1}{d_2}\dfrac{v_1^2}{2g}+\lambda_2\dfrac{l_2}{d_2}\dfrac{v_2^2}{2g}=\lambda_1\dfrac{800}{0.15}\times\dfrac{v_1^2}{2\times9.8}+\lambda_2\dfrac{600}{0.125}\times\dfrac{v_2^2}{2\times9.8}$

其中，$v_2=\dfrac{d_1^2}{d_2^2}v_1=\dfrac{0.15^2}{0.125^2}v_1=1.44v_1$，所以

$$20=\lambda_1\frac{800}{0.15}\times\frac{v_1^2}{2\times9.8}+\lambda_2\frac{600}{0.125}\times\frac{1.44^2v_1^2}{2\times9.8}$$

$$1=\lambda_1\times13.6v_1^2+\lambda_2\times12.24v_1^2$$

$$\frac{\varepsilon}{d_1}=\frac{0.5\times10^{-3}}{0.15}=3.33\times10^{-3},\quad \frac{\varepsilon}{d_2}=\frac{0.5\times10^{-3}}{0.125}=4\times10^{-3}$$

参照莫迪图试取 $\lambda_1=0.025$，$\lambda_2=0.027$

$1=0.025\times13.6v_1^2+0.027\times12.24v_1^2$

$v_1=1.22(\text{m/s})$，　$v_2=\dfrac{d_1^2}{d_2^2}v_1=\dfrac{0.15^2}{0.125^2}\times1.22=1.7568(\text{m/s})$

$Re_1=\dfrac{v_1d_1}{\nu}=\dfrac{1.22\times0.15}{1.007\times10^{-6}}=1.82\times10^5$，　$Re_2=\dfrac{v_2d_2}{\nu}=\dfrac{1.7568\times0.125}{1.007\times10^{-6}}=2.18\times10^5$

查莫迪图得 $\lambda_1=0.027$，$\lambda_2=0.029$

$1=0.027\times13.6v_1^2+0.029\times12.24v_1^2$

$v_1=1.17(\text{m/s})$，　$v_2=\dfrac{d_1^2}{d_2^2}v_1=\dfrac{0.15^2}{0.125^2}\times1.17=1.68(\text{m/s})$

$Re_1=\dfrac{v_1d_1}{\nu}=\dfrac{1.17\times0.15}{1.007\times10^{-6}}=1.74\times10^5$，　$Re_2=\dfrac{v_2d_2}{\nu}=\dfrac{1.68\times0.125}{1.007\times10^{-6}}=2.08\times10^5$

所以 $v_1=1.17\text{m/s}$

$$q_V=v_1\pi\left(\frac{d_1}{2}\right)^2=1.17\times\pi\times\left(\frac{0.15}{2}\right)^2=0.02061(\text{m}^3/\text{s})=20.6(\text{L/s})$$

6-26　两个容器用两段新的低碳钢管连接起来(见图 6-62)，已知，$l_1=30\text{m}$，$d_1=20\text{cm}$，$l_2=60\text{m}$，$d_2=30\text{cm}$，管 1 为锐边进口，管 2 上阀门的损失系数 $\xi=3.5$。当流量 $q_V=0.2\text{m}^3/\text{s}$ 时，试求必需的总水头 H。

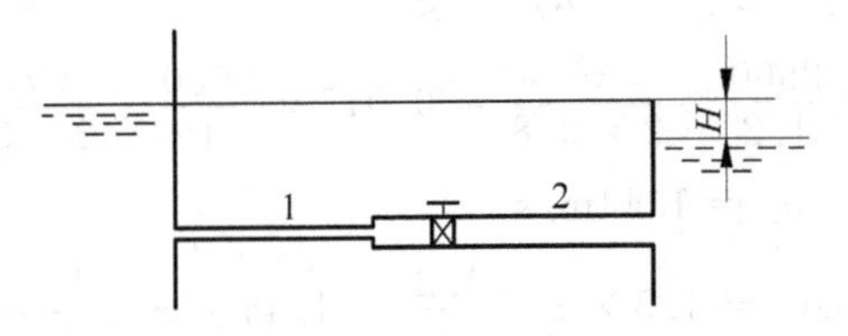

图 6-62　习题 6-26 示意图

解：根据教材例 6-6 中 $\varepsilon=0.046\text{mm}$

$$v_1=\frac{4q_V}{\pi d_1^2}=\frac{4\times0.2}{3.14\times0.2^2}=6.37(\text{m/s})$$

$Re_1=\frac{v_1 d_1}{\nu}=\frac{6.37\times 0.2}{1.007\times 10^{-6}}=1205030>2000$，为紊流。

$\frac{\varepsilon}{d_1}=\frac{0.046}{200}=0.00023$，查莫迪图 $\lambda_1=0.015$

$$v_2=\frac{4q_V}{\pi d_2}=\times\frac{4\times 0.2}{3.14\times 0.3^2}=2.83(\mathrm{m/s})$$

$Re_2=\frac{v_2 d_2}{\nu}\times\frac{2.83\times 0.3}{1.007\times 10^{-6}}=843353>2000$，为紊流。

$\frac{\varepsilon}{d_2}=\frac{0.046}{300}=0.00015$，查莫迪图 $\lambda_2=0.014$。

对上游水箱液面和下游水箱液面，列伯努利方程：

$$z_1+\frac{p_1}{\rho g}+\frac{v_1^2}{2g}=z_2+\frac{p_2}{\rho g}+\frac{v_2^2}{2g}+h_{\mathrm{w}}$$

$$H=\lambda_1\frac{l_1}{d_1}\frac{v_1^2}{2g}+\lambda_2\frac{l_2}{d_2}\frac{v_2^2}{2g}+\xi_{\text{入}}\frac{v_1^2}{2g}+\xi_{\text{扩}}\frac{v_1^2}{2g}+\xi_{\text{门}}\frac{v_2^2}{2g}+\xi_{\text{出}}\frac{v_2^2}{2g}$$

因为$\frac{A_1}{A_2}=\frac{d_1^2}{d_2^2}=\left(\frac{20}{30}\right)^2=0.44$，所以取 $\xi_{\text{扩}}=0.31$。

$$\begin{aligned}H&=\frac{8q_V^2}{g\pi^2}\left(\frac{\lambda_1 l_1}{d_1^5}+\frac{\lambda_2 l_2}{d_2^5}+\xi_{\text{入}}\frac{1}{d_1^4}+\xi_{\text{扩}}\frac{1}{d_1^4}+\xi_{\text{门}}\frac{1}{d_2^4}+\xi_{\text{出}}\frac{1}{d_2^4}\right)\\&=\frac{8\times 0.2^2}{9.8\times 3.14^2}\times\left(\frac{0.015\times 30}{0.2^5}+\frac{0.014\times 60}{0.3^5}+\frac{0.5+0.31}{0.2^4}+\frac{3.5+1.0}{0.3^4}\right)\\&=9.32(\mathrm{m})\end{aligned}$$

6-27 在两个容器之间用两根并联的管道连接起来，管道都是铸铁管，$l_1=2500\mathrm{m}$，$d_1=1.2\mathrm{m}$，$l_2=2000\mathrm{m}$，$d_2=1\mathrm{m}$，$\varepsilon_1=\varepsilon_2=0.00045\mathrm{m}$，已知两容器间的总水头 $H=3.6\mathrm{m}$，试求 20℃的水的总流量 q_V。

解：已知20℃水时的 $\rho=998.23\mathrm{kg/m^3}$

$$\frac{\varepsilon_1}{d_1}=\frac{0.00045}{1.2}=0.000375,\quad \frac{\varepsilon_2}{d_2}=\frac{0.00045}{1}=0.00045$$

查莫迪图试取 $\lambda_1=0.015$，$\lambda_2=0.017$

$$H=h_{\mathrm{f}}=\lambda_1\frac{l_1}{d_1}\times\frac{v_1^2}{2g}=\lambda_2\frac{l_2}{d_2}\times\frac{v_2^2}{2g}$$

$$3.6=0.015\times\frac{2500}{1.2}\times\frac{v_1^2}{2\times 9.8}=0.017\times\frac{2000}{1}\times\frac{v_2^2}{2\times 9.8}$$

$$v_1=1.5\mathrm{m/s},\quad v_2=1.44\mathrm{m/s}$$

$$q_V=v_1A_1+v_2A_2=1.5\times\pi\times\frac{1.2^2}{4}+1.44\times\pi\times\frac{1^2}{4}=2.826(\mathrm{m^3/s})$$

6-28 在总流量为 $q_V=25\mathrm{L/s}$ 的输水管中，接入两个并联管道，已知 $l_1=500\mathrm{m}$，$d_1=10\mathrm{cm}$，$\varepsilon_1=0.2\mathrm{mm}$，$l_2=900\mathrm{m}$，$d_2=15\mathrm{cm}$，$\varepsilon_2=0.5\mathrm{mm}$。试求沿此并联管道的流量分配以及在并联管道进口和出口间的水头损失。

解：试取 $q_{V1}=0.01\mathrm{m^3/s}$

$$v_1=\frac{4q_{V1}}{\pi d_1^2}=\frac{4\times 0.01}{3.14\times 0.1^2}=1.274(\text{m/s})$$

$$Re_1=\frac{v_1 d_1}{\nu}=\frac{1.274\times 0.1}{1.007\times 10^{-6}}=126514.4$$

$$\frac{\varepsilon_1}{d_1}=\frac{0.0002}{0.1}=0.002$$

查莫迪图得 $\lambda_1=0.02576$

$$h_f=\lambda_1\frac{l_1}{d_1}\times\frac{v_1^2}{2g}=0.02576\times\frac{500}{0.1}\times\frac{1.274^2}{2\times 9.8}=10.666(\text{m})$$

$$\frac{\varepsilon_2}{d_2}=\frac{0.0005}{0.15}=0.0033$$

试取 $\lambda_2=0.029$，则 $v_2=\sqrt{\dfrac{h_f d_2 2g}{\lambda_2 l_2}}=\sqrt{\dfrac{10.666\times 0.15\times 2\times 9.8}{0.029\times 900}}=1.096(\text{m/s})$

$$Re_2=\frac{v_2 d_2}{\nu}=\frac{1.096\times 0.15}{1.007\times 10^{-6}}=163257.2$$

查莫迪图得 $\lambda_2=0.02884$，则 $v_2=\sqrt{\dfrac{h_f d_2 2g}{\lambda_2 l_2}}=\sqrt{\dfrac{10.666\times 0.15\times 2\times 9.8}{0.02884\times 900}}=1.0991(\text{m/s})$

$$Re_2=\frac{v_2 d_2}{\nu}=\frac{1.0991\times 0.15}{1.007\times 10^{-6}}=163725.8$$

查莫迪图得 $\lambda_2=0.02884$

$$q_{V2}=v_2\frac{\pi d_2^2}{4}=1.0991\times\frac{\pi\times 0.15^2}{4}=0.01942(\text{m}^3/\text{s})$$

$$\sum q_V=q_{V1}+q_{V2}=0.01+0.01942=0.02942(\text{m}^3/\text{s})$$

流量分配为 $q_{V1}=\dfrac{0.01}{0.02942}\times 25=8.49(\text{L/s})$

$$q_{V2}=\frac{0.01042}{0.02942}\times 25=16.51(\text{L/s})$$

$$v_1=\frac{4q_{V1}}{\pi d_1^2}=\frac{4\times 8.49}{3.14\times 0.1^2}=1.081(\text{m/s})$$

$$Re_1=\frac{v_1 d_1}{\nu}=\frac{1.081\times 0.1}{1.007\times 10^{-6}}=107348.6$$

查莫迪图得 $\lambda_1=0.02593$

$$h_f=\lambda_1\frac{l_1}{d_1}\times\frac{v_1^2}{2g}=0.02593\times\frac{500}{0.1}\times\frac{1.081^2}{2\times 9.8}=7.73(\text{m})$$

6-29 图6-63所示为物料烘干器的并联蛇形管，粗管1长 $L_1=8\text{m}$，内径 $d_1=25\text{mm}$，绝对粗糙度 $\varepsilon_1=0.25\text{mm}$；细管2长 $L_2=14\text{m}$，内径 $d_2=10\text{mm}$，绝对粗糙度 $\varepsilon_2=0.11\text{mm}$；粗管和细管的管件形成的局部损失系数分别为 $\sum\xi_1=4.2$ 和 $\sum\xi_2=5.2$。蒸汽的流量 $q_m=0.01\text{kg/s}$，温度 $t=180℃$，平均密度 $\rho=5\text{kg/m}^3$、动力黏度 $\mu=15.1\times 10^{-6}\text{Pa}\cdot\text{s}$。不计压缩性，试求粗、细管的流量 q_{m1}、q_{m2} 和压降 Δp。

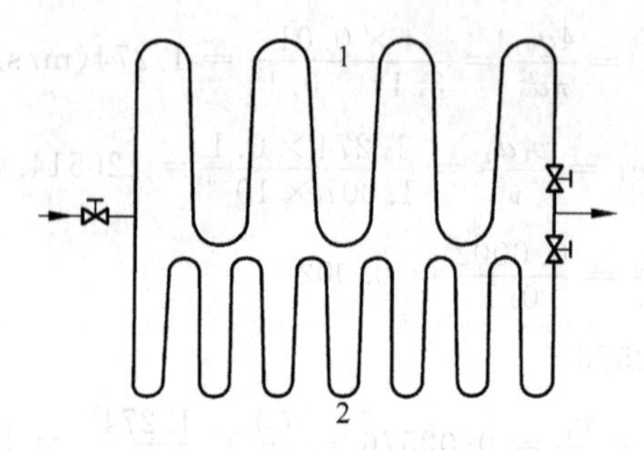

图 6-63　习题 6-29 示意图

解：$q_V=\frac{q_m}{\rho}=\frac{0.01}{5}=0.002(\mathrm{m^3/s})$

试取 $q_{V1}=0.001(\mathrm{m^3/s})$

$$v_1=\frac{4q_{V1}}{\pi d_1^2}=\frac{4\times 0.001}{3.14\times 0.025^2}=2.038(\mathrm{m/s})$$

$$Re_1=\frac{\rho v_1 d_1}{\mu}=\frac{5\times 2.038\times 0.025}{15.1\times 10^{-6}}=16870.86$$

$$\frac{\varepsilon_1}{d_1}=\frac{0.25}{25}=0.01$$

查莫迪图得 $\lambda_1=0.04104$

$$\begin{aligned}h_f&=\lambda_1\frac{l_1}{d_1}\times\frac{v_1^2}{2g}+\sum\xi_1\frac{v_1^2}{2g}\\&=0.04104\times\frac{8}{0.025}\times\frac{2.038^2}{2\times 9.8}+4.2\times\frac{2.038^2}{2\times 9.8}\\&=3.673(\mathrm{m})\end{aligned}$$

$$\frac{\varepsilon_2}{d_2}=\frac{0.11}{10}=0.011$$

试取 $\lambda_2=0.04$

$$\begin{aligned}h_f&=\lambda_2\frac{l_2}{d_2}\times\frac{v_2^2}{2g}+\sum\xi_2\frac{v_2^2}{2g}\\&=0.04\times\frac{14}{0.01}\times\frac{v_2^2}{2\times 9.8}+5.2\times\frac{v_2^2}{2\times 9.8}\\&=3.673(\mathrm{m})\\v_2&=1.0846(\mathrm{m/s})\end{aligned}$$

$$Re_2=\frac{\rho v_2 d_2}{\mu}=\frac{5\times 1.0846\times 0.01}{15.1\times 10^{-6}}=3591.4$$

查莫迪图得 $\lambda_2=0.05$

$$\begin{aligned}h_f&=\lambda_2\frac{l_2}{d_2}\times\frac{v_2^2}{2g}+\sum\xi_2\frac{v_2^2}{2g}\\&=0.05\times\frac{14}{0.01}\times\frac{v_2^2}{2\times 9.8}+5.2\times\frac{v_2^2}{2\times 9.8}\\&=3.673(\mathrm{m})\end{aligned}$$

$$v_2 = 0.9765(\text{m/s})$$

$$Re_2 = \frac{\rho v_2 d_2}{\mu} = \frac{5 \times 0.9765 \times 0.01}{15.1 \times 10^{-6}} = 3233.4$$

查莫迪图得 $\lambda_2=0.05$

$$q_{V2} = v_2 \frac{\pi d_2^2}{4} = 0.9765 \times \frac{\pi \times 0.01^2}{4} = 7.665 \times 10^{-5}(\text{m}^3/\text{s})$$

$$\sum q_V = q_{V1} + q_{V2} = 0.001 + 7.665 \times 10^{-5} = 0.00107655(\text{m}^3/\text{s})$$

流量分配为 $q_{V1}=\frac{0.001}{0.00107655}\times 0.002=1.857\times 10^{-3}(\text{m}^3/\text{s})$

$$q_{m1}=\rho q_{V1}=5\times 1.857\times 10^{-3}=0.009285(\text{kg/s})$$

$$q_{V2}=\frac{7.665\times 10^{-5}}{0.00107655}\times 0.002=1.424\times 10^{-4}(\text{m}^3/\text{s})$$

$$q_{m2}=\rho q_{V2}=5\times 1.424\times 10^{-4}=0.000712(\text{kg/s})$$

$$v_1=\frac{4q_{V1}}{\pi d_1^2}=\frac{4\times 1.857\times 10^{-3}}{3.14\times 0.025^2}=3.785(\text{m/s})$$

$$Re_1=\frac{\rho v_1 d_1}{\mu}=\frac{5\times 3.785\times 0.025}{15.1\times 10^{-6}}=31332.78$$

查莫迪图得 $\lambda_1=0.0405$

$$h_f = \lambda_1 \frac{l_1}{d_1} \times \frac{v_1^2}{2g} = 0.0405 \times \frac{8}{0.025} \times \frac{3.785^2}{2 \times 9.8} = 7.73(\text{m})$$

$$h_f = \lambda_1 \frac{l_1}{d_1} \times \frac{v_1^2}{2g} + \sum \xi_1 \frac{v_1^2}{2g}$$

$$= 0.0405 \times \frac{8}{0.025} \times \frac{3.785^2}{2 \times 9.8} + 4.2 \times \frac{3.785^2}{2 \times 9.8} = 12.543(\text{m})$$

$$\Delta p = \rho g h_f = 5 \times 9.8 \times 12.543 = 614.607(\text{Pa})$$

6-30　已知图 6-64 所示系统 $l=1200\text{m}, d=0.6\text{m}, \varepsilon=0.5\text{mm}, H=12\text{m}$，水泵特性如下表所列，试求通过的流量 q_V。

H_p(m)	23.8	21	18	15	12	9	6
q_V(m^3/s)	0.01	0.07	0.106	0.134	0.154	0.166	0.168
η(%)	0	54	70	80	73	60	40

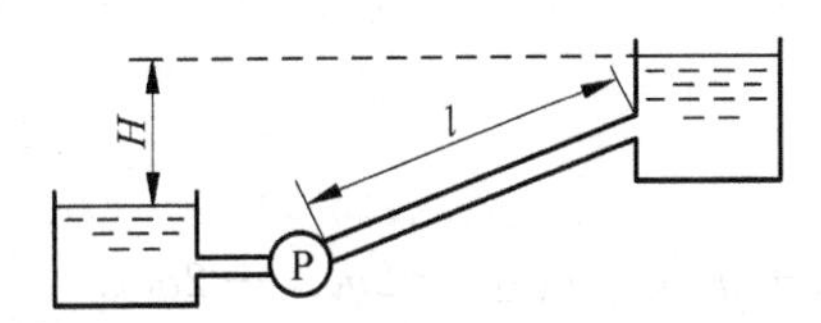

图 6-64　习题 6-30 示意图

解：L 很大，可以忽略局部损失。

$$H_p = H + \lambda \frac{l}{d} \frac{v^2}{2g}$$

$$15 = 12 + \lambda \frac{1200}{0.6} \frac{v^2}{2 \times 9.8}$$

$$\lambda v^2 = 0.0294$$

$$\frac{\varepsilon}{d} = \frac{0.5 \times 10^{-3}}{0.6} = 8.33 \times 10^{-4}$$

试取 $\lambda = 0.02$

$$v = 1.212 \text{m/s}$$

$$Re = \frac{vd}{\nu} = \frac{1.212 \times 0.6}{1.007 \times 10^{-6}} = 72214.5$$

查莫迪图得 $\lambda = 0.023$

$$v = 1.131 \text{m/s}$$

$$Re = \frac{vd}{\nu} = \frac{1.131 \times 0.6}{1.007 \times 10^{-6}} = 67388.3$$

查莫迪图得 $\lambda = 0.024$

$$v = 1.1 \text{m/s}$$

$$Re = \frac{vd}{\nu} = \frac{1.1 \times 0.6}{1.007 \times 10^{-6}} = 655412.2$$

$$q_V = v \frac{\pi d^2}{4} = 1.1 \times \frac{\pi \times 0.6^2}{4} = 0.31086 (\text{m}^3/\text{s})$$

6-31 略。

6-32 如图 6-66 所示之管网，已知管长 $AB = AC = 150\text{m}$，$BD = CE = 250\text{m}$，$AD = AE = DF = EF = 300\text{m}$，管径均为 0.4m，$F$ 点的计示压强为 50kPa，取沿程损失系数 $\lambda = 0.03$。忽略局部损失，试确定各管的流量和 A、B、C 点的压强。

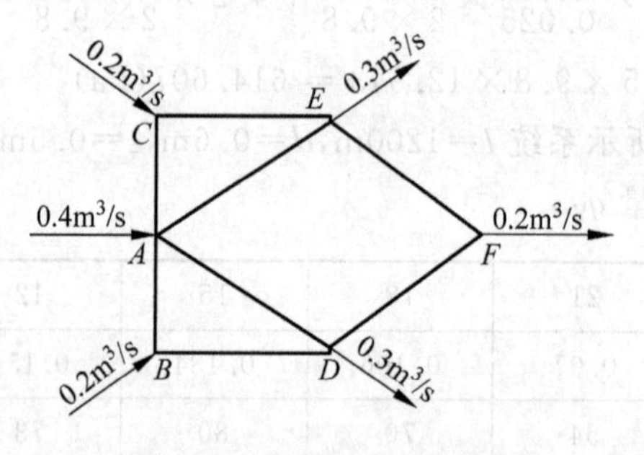

图 6-66 习题 6-32 示意图

解：由 $\sum q_V = 0$ 得

$$\begin{cases} 0.2 = q_{V\text{CE}} - q_{V\text{AC}} \\ 0.4 = q_{V\text{CE}} + q_{V\text{AB}} + q_{V\text{AE}} + q_{V\text{AD}} = 2q_{V\text{CE}} + 2q_{V\text{AE}} \\ 0.3 = q_{V\text{CE}} + q_{V\text{AE}} - q_{V\text{EF}} \\ 0.2 = q_{V\text{EF}} + q_{V\text{DF}} \end{cases} \Rightarrow \begin{cases} 0.2 = q_{V\text{AC}} + q_{V\text{AE}} \\ 0.2 = q_{V\text{CE}} - q_{V\text{AC}} \\ q_{V\text{EF}} = 0.1 \end{cases}$$

$\sum h_\text{f} = 0$ 得：

$$h_\text{AC} + h_\text{CE} - h_\text{AE} = 0$$

$$\Rightarrow \lambda \frac{l_{AC}}{d}\frac{v_{AC}^2}{2g}+\lambda \frac{l_{CE}}{d}\frac{v_{CE}^2}{2g}-\lambda \frac{l_{AE}}{d}\frac{v_{AE}^2}{2g}=0$$

$$\Rightarrow l_{AC}v_{AC}^2+l_{CE}v_{CE}^2-l_{AE}v_{AE}^2=0$$

$$\Rightarrow 150v_{AC}^2+250v_{CE}^2-30v_{AE}^2=0$$

联立解得：$3q_{AC}^2+5(0.2+q_{AC})^2-6(0.2-q_{AC})^2=0$

$$\begin{cases} q_{AC}=q_{AB}=0.009(\mathrm{m^3/s}) \\ q_{CE}=q_{BD}=0.209(\mathrm{m^3/s}) \\ q_{AE}=q_{AD}=0.191(\mathrm{m^3/s}) \\ q_{EF}=q_{DF}=0.1(\mathrm{m^3/s}) \end{cases}$$

$$\frac{p_C}{\rho g}=\frac{p_F}{\rho g}+\lambda\frac{l_{CE}}{d}\frac{v_{CE}^2}{2g}+\lambda\frac{l_{EF}}{d}\frac{v_{EF}^2}{2g}$$

$$=\frac{50\times10^3}{1000\times9.8}+0.03\times\frac{250}{0.4}\times\frac{\left[\dfrac{0.209}{\pi\left(\dfrac{0.4}{2}\right)^2}\right]^2}{2\times9.8}+0.03\times\frac{300}{0.4}\times\frac{\left[\dfrac{0.1}{\pi\left(\dfrac{0.4}{2}\right)^2}\right]^2}{2\times9.8}$$

得 $p_C=83.09\mathrm{kPa}$

$$\frac{p_A}{\rho g}=\frac{p_C}{\rho g}+\lambda\frac{l_{AC}}{d}\frac{v_{AC}^2}{2g}=\frac{83.09\times10^3}{1000\times9.8}+0.03\times\frac{150}{0.4}\times\frac{\left[\dfrac{0.009}{\pi\left(\dfrac{0.4}{2}\right)^2}\right]^2}{2\times9.8}$$

得 $P_A=83.118\mathrm{kPa}$

6-33 用虹吸管将油从容器中引出。虹吸管由两根 $d_1=10\mathrm{cm}$ 的光滑管用靠得很近的回转管连接而成，管的长度和安装位置如图 6-67 所示，管的末端 A 连接一长 $l=15\mathrm{cm}$，出口直径 $d_2=5\mathrm{cm}$ 的喷嘴，它的损失可按 $0.1v_2^2/(2g)$ 计算。油的密度 $\rho=800\mathrm{kg/m^3}$，黏度 $\mu=0.01\mathrm{Pa\cdot s}$。试求通过该虹吸管的流量 q_V 及 A、B 两点的计示压强 p_{Ae}、p_{Be}。

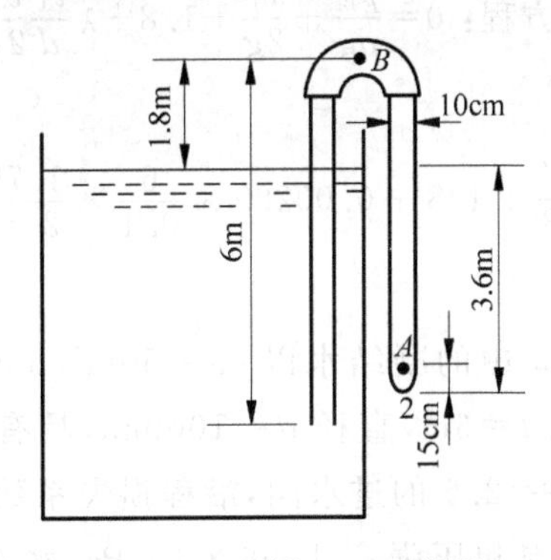

图 6-67 习题 6-33 示意图

解：由题意知光滑管区，则 $\lambda=\dfrac{0.03164}{Re^{0.25}}=\dfrac{0.03164}{\left(\dfrac{\rho v_1 d}{\mu}\right)^{0.25}}$

$$l = 6 + 1.8 + 3.6 = 11.4(\text{m})$$

弯管的局部损失系数 $0.131+0.163\left(\frac{d}{R}\right)^{3.5}=0.131+0.163\times\left(\frac{0.1}{0.05}\right)^{3.5}=1.975$

对油面和喷嘴出口处列伯努利方程：

$$3.6 = \frac{v_2^2}{2g} + \lambda\frac{l}{d}\frac{v_1^2}{2g} + 0.1\frac{v_2^2}{2g} + 2\times 1.975\frac{v_1^2}{2g}$$

$$v_1A_1 = v_2A_2 \Rightarrow v_1\pi\left(\frac{d_1}{2}\right)^2 = v_2\pi\left(\frac{d_2}{2}\right)^2 \Rightarrow v_1(d_1)^2 = v_2(d_2)^2 \Rightarrow v_2 = v_1\left(\frac{d_1}{d_2}\right)^2$$

联立可得

$$3.6 = \frac{v_1^2\left(\frac{d_1}{d_2}\right)^4}{2g} + \frac{0.03164}{\left(\frac{\rho v_1 d}{\mu}\right)^{0.25}}\times\frac{11.4}{0.1}\frac{v_1^2}{2g} + 0.1\frac{v_1^2\left(\frac{d_1}{d_2}\right)^4}{2g} + 2\times 1.975\frac{v_1^2}{2g}$$

$$3.6 = \frac{v_1^2\left(\frac{0.1}{0.05}\right)^4}{2g} + \frac{0.03164}{\left(\frac{800v_1 0.1}{0.01}\right)^{0.25}}\times\frac{11.4}{0.1}\frac{v_1^2}{2g} + 0.1\frac{v_1^2\left(\frac{0.1}{0.05}\right)^4}{2g} + 2\times 1.975\frac{v_1^2}{2g}$$

解得 $v_1=1.7956\text{m/s}$，$\lambda=0.00289$。

$$q_V = v_1\pi\left(\frac{d_1}{2}\right)^2 = 1.7956\times 3.14\times\left(\frac{0.1}{2}\right)^2 = 0.01409(\text{m}^3/\text{s}) = 14.09(\text{L/s})$$

对 A 和 2 面列伯努利方程：$\frac{p_{\text{Ae}}}{\rho g}+\frac{v_1^2}{2g}+0.15=\frac{v_2^2}{2g}+0.1\frac{v_2^2}{2g}$

$$\frac{p_{\text{Ae}}}{800} + \frac{1.7956^2}{2} + 0.15 = \frac{1.7956^2\times\left(\frac{0.1}{0.05}\right)^4}{2} + 0.1\times\frac{1.76956^2\times\left(\frac{0.1}{0.05}\right)^4}{2}$$

解得 $p_{\text{Ae}}=21288.55\text{Pa}$。

对油面和 B 面列伯努利方程：$0=\frac{p_{\text{Be}}}{\rho g}+\frac{v_1^2}{2g}+1.8+\lambda\frac{l_1}{d}\frac{v_1^2}{2g}+1.975\frac{v_1^2}{2g}$

$$l_1 = 6\text{m}$$

$$0 = \frac{p_{\text{Be}}}{800\times 9.8} + \frac{1.7956^2}{2\times 9.8} + 1.8 + 0.00289\times\frac{6}{0.1}\times\frac{1.7956^2}{2\times 9.8} + 1.975\times\frac{1.7956^2}{2\times 9.8}$$

解得 $p_{\text{Be}}=-18172.4\text{Pa}$。

6-34 离心式水泵把车间中的凝结水以 $q_V=50\text{m}^3/\text{h}$ 的流量吸送到锅炉房，水温 $t=60℃$；水泵吸水管的总长 $l=6\text{m}$，直径 $d=100\text{mm}$，具有两个弯曲半径 $R=200\text{mm}$ 的 $90°$ 弯曲处和一损失系数 $\xi=2.5$ 的进水阀，沿程损失系数 $\lambda=0.028$。按照规定的条件，水泵进口处的压强应比饱和压强高 $1.96\times10^4\text{Pa}$，水在 60℃时的饱和压强 $p_s=1.96\times10^4\text{Pa}$(绝对)。设大气压强 $p_a=1.013\times10^5\text{Pa}$。试求水泵在水面以上的最大容许安装高度 h_s。

解：$v=\frac{4q_V}{\pi d^2}=\frac{4\times 50/3600}{3.14\times 0.1^2}=1.769(\text{m/s})$

90°弯管的$\dfrac{d}{R}=0.5$,因此 $\xi_1=0.145$

$$\frac{p_1}{\rho g}=\frac{p_2}{\rho g}+h_s+\lambda\frac{l}{d}\frac{v^2}{2g}+2\xi_1\frac{v^2}{2g}+\xi_2\frac{v^2}{2g}$$

$$\frac{1.013\times10^5}{1000\times9.8}=\frac{1.96\times10^4}{1000\times9.8}+h_s+0.028\times\frac{6}{0.1}\times\frac{1.769^2}{2\times9.8}+2\times0.145\times\frac{1.769^2}{2\times9.8}+2.5\times\frac{1.769^2}{2\times9.8}$$

$$h_s=5.623(\mathrm{m})$$

6-35 有一封闭大水箱,经直径 $d=12.5\mathrm{mm}$ 的薄壁小孔口定常出流,已知水头 $H=1.8\mathrm{m}$,流量 $q_V=1.5\mathrm{L/s}$,流量系数 $C_q=0.6$。试求液面上气体的计示压强。

解:$q_V=C_qA\left[2\left(gH+\dfrac{\Delta p}{\rho}\right)\right]^{1/2}$

$$1.5\times10^{-3}=0.6\times\pi\times\left(\frac{12.5\times10^{-3}}{2}\right)^2\times\left[2\times\left(9.8\times1.8+\frac{\Delta p}{1000}\right)\right]^{1/2}$$

解得 $\Delta p=19007633\mathrm{Pa}=1.9007633\times10^5\mathrm{Pa}$

6-36 薄壁容器上锐缘小孔口的直径 $d=7.5\mathrm{mm}$,孔口中心线以上水头 $H=1.2\mathrm{m}$,出流流量 $q_m=8\mathrm{kg/min}$。当流束的横向射程 $x=1.25\mathrm{m}$ 时,$z=0.35\mathrm{m}$。试求孔口的流速系数、流量系数、收缩系数和损失系数。

解:$q_m=\dfrac{8}{60}=\rho q_V=\rho C_qA\sqrt{2gH}=1000\times C_q\times\pi\times\left(\dfrac{7.5\times10^{-3}}{2}\right)^2\times\sqrt{2\times9.8\times1.2}$

解得 $C_q=0.62263$

$$C_V=\frac{x}{2}\sqrt{\frac{1}{Hy}}=\frac{1.25}{2}\times\sqrt{\frac{1}{1.2\times0.35}}=0.9644$$

$$C_c=\frac{C_q}{C_V}=\frac{0.62263}{0.9644}=0.6456$$

$$\xi=\frac{1}{{C_V}^2}-1=\frac{1}{0.9644^2}-1=0.0752$$

6-37 如图 6-68 所示,密度为 $900\mathrm{kg/m^3}$ 的油从直径 2cm 的孔口射出,射到口外挡板上的冲击力为 20N,已知孔口前油液的计示压强为 45000Pa,出口流量为 2.29L/s。试求孔口出流的流速系数、流量系数和收缩系数。

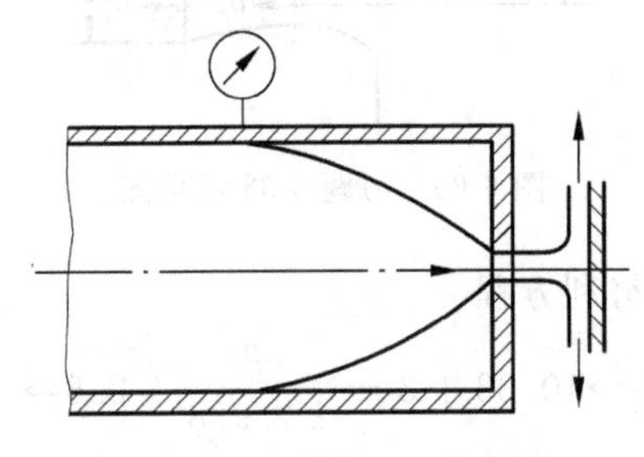

图 6-68 习题 6-37 示意图

解：孔口面积 $A=\frac{1}{4}\pi\times0.02^2=3.14\times10^{-4}(\text{m}^2)$

压差 $\Delta p=4.5\times10^4\text{Pa}$。

由流量公式 $q_V=\mu A\sqrt{2g\left(H+\frac{\Delta p}{\rho g}\right)}$，其中，$H\approx0$，解出流量系数 μ：

$$\mu=\frac{q_V}{A\sqrt{2\frac{\Delta p}{\rho}}}=\frac{2.29\times10^{-3}}{3.14\times10^{-4}\times\sqrt{2\times\frac{4.5\times10^4}{900}}}=0.729$$

由自由射流对平板的冲击力 $F=\rho q_V v$，可求出孔口出流速度，即

$$v=\frac{F}{\rho q_V}=\frac{20}{900\times2.29\times10^{-3}}=9.7(\text{m/s})$$

由孔口出流速度公式：

$$v=\varphi\sqrt{2g\left(H+\frac{\Delta p}{\rho g}\right)}=\varphi\sqrt{2\frac{\Delta p}{\rho}}$$

解出流速系数 φ：

$$\varphi=\frac{v}{\sqrt{2\frac{\Delta p}{\rho}}}=\frac{9.7}{\sqrt{2\times\frac{4.5\times10^4}{900}}}=0.97$$

孔口的收缩系数 ε：

$$\varepsilon=\frac{\mu}{\varphi}=\frac{0.729}{0.97}=0.752$$

6-38 如图 6-69 所示，水箱侧壁上安装一缩放管嘴，其喉部直径 $d=4\text{cm}$。已知 $H=3\text{m}$，大气压强 $p_a=10.33\text{m}$(水柱)，喉部压强 $p_c=2.5\text{m}$(水柱)。管嘴收缩部分的损失忽略不计，渐扩部分的损失按从 d 突扩至 d_1 时损失的 20%计算。试求水在喉部的流速 v_c，流量 q_V 以及出口的流量 v_1 和截面直径 d_1。

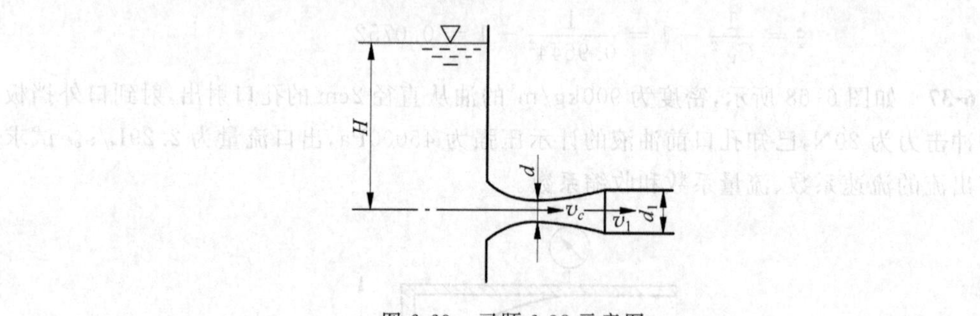

图 6-69 习题 6-38 示意图

解：对水面和喉部列伯努利方程

$$\frac{p_a}{\rho g}+H=\frac{v_c^2}{2g}+\frac{p_c}{\rho g}\Rightarrow10.33+3=\frac{v_c^2}{2\times9.8}+2.5\Rightarrow v_c=14.569(\text{m/s})$$

$$q_V=v_c\cdot\pi\left(\frac{d}{2}\right)^2=14.569\times3.14\times\left(\frac{0.04}{2}\right)^2=0.0183(\text{m}^3/\text{s})$$

对水面和出口列伯努利方程：

$$\frac{p_a}{\rho g}+H=\frac{v_1^2}{2g}+\frac{p_a}{\rho g}+0.2\frac{v_c^2}{2g}\left(1-\frac{A_1}{A_2}\right)^2$$

$$\Rightarrow H=\frac{v_1^2}{2g}+0.2\frac{v_c^2}{2g}\left(1-\frac{v_1}{v_2}\right)^2$$

$$\Rightarrow 3=\frac{v_1^2}{2\times 9.8}+0.2\times\frac{14.569^2}{2\times 9.8}\times\left(1-\frac{v_1}{14.569}\right)^2$$

$$\Rightarrow 6\times 9.8=v_1^2+0.2\times 14.569^2\times\left(1-\frac{v_1}{14.569}\right)^2$$

$$\Rightarrow v_1=6.84\text{m/s}$$

$$v_c\pi\left(\frac{d}{2}\right)^2=v_1\pi\left(\frac{d_1}{2}\right)^2$$

$$14.569\times 0.04^2=6.84d_1^2$$

$$d_1=0.05837(\text{m})=5.837(\text{cm})$$

6-39 如图6-70所示，水箱中恒定水深 $H=5\text{m}$，铅直管直径 $d=20\text{cm}$。已知 $p_a=1.013\times 10^5\text{Pa}$，$p_{s20}=2340\text{Pa}$，$p_{s60}=20000\text{Pa}$。如果忽略损失，为了不使直管进口处出现气穴，试求水温分别为20℃和60℃时的最大允许管长和最大理论流量。

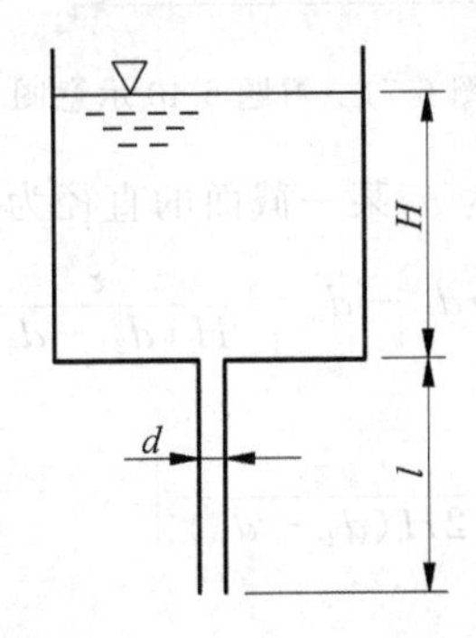

图6-70　习题6-39示意图

解：(1) 20℃水的密度为998.2kg/m^3

对直管出口和入口列伯努利方程：

$$\frac{p_a}{\rho g}=l+\frac{p_{s20}}{\rho g}\Rightarrow\frac{1.013\times 10^5}{998.2\times 9.8}=l+\frac{2320}{998.2\times 9.8}\Rightarrow l=10.118(\text{m})$$

对液面和直管出口列伯努利方程：

$$H+l=\frac{v^2}{2g}\Rightarrow 5+10.118=\frac{v^2}{2\times 9.8}\Rightarrow v=17.2137(\text{m})$$

$$q_V=vA=17.2137\times\pi\times\left(\frac{0.2}{2}\right)^2=0.5405(\text{m}^3/\text{s})$$

(2) 60℃水的密度为983.2kg/m^3

对直管出口和入口列伯努利方程：

$$\frac{p_a}{\rho g}=l+\frac{p_{s60}}{\rho g}\Rightarrow\frac{1.013\times 10^5}{983.2\times 9.8}=l+\frac{20000}{983.2\times 9.8}\Rightarrow l=8.437(\text{m})$$

对液面和直管出口列伯努利方程：

$$H+l=\frac{v^2}{2g}\Rightarrow 5+8.437=\frac{v^2}{2\times 9.8}\Rightarrow v=16.2285(\text{m})$$

$$q_V=vA=16.2285\times\pi\times\left(\frac{0.2}{2}\right)^2=0.5096(\text{m}^3/\text{s})$$

6-40 如图 6-71 所示为装满水的锥台形容器，其 $d_1=1\text{m}$，$d_2=2\text{m}$，$H=2\text{m}$，顶盖通大气，底部中心有一直径 $d=2.5\text{cm}$ 的小孔口，其流量系数 $C_q=0.60$。试求通过小孔口将水放空所需要的时间。

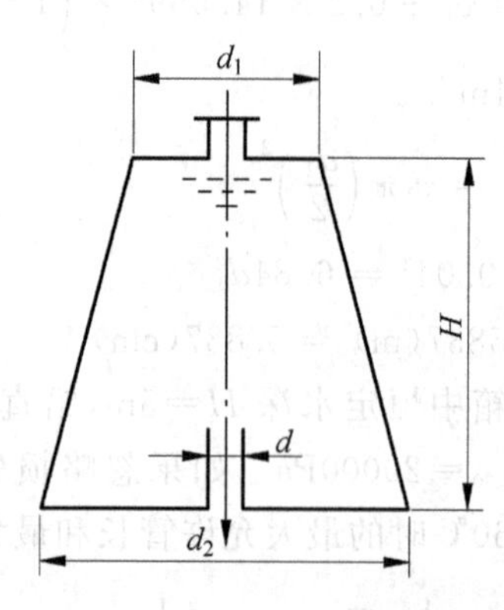

图 6-71 习题 6-40 示意图

解：锥形台侧边与底边夹角为 α，某一截面的直径为 d_3，有

$$\tan\alpha=\frac{H}{\frac{d_2-d_1}{2}}=\frac{z}{\frac{d_2-d_3}{2}}\Rightarrow d_2-d_3=\frac{z}{H(d_2-d_1)}\Rightarrow d_3=d_2-\frac{z}{H(d_2-d_1)}$$

$$A_1(z)=\pi\left(\frac{d_3}{2}\right)^2=\pi\left[\frac{d_2}{2}-\frac{z}{2H(d_2-d_1)}\right]$$

代入

$$\begin{aligned}
t&=\frac{1}{C_qA\sqrt{2g}}\int_{H_1}^{H_2}-A_1(z)\frac{1}{\sqrt{z}}\mathrm{d}z\\
&=\frac{1}{C_q\pi\left(\frac{d}{2}\right)^2\sqrt{2g}}\int_{H_1}^{H_2}\pi\left[\frac{z}{2H(d_2-d_1)}-\frac{d_2}{2}\right]^2\frac{1}{\sqrt{z}}\mathrm{d}z\\
&=\frac{1}{0.6\times 3.14\times\left(\frac{0.025}{2}\right)^2\times\sqrt{2\times 9.8}}\int_0^2 3.14\times\left(\frac{z}{4}-1\right)^2\frac{1}{\sqrt{z}}\mathrm{d}z\\
&=\frac{1}{0.000415}\left(\frac{z^{5/2}}{40}-\frac{z^{3/2}}{3}+2z^{1/2}\right)\Bigg|_0^2\\
&=4883.85(\text{s})
\end{aligned}$$

6-41 如图 6-72 所示，用直径为 d 的管道连接起来的截面积分别为 A_1 和 A_2 的两柱形容器，液体从左侧容器流向右侧容器，试求两容器液位差从 H_1 变到 H_2 时所需要的时间。

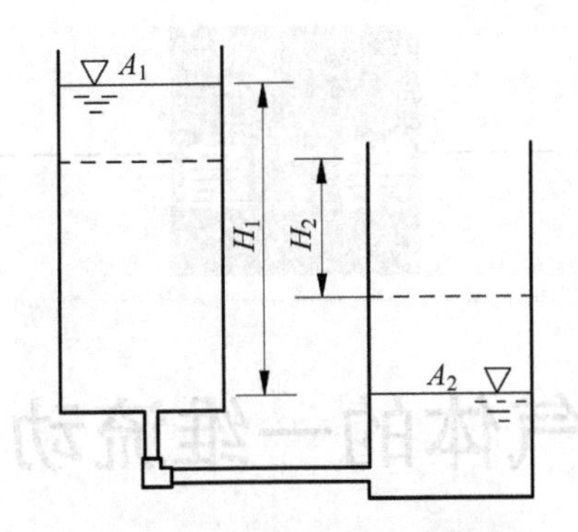

图 6-72　习题 6-41 示意图

解：$H=\left(\sum\zeta+\lambda\dfrac{l}{d}\right)\dfrac{v^2}{2g}$

设某时刻左侧容器的液面水位为 x_1，右侧容器的液面水位为 x_2，则

$$-\frac{\mathrm{d}x_1}{\mathrm{d}t}A_1=v\frac{\pi d^2}{4},\quad \frac{\mathrm{d}x_2}{\mathrm{d}t}A_2=v\frac{\pi d^2}{4}$$

$$\frac{\mathrm{d}H}{\mathrm{d}t}=\frac{\mathrm{d}x_1}{\mathrm{d}t}-\frac{\mathrm{d}x_2}{\mathrm{d}t}=v\frac{\pi d^2}{4}\left(-\frac{1}{A_1}-\frac{1}{A_2}\right)$$

$$\int_0^T\mathrm{d}t=\int_{H_1}^{H_2}\frac{\mathrm{d}H}{-v\dfrac{\pi d^2}{4}\left(\dfrac{A_1+A_2}{A_1A_2}\right)}=-\int_{H_1}^{H_2}\frac{4A_1A_2}{\pi d^2(A_1+A_2)}\frac{1}{v}\mathrm{d}H$$

$$=-\int_{H_1}^{H_2}\frac{4A_1A_2}{\pi d^2(A_1+A_2)}\frac{1}{\sqrt{\dfrac{2gH}{\sum\zeta+\lambda\dfrac{l}{d}}}}\mathrm{d}H$$

$$=-\int_{H_1}^{H_2}\frac{4A_1A_2\sqrt{\sum\zeta+\lambda\dfrac{l}{d}}}{\pi d^2\sqrt{2g}(A_1+A_2)}\frac{1}{\sqrt{H}}\mathrm{d}H$$

$$=-\int_{H_1}^{H_2}\frac{8A_1A_2\sqrt{\sum\zeta+\lambda\dfrac{l}{d}}}{\pi d^2\sqrt{2g}(A_1+A_2)}(\sqrt{H_1}-\sqrt{H_2})\mathrm{d}H$$

第7章

气体的一维流动

7.1 主要内容

1. 微弱压强波的一维传播、声速、马赫数

声速 $$c=\sqrt{\frac{\mathrm{d}p}{\mathrm{d}\rho}}=\sqrt{\gamma RT}=\sqrt{\gamma\frac{p}{\rho}}$$

气体在某点的流速与当地声速之比定义为该点气流的马赫数,用 Ma 表示：$Ma=v/c$。

根据马赫数大小可以将气体的流动分为：$Ma<1$,亚声速流；$Ma=1$,声速流；$Ma>1$,超声速流；$Ma^2>10$,高超声速流。

2. 气流的特定状态和参考速度 速度系数

(1) 滞止状态

如果按照一定的过程将气流速度滞止到零,这时的压强 p_T、密度 ρ_T 和温度 T_T 等便称为滞止参数或总参数。

$$\frac{T_T}{T}=1+\frac{\gamma-1}{2}Ma^2$$

$$\frac{p_T}{p}=\left(1+\frac{\gamma-1}{2}Ma^2\right)^{\frac{\gamma}{\gamma-1}}$$

$$\frac{\rho_T}{\rho}=\left(1+\frac{\gamma-1}{2}Ma^2\right)^{\frac{1}{\gamma-1}}$$

(2) 极限状态

极限状态是指绝能流随着气体的膨胀、加速,分子无规则运动的动能全部转换成宏观运动的动能。气流的静温和静压均降低到零,气流速度达到极限速度 $v_{\max}$。$v_{\max}$ 是气流膨胀到完全真空所能达到的最大速度。

$$v_{\max}=\sqrt{\frac{2\gamma}{\gamma-1}RT_T}$$

(3) 临界状态

当气流速度被滞止到零时，当地声速上升到滞止声速。当气流速度被加速到极限速度时，当地声速下降到零。因此，在气流速度由小变大和当地声速由大变小的过程中，必定会出现气流速度恰好等于当地声速的状态，即 $Ma=1$ 的状态，该状态便是临界状态。临界状态用下标 cr 表示。

$$\frac{T_{cr}}{T_T}=\frac{2}{\gamma+1}$$

$$\frac{p_{cr}}{p_T}=\left(\frac{2}{\gamma+1}\right)^{\frac{\gamma}{\gamma-1}}$$

$$\frac{\rho_{cr}}{\rho_T}=\left(\frac{2}{\gamma+1}\right)^{\frac{1}{\gamma-1}}$$

(4) 速度系数

速度系数是气流速度与临界声速之比。

$$M_*=\frac{v}{c_{cr}}$$

马赫数与速度系数的关系为

$$M_*^2=\frac{(\gamma+1)Ma^2}{2+(\gamma-1)Ma^2}$$

$$Ma^2=\frac{2M_*^2}{(\gamma+1)-(\gamma-1)M_*^2}$$

根据速度系数也可以对气体流动进行划分：$Ma=0$ 时，$M_*=0$，不可压缩流动；$Ma<1$ 时，$M_*<1$，亚声速流；$Ma=1$ 时，$M_*=1$，声速流；$Ma>1$ 时，$M_*>1$，超声速流。

3. 正激波

当超声速气流流过大的障碍物(或超声速飞机、炮弹和火箭等在空中飞行)时，气流在障碍物前将受到急剧的压缩，它的压强、温度和密度都将突跃地升高，而速度则突跃地降低。这种使流动参数发生突跃变化的强压缩波叫做激波。

(1) 激波分类

正激波：波面与气流方向相垂直的平面激波。

斜激波：波面与气流方向不垂直的平面激波。

曲激波：波面是弯曲的，且与物体有一定距离。脱体的曲激波的中间部分与来流方向垂直，是正激波；沿着波面向外延伸的是强度逐渐减小的斜激波系。

(2) 正激波的传播速度、蓝金-许贡纽公式

$$\text{正激波的传播速度 } v_s=\left[\frac{\rho_2}{\rho_1}\frac{p_2-p_1}{\rho_2-\rho_1}\right]^{1/2}$$

$$\text{气流速度 } v=\left[\frac{(p_2-p_1)(\rho_2-\rho_1)}{\rho_1\rho_2}\right]^{1/2}$$

$$\frac{\rho_2}{\rho_1}=\left(\frac{\gamma+1}{\gamma-1}\frac{p_2}{p_1}+1\right)\left(\frac{\gamma+1}{\gamma-1}+\frac{p_2}{p_1}\right)^{-1}$$

$$\frac{p_2}{p_1}=\left(\frac{\gamma+1}{\gamma-1}\frac{\rho_2}{\rho_1}-1\right)\left(\frac{\gamma+1}{\gamma-1}-\frac{\rho_2}{\rho_1}\right)^{-1}$$

$$\frac{T_2}{T_1}=\left(\frac{\gamma+1}{\gamma-1}\frac{p_2}{p_1}+\frac{p_2^2}{p_1^2}\right)\left(\frac{\gamma+1}{\gamma-1}\frac{p_2}{p_1}+1\right)^{-1}$$

(3) 正激波前后气流参数的关系 波阻的概念

普朗特激波公式：

$$v_2 v_1 = c_{cr}^2 \quad 或 \quad M_{*1}M_{*2}=1$$

$$\frac{\rho_2}{\rho_1}=\frac{(\gamma+1)Ma_1^2}{2+(\gamma-1)Ma_1^2}$$

$$\frac{p_2}{p_1}=\frac{2\gamma}{\gamma+1}Ma_1^2-\frac{\gamma-1}{\gamma+1}$$

$$\frac{T_2}{T_1}=\frac{2+(\gamma-1)Ma_1^2}{(\gamma+1)Ma_1^2}\left(\frac{2\gamma}{\gamma+1}Ma_1^2-\frac{\gamma-1}{\gamma+1}\right)$$

正激波前后马赫数之间的关系式：

$$Ma_2^2=\frac{2+(\gamma-1)Ma_1^2}{2\gamma Ma_1^2-(\gamma-1)}$$

气流经过激波，速度降低，动量减小，熵值增加，因而必有作用在气流上与来流方向相反的力。同时，也有气流作用在物体上的力，这种因激波存在而产生的阻力称为波阻。

4. 变截面管流

(1) 气流速度与通道截面的关系

$$\frac{dA}{A}=(Ma^2-1)\frac{dv}{v}$$

$$\frac{dp}{p}=-\gamma Ma^2\frac{dv}{v}$$

$$\frac{d\rho}{\rho}=-Ma^2\frac{dv}{v}$$

$$\frac{dT}{T}=-(\gamma-1)Ma^2\frac{dv}{v}$$

喷管的作用是使高温高压气体的热能经降压加速转换为高速气流的动能，以便利用它去做功或满足某些特殊需要。

喷管截面积的相对变化趋向不仅与速度的相对变化趋向有关，而且与马赫数的大小有关。

当 $Ma<1$，即 $v<c$ 时，$dA\downarrow \quad dv\uparrow \quad dp\downarrow \quad dA\uparrow \quad dv\downarrow \quad dp\uparrow$，即超声速喷管亚声速段的截面积应该逐渐减小；

当 $Ma>1$ 即 $v>c$ 时，$dA\downarrow \quad dv\downarrow \quad dp\uparrow \quad dA\uparrow \quad dv\uparrow \quad dp\downarrow$，超声速段的截面积应该逐渐增大。

在 $Ma=1$ 的截面上，气流处于临界状态，故该截面称为临界截面。显然，临界截面应是超声速喷管的最小截面，称为喷管的喉部。

(2) 喷管流动的计算和分析

① 收缩喷管。

$$v_1=\left\{\frac{2\gamma}{\gamma-1}RT_T\left[1-\left(\frac{p_1}{p_T}\right)^{(\gamma-1)/\gamma}\right]\right\}^{1/2}=\left\{\frac{2\gamma}{\gamma-1}\frac{p_T}{\rho_T}\left[1-\left(\frac{p_1}{p_T}\right)^{(\gamma-1)/\gamma}\right]\right\}^{1/2}$$

流过喷管的质量流量为

$$q_m = A_1 \rho_T \left\{ \frac{2\gamma}{\gamma-1} \frac{p_T}{\rho_T} \left[\left(\frac{p_1}{p_T} \right)^{2/\gamma} - \left(\frac{p_1}{p_T} \right)^{\frac{\gamma+1}{\gamma}} \right] \right\}^{1/2}$$

当出口压强等于临界压强时,也即喷管出口截面气流达到临界状态时,流量达到最大,最大流量为

$$q_{mcr} = A_1 \left(\frac{2}{\gamma+1} \right)^{0.5(\gamma+1)/(\gamma-1)} (\gamma p_T \rho_T)^{1/2}$$

当 $p_{amb}/p_T > p_{cr}/p_T$ 时,为亚临界流动。

当 $p_{amb}/p_T = p_{cr}/p_T$ 时,为临界流动。

当 $p_{amb}/p_T < p_{cr}/p_T$ 时,为超临界流动。

② 缩放喷管(拉瓦尔喷管)。

通过拉瓦尔喷管的质量流量仍为

$$q_{mcr} = A_t \left(\frac{2}{\gamma+1} \right)^{0.5(\gamma+1)/(\gamma-1)} (\gamma p_T \rho_T)^{1/2}$$

面积与喉部截面积之比:

$$\frac{A}{A_{cr}} = \frac{1}{Ma} \left(\frac{2}{\gamma+1} + \frac{\gamma-1}{\gamma+1} Ma^2 \right)^{0.5(\gamma+1)/(\gamma-1)}$$

由此可见,要得到某一马赫数的超声速气流,拉瓦尔喷管所需的面积比是唯一的,而与这个面积比相对应的压强比也是唯一的。

3 个划界的压强比。

a. 设计工况下气流做正常完全膨胀时出口截面的压强比:

$$\frac{p_1}{p_T} = \left(1 + \frac{\gamma-1}{2} Ma_1^2 \right)^{-\frac{\gamma}{\gamma-1}}$$

b. 设计工况下气流做正常膨胀,但在出口截面产生正激波时波后的压强比:

$$\frac{p_2}{p_T} = \frac{p_1}{p_T} \frac{p_2}{p_1} = \left(1 + \frac{\gamma-1}{2} Ma_1^2 \right)^{-\frac{\gamma}{\gamma-1}} \left(\frac{2\gamma}{\gamma+1} Ma_1^2 - \frac{\gamma-1}{\gamma+1} \right)$$

c. 气流在喉部达到声速,其余全为亚声速时出口截面的压强比

$$\frac{p_3}{p_T} = \left(1 + \frac{\gamma-1}{2} Ma_1'^2 \right)^{-\frac{\gamma}{\gamma-1}}$$

4 种流动状态。

a. $0 < \frac{p_{amb}}{p_T} < \frac{p_1}{p_T}$

b. $\frac{p_1}{p_T} < \frac{p_{amb}}{p_T} < \frac{p_2}{p_T}$

c. $\frac{p_2}{p_T} < \frac{p_{amb}}{p_T} < \frac{p_3}{p_T}$

d. $\frac{p_3}{p_T} < \frac{p_{amb}}{p_T} < 1$

5. 等截面摩擦管流

(1) 等截面绝热摩擦管流

① $Ma<1$,亚声速流,dh 与 ds 异号; $Ma=1$,声速流,$dh/ds\to\infty$; $Ma>1$,超声速流,dh 与 ds 同号。

在有摩擦存在的等截面管中,使气流由亚音速连续地变为超音速,或由超音速连续地变为亚音速,都是不可能的。

② 气流参数的关系

$$\frac{1}{\gamma}\left(\frac{1}{Ma_1^2}-\frac{1}{Ma_2^2}\right)+\frac{\gamma+1}{2\gamma}\ln\left[\frac{Ma_1^2}{Ma_2^2}\,\frac{2+(\gamma-1)Ma_2^2}{2+(\gamma-1)Ma_1^2}\right]=4\bar{C}_f\,\frac{L}{D}$$

密度比和速度比:$\dfrac{\rho_2}{\rho_1}=\dfrac{v_1}{v_2}=\dfrac{Ma_1}{Ma_2}\left[\dfrac{2+(\gamma-1)Ma_2^2}{2+(\gamma-1)Ma_1^2}\right]^{\frac{1}{2}}$

温度比:$\dfrac{T_2}{T_1}=\dfrac{2+(\gamma-1)Ma_1^2}{2+(\gamma-1)Ma_2^2}$

压强比:$\dfrac{p_2}{p_1}=\dfrac{Ma_1}{Ma_2}\left[\dfrac{2+(\gamma-1)Ma_1^2}{2+(\gamma-1)Ma_2^2}\right]^{\frac{1}{2}}$

总压比:$\dfrac{p_{T2}}{p_{T1}}=\dfrac{Ma_1}{Ma_2}\left[\dfrac{2+(\gamma-1)Ma_2^2}{2+(\gamma-1)Ma_1^2}\right]^{\frac{\gamma+1}{2(\gamma-1)}}$

极限状态:出口流动状态为临界状态,即 $M_{*2}=Ma_2=1$。

极限管长:从 $M_{*1}(Ma_1)$ 发展到极限状态 $M_{*2}=Ma_2=1$ 时的管长为极限管长 L_{cr},又称最大管长。

$$\frac{1-Ma^2}{\gamma Ma^2}+\frac{\gamma+1}{2\gamma}\ln\frac{(\gamma+1)Ma^2}{2+(\gamma-1)Ma^2}=4\bar{C}_f\,\frac{L_{cr}}{D}$$

③ 摩擦造成的壅塞现象

摩擦的作用是使气流向临界状态靠近。对应于每个给定的进口马赫数,气流将在一定的管长内达到临界状态,这一管长称为极限管长。

当实际管长超过极限管长,即使出口的背压足够低,流动也将出现壅塞现象。因为极限管长处的气流速度已达到声速,密流已达到最大值。但大于极限管长的管段的摩擦作用将使气流的总压继续降低,原先在极限管长时能够通过的流量,这时便通不过了,于是发生了壅塞。这就是摩擦造成的壅塞现象。

(2) 等截面等温摩擦管流

$$4\bar{C}_f\,\frac{L}{D}=\frac{1-(p_2/p_1)^2}{\gamma Ma_1^2}-\ln\left(\frac{p_1}{p_2}\right)^2$$

$$\frac{p_1-p_2}{p_1}=\frac{1-\gamma Ma_1^2}{1+\gamma Ma_1^2}-\left[\left(\frac{1-\gamma Ma_1^2}{1+\gamma Ma_1^2}\right)^2-\frac{\gamma Ma_1^2}{1+\gamma Ma_1^2}\left(4\bar{C}_f\,\frac{L}{D}\right)\right]^{1/2}$$

6. 等截面换热管流

$$\frac{T_{T2}}{T_{T1}}=\frac{Ma_2^2}{Ma_1^2}\,\frac{(1+\gamma Ma_1^2)^2}{(1+\gamma Ma_2^2)^2}\,\frac{2+(\gamma-1)Ma_2^2}{2+(\gamma-1)Ma_1^2}$$

$$\frac{v_2}{v_1}=\frac{\rho_1}{\rho_2}=\frac{Ma_2^2}{Ma_1^2}\frac{1+\gamma Ma_1^2}{1+\gamma Ma_2^2}$$

$$\frac{T_2}{T_1}=\frac{Ma_2^2}{Ma_1^2}\left(\frac{1+\gamma Ma_1^2}{1+\gamma Ma_2^2}\right)^2$$

$$\frac{p_2}{p_1}=\frac{1+\gamma Ma_1^2}{1+\gamma Ma_2^2}$$

$$\frac{p_{T2}}{p_{T1}}=\frac{1+\gamma Ma_1^2}{1+\gamma Ma_2^2}\left[\frac{2+(\gamma-1)Ma_2^2}{2+(\gamma-1)Ma_1^2}\right]^{\gamma/(\gamma-1)}$$

$$\delta Q_{cr}=c_pT_T\left[\frac{1}{(\gamma+1)Ma^2}\frac{(1+\gamma Ma^2)^2}{2+(\gamma-1)Ma^2}-1\right]$$

$$\frac{v_{cr}}{v}=\frac{\rho}{\rho_{cr}}=\frac{1+\gamma Ma^2}{(\gamma+1)Ma^2}$$

$$\frac{T_{Tcr}}{T_T}=\frac{1}{(\gamma+1)Ma^2}\frac{(1+\gamma Ma^2)^2}{2+(\gamma-1)Ma^2}$$

$$\frac{T_{cr}}{T}=\left[\frac{1+\gamma Ma^2}{(\gamma+1)Ma^2}\right]^2$$

$$\frac{p_{cr}}{p}=\frac{1+\gamma Ma^2}{\gamma+1}$$

$$\frac{p_{Tcr}}{p_T}=\frac{(\gamma+1)^{1/(\gamma-1)}(1+\gamma Ma^2)}{[2+(\gamma-1)Ma^2]^{\gamma/(\gamma-1)}}$$

加热造成的壅塞现象：当实际加热量超过临界加热量，即$\delta Q>\delta Q_{cr}$时，过多的加热量将使总压进一步降低，使总温进一步提高，原先在临界状态下能够通过的流量这时便通不过了，造成了气流的壅塞，这就是加热造成的壅塞现象。

7.2 本章难点

（1）喷管的计算要注意：气流在喷管中经历的是降压加速的膨胀过程，喷管截面积的相对变化趋向不仅与速度的相对变化趋向有关，而且与马赫数的大小有关。

用喷管得到超声速气流的条件，除去必须保证在喷管的进口和出口有足以产生超声速气流的压强差之外，还必须具备适合于气流不断降压膨胀加速的管道截面变化。

（2）在一维可压缩管内流动中，分析问题的方法是：首先写出一维可压缩流动的基本方程，其次突出主要的影响因素，如变截面管内的流动，主要突出截面积变化的因素，把面积变化作为参变量，来分析对其他流动参数的影响。最后得到对各个流动参数的影响规律。其他管内流动，其分析方法类同。

（3）摩擦管流的计算一般都设想管子有一个临界截面，然后把进口截面和需要计算的那个截面上的参数都和临界截面建立联系，最后利用临界截面的概念，即可进行摩擦管流的计算。

7.3 课后习题解答

7-1 45℃氢气中的声速为多少？

解：$c=\sqrt{\gamma RT}=\sqrt{1.41\times 4124\times(273+45)}=1359(\text{m/s})$

7-2 飞机在20000m高空（-56.5℃）中以2400km/h的速度飞行，试求气流相对于飞机的气流马赫数。

解：$Ma=\dfrac{v}{c}=\dfrac{2400\times 10^3/3600}{\sqrt{\gamma RT}}=\dfrac{2400\times 10^3/3600}{\sqrt{1.4\times 287.1\times(273-56.5)}}=2.26$

7-3 二氧化碳气体作等熵流动，在流场中第一点上的温度为60℃，速度为14.8m/s，在同一流线上第二点上的温度为30℃，试求第二点上的速度为多少？

解：取二氧化碳气体的 $c_p=814.7\text{J/(kg}\cdot\text{K)}$

由$\dfrac{v_1^2}{2}+c_pT_1=\dfrac{v_2^2}{2}+c_pT_2$，所以得

$$v_2=[v_1^2+2c_p(T_1-T_2)]^{1/2}=[14.8^2+2\times 814.7\times(333-303)]^{\frac{1}{2}}=221.58(\text{m/s})$$

7-4 在习题7-3中若第一点上压强为101.5kPa，其他条件保持不变，试求在同一流线第二点上的压强为多少？

解：对于等熵流动有$\dfrac{p_2}{p_1}=\left(\dfrac{T_2}{T_1}\right)^{\frac{\gamma}{\gamma-1}}$，所以 $p_2=\left(\dfrac{T_2}{T_1}\right)^{\frac{\gamma}{\gamma-1}}p_1$

取二氧化碳的 $\gamma=1.304$

$$p_2=\left(\frac{303}{333}\right)^{\frac{1.304}{1.304-1}}\times 101.5=67.7(\text{Pa})$$

7-5 已知进入动叶片的过热蒸汽的温度为430℃，压强为5000kPa，气体常数为461.5J/(kg·K)，比热比 $\gamma=1.329$，速度为525m/s，试求在动叶片前过热蒸汽的滞止温度和滞止压强。

解：水蒸气的 $c_p=1862\text{J/(kg}\cdot\text{K)}$

$$\frac{p_\text{T}}{p}=\left(1+\frac{\gamma-1}{2}Ma^2\right)^{\frac{\gamma}{\gamma-1}}$$

所以

$$\begin{aligned}p_\text{T}&=\left[1+\frac{\gamma-1}{2}\left(\frac{v}{\sqrt{\gamma RT}}\right)^2\right]^{\frac{\gamma}{\gamma-1}}\times p\\&=\left[1+\frac{1.329-1}{2}\times\left(\frac{525}{\sqrt{1.329\times 461.5\times 703}}\right)^2\right]^{\frac{1.329}{1.329-1}}\times 5000\\&=\left[1+\frac{0.329}{2}\times\left(\frac{525}{\sqrt{1.329\times 461.5\times 703}}\right)^2\right]^{4.04}\times 5000\\&=7485(\text{kN/m}^2)\end{aligned}$$

$$T_\text{T}=T+\frac{v^2}{2c_p}=703+\frac{525^2}{2\times 1862}=777(\text{K})$$

7-6 已知正激波后空气流的参数为 $p_2=360\text{kPa}$、$v_2=210\text{m/s}$、$t_2=50℃$，试求激波前的马赫数。

解：$Ma_2=\dfrac{v_2}{20.05\times\sqrt{T}}=\dfrac{210}{20.05\times\sqrt{273+50}}=0.58$

$$Ma_2^2=\frac{2+(\gamma-1)Ma_1^2}{2\gamma Ma_1^2-(\gamma-1)}\Rightarrow Ma_1^2=\frac{2+(\gamma-1)Ma_2^2}{2\gamma Ma_2^2-(\gamma-1)}$$

$$Ma_1=\sqrt{\frac{2+(\gamma-1)Ma_2^2}{2\gamma Ma_2^2-(\gamma-1)}}=\sqrt{\frac{2+(1.4-1)\times0.58^2}{2\times1.4\times0.58^2-(1.4-1)}}=1.99$$

7-7 空气流在管道中发生正激波，已知激波前的马赫数为2.5，压强为30kPa，温度为25℃，试求激波后的马赫数、压强、温度和速度。

解：$Ma_2^2=\dfrac{2+(\gamma-1)Ma_1^2}{2\gamma Ma_1^2-(\gamma-1)}=\dfrac{2+(1.4-1)\times2.5^2}{2\times1.4\times2.5^2-(1.4-1)}=0.263$

$Ma_2=0.513$

$$\frac{p_2}{p_1}=\frac{2\gamma}{\gamma+1}Ma_1^2-\frac{\gamma-1}{\gamma+1}$$

$$p_2=\left(\frac{2\gamma}{\gamma+1}Ma_1^2-\frac{\gamma-1}{\gamma+1}\right)p_1=\left(\frac{2\times1.4}{1.4+1}\times2.5^2-\frac{1.4-1}{1.4+1}\right)\times30\times10^3$$

$$=213.75\times10^3(\text{Pa})=213.75(\text{kPa})$$

$$\frac{T_2}{T_1}=\frac{2+(\gamma-1)Ma_1^2}{(\gamma+1)Ma_1^2}\left(\frac{2\gamma}{\gamma+1}Ma_1^2-\frac{\gamma-1}{\gamma+1}\right)$$

$$T_2=\frac{2+(\gamma-1)Ma_1^2}{(\gamma+1)Ma_1^2}\left(\frac{2\gamma}{\gamma+1}Ma_1^2-\frac{\gamma-1}{\gamma+1}\right)T_1$$

$$=\frac{2+(1.4-1)\times2.5^2}{(1.4+1)\times2.5^2}\times\left(\frac{2\times1.4}{1.4+1}\times2.5^2-\frac{1.4-1}{1.4+1}\right)\times(273+25)$$

$$=636.975(\text{K})$$

$$Ma_2=\frac{v_2}{c_2}$$

$$v_2=Ma_2c_2=Ma_2\sqrt{\gamma RT}=0.513\times\sqrt{1.4\times287.1\times636.975}=259.57(\text{m/s})$$

7-8 如图7-21所示，假定皮托管前为正激波，激波后为可逆的绝热流动，试证皮托管中的压强公式为

$$p_{T2}=p_\infty\left(\frac{\gamma+1}{2}Ma^2\right)^{\gamma/(\gamma-1)}\left(\frac{2\gamma}{\gamma+1}Ma^2-\frac{\gamma-1}{\gamma+1}\right)^{-1/(\gamma-1)}$$

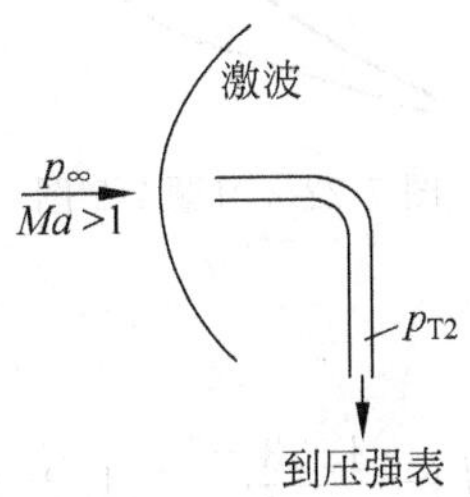

激波

p_∞

$Ma>1$

p_{T2}

到压强表

图7-21 习题7-8图

解：气流经过正激波后，压强与马赫数的变化关系为：$\frac{p_2}{p_1}=\frac{2\gamma}{\gamma+1}Ma_1^2-\frac{\gamma-1}{\gamma+1}$

皮托管前的驻点压强 3 为：$\frac{p_3}{p_2}=\left(1+\frac{\gamma-1}{2}Ma_2^2\right)^{\frac{\gamma}{\gamma-1}}$

$$p_1=p_\infty,\quad p_3=p_{T2}$$

$$\frac{p_{T2}}{p_\infty}=\frac{p_3}{p_1}=\frac{p_3}{p_2}\frac{p_2}{p_1}=\left(1+\frac{\gamma-1}{2}Ma_2^2\right)^{\frac{\gamma}{\gamma-1}}\left(\frac{2\gamma}{\gamma+1}Ma_1^2-\frac{\gamma-1}{\gamma+1}\right)$$

而 $Ma_2^2=\frac{2+(\gamma-1)Ma_1^2}{2\gamma Ma_1^2-(\gamma-1)}$

$$\frac{p_{T2}}{p_\infty}=\frac{p_3}{p_1}=\frac{p_3}{p_2}\frac{p_2}{p_1}=\left(1+\frac{\gamma-1}{2}Ma_2^2\right)^{\frac{\gamma}{\gamma-1}}\left(\frac{2\gamma}{\gamma+1}Ma_1^2-\frac{\gamma-1}{\gamma+1}\right)$$

$$=\left[1+\frac{\gamma-1}{2}\times\frac{2+(\gamma-1)Ma_1^2}{2\gamma Ma_1^2-(\gamma-1)}\right]^{\frac{\gamma}{\gamma-1}}\left(\frac{2\gamma}{\gamma+1}Ma_1^2-\frac{\gamma-1}{\gamma+1}\right)$$

$$=\left[1+\frac{\gamma-1}{2}\times\frac{\frac{2}{\gamma+1}+\frac{(\gamma-1)Ma_1^2}{\gamma+1}}{\frac{2\gamma Ma_1^2}{\gamma+1}-\frac{\gamma-1}{\gamma+1}}\right]^{\frac{\gamma}{\gamma-1}}\left(\frac{2\gamma}{\gamma+1}Ma_1^2-\frac{\gamma-1}{\gamma+1}\right)$$

$$=\left\{\frac{\frac{2\gamma Ma_1^2}{\gamma+1}-\frac{\gamma-1}{\gamma+1}+\frac{\gamma-1}{2}\times\left[\frac{2}{\gamma+1}+\frac{(\gamma-1)Ma_1^2}{\gamma+1}\right]}{\frac{2\gamma Ma_1^2}{\gamma+1}-\frac{\gamma-1}{\gamma+1}}\right\}^{\frac{\gamma}{\gamma-1}}\left(\frac{2\gamma}{\gamma+1}Ma_1^2-\frac{\gamma-1}{\gamma+1}\right)$$

$$=\left(\frac{\gamma+1}{2}Ma^2\right)^{\gamma/(\gamma-1)}\left(\frac{2\gamma}{\gamma+1}Ma^2-\frac{\gamma-1}{\gamma+1}\right)^{-1/(\gamma-1)}$$

所以 $p_{T2}=p_\infty\left(\frac{\gamma+1}{2}Ma^2\right)^{\gamma/(\gamma-1)}\left(\frac{2\gamma}{\gamma+1}Ma^2-\frac{\gamma-1}{\gamma+1}\right)^{-1/(\gamma-1)}$

7-9 $Ma_1=1.2$、$t=460$℃、$\gamma=1.33$ 的燃气流在图 7-22 所示叶片前驻点上的温升等于多少？

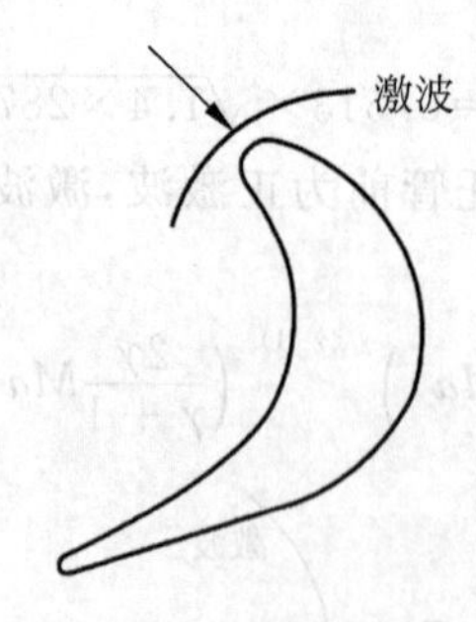

图 7-22 习题 7-9 图

解：$\frac{T_T}{T}=1+\frac{\gamma-1}{2}Ma^2$

$$T_T=\left(1+\frac{\gamma-1}{2}Ma^2\right)T=\left(1+\frac{1.33-1}{2}\times1.2^2\right)\times(273+460)=907.16(\mathrm{K})$$

$$T_T-T=907.16-(273+460)=174.16(\mathrm{K})$$

7-10 超声速过热蒸汽通过正激波时，密度最大能增加多少倍？

解： $\dfrac{\rho_2}{\rho_1}=\dfrac{(\gamma+1)Ma_1^2}{2+(\gamma-1)Ma_1^2}=\dfrac{\gamma+1}{\dfrac{2}{Ma_1^2}+\gamma-1}$

Ma_1 达到∞时，$\dfrac{\rho_2}{\rho_1}=\dfrac{\gamma+1}{\gamma-1}=\dfrac{1.33+1}{1.33-1}=7.06$

7-11 已知空气在喷管进口处的压强 $p_1=108\text{kPa}$，温度 $t=280℃$，速度 $v_1=205\text{m/s}$。试求临界速度。

解： $\rho_1=\dfrac{p_1}{RT_1}=\dfrac{108\times10^3}{287.1\times(273+280)}=0.6802(\text{kg/m}^3)$

$$p_1=p_T\left(\frac{2}{\gamma+1}\right)^{\gamma/(\gamma-1)}=108\times10^3\times\left(\frac{2}{1.4+1}\right)^{1.4/(1.4-1)}=57054.43(\text{Pa})$$

$$v_1=\left\{\frac{2\gamma}{\gamma-1}\frac{p_T}{\rho_T}\left[1-\left(\frac{p_1}{p_T}\right)^{(\gamma-1)/\gamma}\right]\right\}^{1/2}$$

$$=\left\{\frac{2\times1.4}{1.4-1}\times\frac{108\times10^3}{0.6802}\times\left[1-\left(\frac{57054.43}{108\times10^3}\right)^{(1.4-1)/1.4}\right]\right\}^{1/2}$$

$$=430.39(\text{m/s})$$

7-12 已知容器中空气的温度为25℃，压强为50kPa。空气流从出口截面直径为10cm的渐缩喷管中排出，试求在等熵条件下外界压强为30kPa、20kPa和10kPa时，出口截面处的速度和温度各为多少？

解： 查得 $\gamma=1.4, R=287\text{J/(kg·K)}$

(1) $p_b=30\text{kPa}$

因为 $p_b>p_T\left(\dfrac{2}{\gamma+1}\right)^{\gamma/(\gamma-1)}=p_T\times\left(\dfrac{2}{1.4+1}\right)^{1.4/(1.4-1)}=0.582p_0=0.582\times50=26.4(\text{kPa})$

为亚临界流动。

所以取 $p_1=p_b=30\text{kPa}$，于是流速为

$$v_1=\left\{\frac{2\gamma}{\gamma-1}\frac{p_T}{\rho_T}\left[1-\left(\frac{p_1}{p_T}\right)^{\frac{\gamma-1}{\gamma}}\right]\right\}^{\frac{1}{2}}=\left\{\frac{2\gamma}{\gamma-1}RT_T\left[1-\left(\frac{p_1}{p_T}\right)^{\frac{\gamma-1}{\gamma}}\right]\right\}^{\frac{1}{2}}$$

$$=\left\{\frac{2\times1.4}{1.4-1}\times287\times(273+25)\times\left[1-\left(\frac{30}{50}\right)^{\frac{1.4-1}{1.4}}\right]\right\}^{\frac{1}{2}}=285(\text{m/s})$$

等熵流动有 $T_1=T_T\left(\dfrac{p_1}{p_T}\right)^{\frac{\gamma-1}{\gamma}}=(273+25)\times\left(\dfrac{30}{50}\right)^{\frac{1.4-1}{1.4}}=257.5(\text{K})$

(2) $p_b=20$ 和 $p_b=10\text{kPa}$

因为 $p_b<0.528p_0$，为超临界流动。所以，取 $p_1=26.4\text{kPa}$。

$$v_1=\left(\frac{2\gamma}{\gamma+1}RT_T\right)^{\frac{1}{2}}=\left(\frac{2\times1.4}{1.4+1}\times287\times298\right)^{\frac{1}{2}}=316(\text{m/s})$$

$$T_1=\frac{2}{\gamma+1}T_T=\frac{2}{1.4+1}\times298=248.3(\text{K})$$

7-13 喷管前蒸汽的滞止参数为 $p_T=1180\text{kPa}$，$t_T=300℃$，喷管出口的环境压强 $p_{amb}=294\text{kPa}$。试问应采用什么形式的喷管？已知蒸汽流量为 $q_m=12\text{kg/s}$。在绝热的无

摩擦理想情况下，喷管的出口截面积应为多大？

解：水蒸气查得 $\gamma=1.33, R=462\text{J/(kg·K)}$

$$p_1=p_T\left(\frac{2}{\gamma+1}\right)^{\gamma/(\gamma-1)}=1180\times10^3\times\left(\frac{2}{1.33+1}\right)^{1.33/(1.33-1)}=6.3766\times10^5(\text{Pa})$$

由于出口环境背压 $p_{amb}<p_{cr}$，故采用缩放喷管

$$\rho_T=\frac{P_T}{RT_T}=\frac{1180\times10^3}{462\times(273+300)}=4.457(\text{kg/m}^3)$$

$$A_t=\frac{q_{mcr}}{\left(\frac{2}{\gamma+1}\right)^{0.5(\gamma+1)/(\gamma-1)}(\gamma p_T\rho_T)^{1/2}}$$

$$=\frac{12}{\left(\frac{2}{1.33+1}\right)^{0.5\times(1.33+1)/(1.33-1)}(1.33\times1180\times10^3\times4.457)^{1/2}}$$

$$=0.0078(\text{m}^2)$$

7-14 设计 $Ma=3.5$ 的超声速喷管，其出口截面的直径为 200mm，出口气流的压强为 7kPa，温度为 −85℃，试计算喷管的喉部直径，气流的总压和总温。

解：$\frac{p_T}{p}=\left(1+\frac{\gamma-1}{2}Ma^2\right)^{\frac{\gamma}{\gamma-1}}$

所以 $p_T=p\left(1+\frac{\gamma-1}{2}Ma^2\right)^{\frac{\gamma}{\gamma-1}}=7\times10^3\times\left(1+\frac{1.4-1}{2}\times3.5^2\right)^{\frac{1.4}{1.4-1}}=533.9(\text{kPa})$

$\frac{T_T}{T}=1+\frac{\gamma-1}{2}Ma^2$

所以 $T_T=T\left(1+\frac{\gamma-1}{2}Ma^2\right)=(273-85)\times\left(1+\frac{1.4-1}{2}\times3.5^2\right)=648.6(\text{K})$

$$\frac{A}{A_{cr}}=\frac{1}{Ma}\left(\frac{2}{\gamma+1}+\frac{\gamma-1}{\gamma+1}Ma^2\right)^{0.5(\gamma+1)/(\gamma-1)}$$

$$=\frac{1}{3.5}\times\left(\frac{2}{1.4+1}+\frac{1.4-1}{1.4+1}\times3.5^2\right)^{0.5\times(1.4+1)/(1.4-1)}$$

$$=6.7895$$

$$A=6.7895A_{cr}\Rightarrow\pi\left(\frac{d}{2}\right)^2=6.7895\times\pi\left(\frac{d_{cr}}{2}\right)^2\Rightarrow(d)^2=6.7895\times(d_{cr})^2$$

$$\Rightarrow(200)^2=6.7895\times(d_{cr})^2\Rightarrow d_{cr}=76.75(\text{mm})=0.07675(\text{m})$$

7-15 计算题 7-14 给定条件下 Ma 为 1.5、2.0、2.5 处截面的直径。

解：(1) Ma 为 1.5

$$\frac{A}{A_{cr}}=\frac{1}{Ma}\left(\frac{2}{\gamma+1}+\frac{\gamma-1}{\gamma+1}Ma^2\right)^{0.5(\gamma+1)/(\gamma-1)}$$

$$=\frac{1}{1.5}\times\left(\frac{2}{1.4+1}+\frac{1.4-1}{1.4+1}\times1.5^2\right)^{0.5\times(1.4+1)/(1.4-1)}$$

$$=1.1752$$

$$(d)^2=1.1752\times(d_{cr})^2\Rightarrow(d)^2=1.1752\times(0.07675)^2\Rightarrow d_{cr}=0.0832(\text{m})$$

(2) Ma 为2.0

$$\frac{A}{A_{cr}}=\frac{1}{Ma}\left(\frac{2}{\gamma+1}+\frac{\gamma-1}{\gamma+1}Ma^2\right)^{0.5(\gamma+1)/(\gamma-1)}$$
$$=\frac{1}{2}\times\left(\frac{2}{1.4+1}+\frac{1.4-1}{1.4+1}\times 2^2\right)^{0.5\times(1.4+1)/(1.4-1)}$$
$$=1.6863$$

$(d)^2=1.6863\times d_{cr}^2\Rightarrow(d)^2=1.6863\times(0.07675)^2\Rightarrow d_{cr}=0.09967(\mathrm{m})$

(3) Ma 为2.5

$$\frac{A}{A_{cr}}=\frac{1}{Ma}\left(\frac{2}{\gamma+1}+\frac{\gamma-1}{\gamma+1}Ma^2\right)^{0.5(\gamma+1)/(\gamma-1)}$$
$$=\frac{1}{2.5}\times\left(\frac{2}{1.4+1}+\frac{1.4-1}{1.4+1}\times 2.5^2\right)^{0.5\times(1.4+1)/(1.4-1)}$$
$$=2.6353$$

$(d)^2=2.6353\times d_{cr}^2\Rightarrow(d)^2=2.6353\times(0.07675)^2\Rightarrow d_{cr}=0.01246(\mathrm{m})$

7-16 略。

7-17 一缩放喷管的喉部截面积为出口截面积之半，来流的总压140kPa，出口外的环境背压为100kPa。试证明气流在管内必形成激波，并求出口截面的气流总压，激波前后的马赫数以及激波所在截面与喉部截面的面积比。

解：$\frac{p_{amb}}{p_T}=\frac{1.0\times10^5}{1.4\times10^5}=0.7134$

$$\frac{A}{A_{cr}}=\frac{1}{Ma}\left(\frac{2}{\gamma+1}+\frac{\gamma-1}{\gamma+1}Ma^2\right)^{0.5(\gamma+1)/(\gamma-1)}$$
$$=\frac{1}{Ma}\left(\frac{2}{1.4+1}+\frac{1.4-1}{1.4+1}\times Ma^2\right)^{0.5\times(1.4+1)/(1.4-1)}$$

用牛顿迭代法求出 $Ma=Ma_1'=2.1973$(超声速)或者 $Ma=Ma_1'=0.3$(亚声速)

$$\frac{p_3}{p_T}=\left(1+\frac{\gamma-1}{2}Ma_1'^2\right)^{-\gamma/(\gamma-1)}=\left(1+\frac{1.4-1}{2}0.3^2\right)^{-1.4/(1.4-1)}=0.93947$$

$$\frac{p_2}{p_T}=\frac{p_1}{p_T}\frac{p_2}{p_1}=\left(1+\frac{\gamma-1}{2}Ma_1^2\right)^{-\frac{\gamma}{\gamma-1}}\left(\frac{2\gamma}{\gamma+1}Ma_1^2-\frac{\gamma-1}{\gamma+1}\right)$$
$$=\left(1+\frac{1.4-1}{2}\times2.1973^2\right)^{-1.4/(1.4-1)}\left(\frac{2\times1.4}{1.4+1}\times2.1973^2-\frac{1.4-1}{1.4+1}\right)=0.51337$$

因为$\frac{p_2}{p_T}<\frac{p_{amb}}{p_T}<\frac{p_3}{p_T}$，流动属于第三种流动状态，喷管扩张段内有一道正激波。

对喷管喉部及出口截面列连续方程：

$$q_m=K_m\frac{p_{cr}}{\sqrt{T_{cr}}}A_t=K_m\frac{p}{\sqrt{T}}Ay(\lambda)$$

因为 $p=p_{amb}=p_a, T_{cr}=T, p_{cr}=p_T$，所以

$$y(\lambda)=\frac{p_T}{p_a}\times\frac{A_t}{A}=\frac{1.4\times10^5\times0.5}{1.0\times10^5}=0.7$$

得 $q(\lambda)=0.6272+\frac{0.6394-0.6272}{0.7172-0.6998}\times(0.7-0.6998)=0.6273$

对喷管喉部及出口截面列连续方程和流量计算公式：

$$q_m = K_m \frac{p_{cr}}{\sqrt{T_{cr}}} A_t = K_m \frac{p_T}{\sqrt{T_T}} A q(\lambda)$$

$$\frac{p}{p_T} = \frac{A_t}{A} \times \frac{1}{q(\lambda)} = \frac{0.5}{0.6273} = 0.79707$$

得出口截面气流总压：

$$p = 0.79707 p_T = 0.79707 p = 0.79707 \times 1.4 \times 10^5 = 1.11590 \times 10^5 (\text{Pa})$$

激波前后气流的总压比也为 0.79707。

查表得

激波前马赫数 $Ma_{s1} = 1.83 + \frac{1.84 - 1.83}{0.79747 - 0.79926} \times (0.79707 - 0.79926) = 1.835$

激波后马赫数 $Ma_{s2} = 0.60993 - \frac{0.60780 - 0.60993}{0.79747 - 0.79926} \times (0.79707 - 0.79926) = 0.60889$

据 $Ma_{s1} = 1.835$ 查表得 $q(Ma_{s1}) = \frac{2}{1.4723 + 1.4837} = 0.6766$

对喉部和激波前表面之间的管内空间列连续方程和流量计算公式：

$$q_m = K_m \frac{p_{cr}}{\sqrt{T_{cr}}} A_t = K_m \frac{p_1^*}{\sqrt{T_1^*}} A_s q(Ma_{s1})$$

因为 $p_{cr} = p_1^*$，$T_{cr} = T_1^*$，所以喉部截面的面积比 $\frac{A_s}{A_t} = \frac{1}{q(Ma_{s1})} = \frac{1}{0.6766} = 1.478$。

7-18 空气流以 $Ma_1 = 0.4$ 的速度流入和以 $Ma_2 = 0.8$ 的速度流出绝热等截面直管道，试问在管道的什么截面上 $Ma = 0.6$？

解：把空气从 $Ma_1 = 0.4$ 加速到 $Ma_2 = 0.8$，查附表 B-3。

$$\left(4\overline{C}_f \frac{L_{cr}}{D}\right)_{0.4} = 2.3085$$

$$\left(4\overline{C}_f \frac{L_{cr}}{D}\right)_{0.8} = 0.07229$$

$$4\overline{C}_f \frac{L}{D} = \left(4\overline{C}_f \frac{L_{cr}}{D}\right)_{0.4} - \left(4\overline{C}_f \frac{L_{cr}}{D}\right)_{0.8} = 2.3085 - 0.07229 = 2.23621$$

$$\left(4\overline{C}_f \frac{L_{cr}}{D}\right)_{0.6} = 0.49081$$

$$4\overline{C}_f \frac{L}{D} = \left(4\overline{C}_f \frac{L_{cr}}{D}\right)_{0.4} - \left(4\overline{C}_f \frac{L_{cr}}{D}\right)_{0.6} = 2.3085 - 0.49081 = 1.81769$$

$$\frac{4\overline{C}_f \frac{L'}{D}}{4\overline{C}_f \frac{L}{D}} = \frac{L'}{L} = \frac{1.81769}{2.23621} = 0.8128$$

$$L' = 0.8128L$$

7-19 氮气在内径为 20cm、平均表观摩擦系数 $C_f = 0.00625$ 的等截面管道中作绝热流动，在管道进口处的参数为 $p = 300\text{kPa}$、$t = 40℃$、$v = 550\text{m/s}$。求管道的极限长度以及出口处的压强、温度和速度。

解：氮气的 $\gamma=1.404$，$R=296.8\text{J}/(\text{kg}\cdot\text{K})$

$$Ma_1=\frac{v}{c}=\frac{550}{\sqrt{\gamma RT}}=\frac{550}{\sqrt{1.404\times296.8\times(273+40)}}=1.523$$

$$\frac{v_1}{v_2}=\frac{Ma_1}{Ma_2}\left[\frac{2+(\gamma-1)Ma_2^2}{2+(\gamma-1)Ma_1^2}\right]^{\frac{1}{2}}=\frac{1.523}{1}\times\left[\frac{2+(1.404-1)\times1^2}{2+(1.404-1)\times1.523^2}\right]^{\frac{1}{2}}=1.3779$$

$$v_2=\frac{v_1}{1.3779}=\frac{550}{1.3779}=399.15(\text{m/s})$$

$$\frac{T_2}{T_1}=\frac{2+(\gamma-1)Ma_1^2}{2+(\gamma-1)Ma_2^2}=\frac{2+(1.404-1)\times1.523^2}{2+(1.404-1)\times1^2}=1.222$$

$$T_2=1.222T_1=1.222\times(273+40)=382.486(\text{K})$$

$$\frac{p_2}{p_1}=\frac{Ma_1}{Ma_2}\left[\frac{2+(\gamma-1)Ma_1^2}{2+(\gamma-1)Ma_2^2}\right]^{\frac{1}{2}}=\frac{1.523}{1}\times\left[\frac{2+(1.404-1)\times1.523^2}{2+(1.404-1)\times1^2}\right]^{\frac{1}{2}}=1.683$$

$$p_2=1.683p_1=1.683\times300=505.02(\text{kPa})$$

$$\begin{aligned}4\bar{C}_f\frac{L_{cr}}{D}&=\frac{1-Ma^2}{\gamma Ma^2}+\frac{\gamma+1}{2\gamma}\ln\frac{(\gamma+1)Ma^2}{2+(\gamma-1)Ma^2}\\&=\frac{1-1.523^2}{1.404\times1.523^2}+\frac{1.404+1}{2\times1.404}\ln\frac{(1.404+1)\times1.523^2}{2+(1.404-1)\times1.523^2}\\&=0.1437\end{aligned}$$

$$L_{cr}=\frac{D}{4\bar{C}_f}\times0.5489=\frac{0.2}{4\times0.00625}\times0.1437=1.1496(\text{m})$$

7-20 压强为 10^5Pa、温度为 288.5K 的空气以 $Ma_1=3$ 的速度流进内径为 10cm 的等截面直管道，其平均表观摩擦系数为 0.003，试求极限管长，并求 $Ma_2=2$ 处的管长及其对应的气流速度、温度和压强。

解：查教材中附表 B-3 等截面绝热摩擦管流参数表($\gamma=1.404$)，得

$$\left(4\bar{C}_f\frac{L_{cr}}{D}\right)_3=0.52216$$

$$L_{cr}=\frac{D}{4\bar{C}_f}\times0.52216=\frac{0.1}{4\times0.003}\times0.52216=4.351(\text{m})$$

$$\left(4\bar{C}_f\frac{L_{cr}}{D}\right)_2=0.30499$$

$$L_{cr}=\frac{D}{4\bar{C}_f}\times0.30499=\frac{0.1}{4\times0.003}\times0.2172=2.542(\text{m})$$

$$\frac{v_1}{v_2}=\frac{Ma_1}{Ma_2}\left[\frac{2+(\gamma-1)Ma_2^2}{2+(\gamma-1)Ma_1^2}\right]^{\frac{1}{2}}=\frac{3}{2}\times\left[\frac{2+(1.404-1)\times2^2}{2+(1.404-1)\times3^2}\right]^{\frac{1}{2}}=1.2015$$

$$v_2=\frac{v_1}{1.2015}=\frac{Ma\ \sqrt{\gamma RT}}{1.2015}=\frac{3\times\sqrt{1.4\times287.1\times288.5}}{1.2015}=850.26(\text{m/s})$$

$$\frac{T_2}{T_1}=\frac{2+(\gamma-1)Ma_1^2}{2+(\gamma-1)Ma_2^2}=\frac{2+(1.404-1)\times3^2}{2+(1.404-1)\times2^2}=1.559$$

$$T_2=1.222T_1=1.559\times(273+40)=487.85(\text{K})$$

$$\frac{p_2}{p_1}=\frac{Ma_1}{Ma_2}\left[\frac{2+(\gamma-1)Ma_1^2}{2+(\gamma-1)Ma_2^2}\right]^{\frac{1}{2}}=\frac{3}{2}\times\left[\frac{2+(1.404-1)\times 3^2}{2+(1.404-1)\times 2^2}\right]^{\frac{1}{2}}=1.8727$$

$$p_2=1.683p_1=1.683\times 10^5(\text{Pa})$$

7-21 一喉部截面直径为1.5cm的缩放喷管将超声速的空气流供给长21cm，直径为3.0cm的直管，已知喷管进口空气的总压为700kPa，总温为670K，空气在直管出口的速度系数为1.82，设空气沿喷管做正常的等熵流动，沿直管作绝热流动，试求这段直管的平均表现摩擦系数以及空气流在直管出口的静压、静温和经管道的流量。

解：$$\frac{A}{A_{cr}}=\frac{\pi\left(\frac{3}{2}\right)^2}{\pi\left(\frac{1.5}{2}\right)^2}=4=\frac{1}{Ma}\left(\frac{2}{\gamma+1}+\frac{\gamma-1}{\gamma+1}Ma^2\right)^{0.5(\gamma+1)/(\gamma-1)}$$

$$=\frac{1}{Ma}\left(\frac{2}{1.4+1}+\frac{1.4-1}{1.4+1}\times Ma^2\right)^{0.5\times(1.4+1)/(1.4-1)}$$

用牛顿迭代法求出 $Ma=Ma_1=2.94$

$$Ma_2^2=\frac{2M_{*2}^2}{(\gamma+1)-(\gamma-1)M_{*2}^2}=\frac{2\times 1.82^2}{(1.4+1)-(1.4-1)\times 1.82^2}=6.1624$$

$Ma_2=2.4824$

$$4\overline{C}_f\frac{L}{D}=\frac{1}{\gamma}\left(\frac{1}{Ma_1^2}-\frac{1}{Ma_2^2}\right)+\frac{\gamma+1}{2\gamma}\ln\left[\frac{Ma_1^2}{Ma_2^2}\frac{2+(\gamma-1)Ma_2^2}{2+(\gamma-1)Ma_1^2}\right]$$

$$=\frac{1}{1.4}\times\left(\frac{1}{2.94^2}-\frac{1}{2.4824^2}\right)+\frac{1.4+1}{2\times 1.4}\ln\left[\frac{2.94^2}{2.4824^2}\times\frac{2+(1.4-1)\times 2.4824^2}{2+(1.4-1)\times 2.94^2}\right]$$

$$=-0.0847$$

$$\overline{C}_f=\frac{D}{4L}\times 0.0847=\frac{3}{4\times 21}\times 0.0847=0.003025$$

$$\frac{p_1}{p_T}=\left(1+\frac{\gamma-1}{2}Ma_1^2\right)^{-\gamma/(\gamma-1)}=\left(1+\frac{1.4-1}{2}\times 2.94^2\right)^{-1.4/(1.4-1)}=0.029797$$

$$\frac{p_2}{p_1}=\frac{Ma_1}{Ma_2}\left[\frac{2+(\gamma-1)Ma_1^2}{2+(\gamma-1)Ma_2^2}\right]^{\frac{1}{2}}=\frac{2.94}{2.4824}\times\left[\frac{2+(1.404-1)\times 2.94^2}{2+(1.404-1)\times 2.4824^2}\right]^{\frac{1}{2}}=1.3081$$

$$p_2=1.3081p_1=1.3081\times 0.029797p_T$$
$$=1.3081\times 0.029797\times 700=27.28(\text{kPa})$$

$$\frac{T_1}{T_T}=\left(1+\frac{\gamma-1}{2}Ma_1^2\right)^{-1}=\left(1+\frac{1.4-1}{2}\times 2.94^2\right)^{-1}=0.36647$$

$$\frac{T_2}{T_1}=\frac{2+(\gamma-1)Ma_1^2}{2+(\gamma-1)Ma_2^2}=\frac{2+(1.4-1)\times 2.94^2}{2+(1.4-1)\times 2.4824^2}=1.222$$

$$T_2=1.222T_1=1.22\times 0.36647\times T_T$$
$$=1.22\times 0.36647\times 670=299.55(\text{K})$$

$$v_1=\left\{\frac{2\gamma}{\gamma-1}RT_T\left[1-\left(\frac{p_1}{p_T}\right)^{\frac{\gamma-1}{\gamma}}\right]\right\}^{\frac{1}{2}}$$

$$=\left\{\frac{2\times 1.4}{1.4-1}\times 287.1\times 670\times\left[1-(0.029797)^{\frac{1.4-1}{1.4}}\right]\right\}^{\frac{1}{2}}$$

$$=923.59(\text{m/s})$$

$$\frac{v_1}{v_2}=\frac{Ma_1}{Ma_2}\left[\frac{2+(\gamma-1)Ma_2^2}{2+(\gamma-1)Ma_1^2}\right]^{\frac{1}{2}}=\frac{2.94}{2.4824}\times\left[\frac{2+(1.404-1)\times2.4824^2}{2+(1.404-1)\times2.94^2}\right]^{\frac{1}{2}}=1.0712$$

$$v_2=\frac{v_1}{1.0712}=\frac{923.59}{1.0712}=862.2(\text{m/s})$$

$$q_{m2}=v_2A_2\rho_2=v_2\pi\left(\frac{D_2}{2}\right)^2\frac{p_2}{RT_2}$$

$$=862.2\times3.14\times\left(\frac{3\times10^{-2}}{2}\right)^2\times\frac{27.28\times10^3}{287.1\times299.55}=0.1932(\text{kg/s})$$

7-22 压强为 3.5×10^5 Pa、温度为 300K 的沼气以 0.09kg/s 的流量流过 600m 长的管道，其压强降至 1.4×10^5 Pa。已知平均表观摩擦系数为 0.004，沼气的气体常数为 518.3J/(kg·K)，比热比为 1.32。倘若流动是等温的，试确定管径。

解：由

$$q_m=0.09=\rho vA=\frac{p_1}{RT}MaC\pi\left(\frac{D}{2}\right)^2$$

$$=\frac{p_1}{RT}Ma\sqrt{\gamma RT}\pi\left(\frac{D}{2}\right)^2=p_1Ma\sqrt{\frac{\gamma}{RT}}\pi\left(\frac{D}{2}\right)^2$$

$$=3.5\times10^5\times Ma\sqrt{\frac{1.32}{518.3\times300}}\times3.14\times\frac{D^2}{4}$$

$$=800.522\times Ma\times D^2$$

得 $Ma=\dfrac{0.09}{800.522\times D^2}$，代入

$$4\overline{C}_f\frac{L}{D}=4\times0.004\times\frac{600}{D}=\frac{1-(p_2/p_1)^2}{\gamma Ma^2}-\ln\left(\frac{p_1}{p_2}\right)^2$$

$$=\frac{1-\left(\dfrac{1.4\times10^5}{3.5\times10^5}\right)^2}{1.32\times\left(\dfrac{0.09}{800.522\times D^2}\right)^2}-\ln\left(\frac{3.5\times10^5}{1.4\times10^5}\right)^2$$

用牛顿迭代法得 $D=0.0453$(m)，$Ma=0.054786$。

7-23 用长 65km，内径 92cm 的管道输送分子量 18、比热比 1.3 的天然气，上游泵站送出高压气的计示压强为 5.884×10^5 Pa，下游储气罐中的计示压强为 6.669×10^4 Pa；假定沿管道天然气的温度都是 21℃，表观摩擦系数为 0.005，试求最大流量(天然气的流量一般用 9.80665×10^4 Pa、常温 21℃状态下的 m^3/d 来表示)。

解：$4\overline{C}_f\dfrac{L}{D}=\dfrac{1-(p_2/p_1)^2}{\gamma Ma_1^2}-\ln\left(\dfrac{p_1}{p_2}\right)^2$

$$4\times0.005\times\frac{65000}{0.92}=\frac{1-(6.669/58.84)^2}{1.3\times Ma_1^2}-\ln\left(\frac{58.84}{6.669}\right)^2$$

$$Ma_1=0.0231459$$

$$v=Ma_1\sqrt{\gamma RT}=0.0231459\times\sqrt{1.3\times518.3\times(273+21)}=10.30075(\text{m/s})$$

$$q_V=vA=10.30075\times\pi\times\left(\frac{0.92}{2}\right)^2=6.8440653(\text{m}^3/\text{s})$$

$$=6.8440653\times24\times3600=591327.245(\text{m}^3/\text{d})$$

7-24 空气无摩擦地流过一内径 $D=0.30\text{m}$ 的圆管，在管道进口 $T=300\text{K}$，$p=2.0\times10^5\text{Pa}$，$Ma=0.2$。试计算：(1)使流动壅塞必需的传热量；(2)在该状态下出口的静温、总温、静压、总压和流速。

解：$v=MaC=Ma\sqrt{\gamma RT}=0.2\times\sqrt{1.4\times287.1\times300}=69.45(\text{m/s})$

$$T_{\text{T}}=\left(1+\frac{\gamma-1}{2}Ma^2\right)T=\left(1+\frac{1.4-1}{2}\times0.2^2\right)\times300=302.4(\text{K})$$

$$p_{\text{T}}=\left[\left(1+\frac{\gamma-1}{2}Ma^2\right)^{\frac{\gamma}{\gamma-1}}\right]p=\left(1+\frac{1.4-1}{2}\times0.2^2\right)^{\frac{1.4}{1.4-1}}\times2.0\times10^5$$
$$=2.057\times10^5(\text{Pa})$$

临界加热量：$\delta Q_{\text{cr}}=c_pT_{\text{T}}\left[\dfrac{1}{(\gamma+1)Ma^2}\dfrac{(1+\gamma Ma^2)^2}{2+(\gamma-1)Ma^2}-1\right]$

$$=1005\times302.4\times\left[\frac{1}{(1.4+1)\times0.2^2}\times\frac{(1+1.4\times0.2^2)^2}{2+(1.4-1)\times0.2^2}-1\right]$$
$$=1447199(\text{J/kg})=1447.199(\text{kJ/kg})$$

总温：$\dfrac{T_{\text{Tcr}}}{T_{\text{T}}}=\dfrac{1}{(\gamma+1)Ma^2}\dfrac{(1+\gamma Ma^2)^2}{2+(\gamma-1)Ma^2}$

$$=\frac{1}{(1.4+1)\times0.2^2}\times\frac{(1+1.4\times0.2^2)^2}{2+(1.4-1)\times0.2^2}=5.7619$$

$$T_{\text{Tcr}}=5.7619T_{\text{T}}=5.7619\times302.4=1742.4(\text{K})$$

静温：$\dfrac{T_{\text{cr}}}{T}=\left[\dfrac{1+\gamma Ma^2}{(\gamma+1)Ma^2}\right]^2=\left[\dfrac{1+1.4\times0.2^2}{(1.4+1)\times0.2^2}\right]^2=121$

$$T_{\text{cr}}=121T=121\times300=36300(\text{K})$$

静压：$\dfrac{p_{\text{Tcr}}}{p_{\text{T}}}=\dfrac{(\gamma+1)^{1/(\gamma-1)}(1+\gamma Ma^2)}{[2+(\gamma-1)Ma^2]^{\gamma/(\gamma-1)}}=\dfrac{(1.4+1)^{1/(1.4-1)}\times(1+1.4\times0.2^2)}{[2+(1.4-1)\times0.2^2]^{1.4/(1.4-1)}}$

$$=0.80998$$

$$p_{\text{Tcr}}=0.80998p_{\text{T}}=0.80998\times2.057\times10^5=1.666\times10^5(\text{Pa})$$

总压：$\dfrac{p_{\text{cr}}}{p}=\dfrac{1+\gamma Ma^2}{\gamma+1}=\dfrac{1+1.4\times0.2^2}{1.4+1}=0.44$

$$p_{\text{cr}}=0.44p=0.44\times2.0\times10^5=8.8\times10^4(\text{Pa})$$

流速：$\dfrac{v_{\text{cr}}}{v}=\dfrac{1+\gamma Ma^2}{(\gamma+1)Ma^2}=\dfrac{1+1.4\times0.2^2}{(1.4+1)\times0.2^2}=11$

$$v_{\text{cr}}=11v=11\times69.45=763.95(\text{m/s})$$

7-25 大型容器中 $\gamma=1.4$，$c_p=1004.8\text{J/(kg·K)}$、$p=4.8\times10^5\text{Pa}$、$T=320\text{K}$ 的空气，经内径为 0.075m 的管道排入压强为 $1.013\times10^5\text{Pa}$ 的大气，如果有 $\delta Q=335\text{kJ/kg}$ 的传热量传给了气体，试计算：(1)管道进口和出口的气流马赫数；(2)进口和出口的 T、p、ρ、v；(3)质量流量。

解：$Ma_2=1$

$$\delta Q_{\text{cr}}=c_pT_{\text{T}}\left[\frac{1}{(\gamma+1)Ma^2}\frac{(1+\gamma Ma^2)^2}{2+(\gamma-1)Ma^2}-1\right]$$

$$335\times10^3=1004.8\times320\times\left[\frac{1}{(1.4+1)\times Ma^2}\times\frac{(1+1.4\times Ma^2)^2}{2+(1.4-1)\times Ma^2}-1\right]$$

用牛顿迭代法得 $Ma_1=Ma=0.377$ 或 $Ma_1=Ma=19$(舍去)

$$T_1=\frac{T_{T1}}{1+\frac{\gamma-1}{2}Ma^2}=\frac{320}{1+\frac{1.4-1}{2}\times 0.377^2}=311.155(\mathrm{K})$$

$$p_1=\frac{p_{T1}}{\left(1+\frac{\gamma-1}{2}Ma^2\right)^{\frac{\gamma}{\gamma-1}}}=\frac{4.8\times 10^5}{\left(1+\frac{1.4-1}{2}\times 0.377^2\right)^{\frac{1.4}{1.4-1}}}=4.351\times 10^5(\mathrm{Pa})$$

$$\frac{T_2}{T_1}=\frac{Ma_2^2}{Ma_1^2}\left(\frac{1+\gamma Ma_1^2}{1+\gamma Ma_2^2}\right)^2=\frac{1}{0.377^2}\times\left(\frac{1+1.4\times 0.377^2}{1+1.4\times 1^2}\right)^2=1.756$$

$$T_2=1.756T_1=1.756\times 311.155=546.38(\mathrm{K})$$

$$\frac{p_2}{p_1}=\frac{1+\gamma Ma_1^2}{1+\gamma Ma_2^2}=\frac{1+1.4\times 0.377^2}{1+1.4\times 1^2}=0.4996$$

$$p_2=0.4996p_1=0.4996\times 4.351\times 10^5=2.174\times 10^5(\mathrm{Pa})$$

$$\rho_1=\frac{p_1}{RT_1}=\frac{4.351\times 10^5}{287.1\times 311.155}=4.871(\mathrm{kg/m^3})$$

$$\rho_2=\frac{p_2}{RT_2}=\frac{2.174\times 10^5}{287.1\times 546.38}=1.386(\mathrm{kg/m^3})$$

$$v_1=Ma_1C_1=Ma_1\sqrt{\gamma RT_1}=0.377\times\sqrt{1.4\times 287.1\times 311.155}=133.325(\mathrm{m/s})$$

$$v_2=Ma_2C_2=Ma_2\sqrt{\gamma RT_2}=1\times\sqrt{1.4\times 287.1\times 546.38}=468.63(\mathrm{m/s})$$

$$q_m=\rho_1v_1A=4.871\times 133.325\times 3.14\times\left(\frac{0.075}{2}\right)^2=2.868(\mathrm{kg/s})$$

第8章

理想流体的有旋流动和无旋流动

8.1 主要内容

1. 微分形式的连续方程

$$\frac{\partial \rho}{\partial x}+\frac{\partial}{\partial x}(\rho v_x)+\frac{\partial}{\partial y}(\rho v_y)+\frac{\partial}{\partial z}(\rho v_z)=0$$

可压缩流体的定常流动：

$$\frac{\partial}{\partial x}(\rho v_x)+\frac{\partial}{\partial y}(\rho v_y)+\frac{\partial}{\partial z}(\rho v_z)=0$$

不可压缩流体的定常流动与非定常流动：

$$\frac{\partial v_x}{\partial x}+\frac{\partial v_y}{\partial y}+\frac{\partial v_z}{\partial z}=0$$

可压缩流体和不可压缩流体的二维定常流动：

$$\frac{\partial v_x}{\partial x}+\frac{\partial v_y}{\partial y}=0$$

2. 流体微团运动分解

(1) 流体微团速度分解公式

流体微团线变形速度：$\frac{\partial v_x}{\partial x},\frac{\partial v_y}{\partial y},\frac{\partial v_z}{\partial z}$。

流体微团角变形速度(剪切变形速度)：$\frac{\partial v_x}{\partial y}+\frac{\partial v_y}{\partial z},\frac{\partial v_y}{\partial z}+\frac{\partial v_z}{\partial y},\frac{\partial v_z}{\partial x}+\frac{\partial v_x}{\partial y}$。

流体微团角变形速度之半 3 个分量：$\dot{\gamma}_x=\frac{1}{2}\left(\frac{\partial v_z}{\partial y}+\frac{\partial v_y}{\partial z}\right),\dot{\gamma}_y=\frac{1}{2}\left(\frac{\partial v_x}{\partial z}+\frac{\partial v_z}{\partial x}\right),\dot{\gamma}_z=\frac{1}{2}\left(\frac{\partial v_y}{\partial x}+\frac{\partial v_x}{\partial y}\right)$。

流体微团旋转角速度：$\omega_x=\frac{1}{2}\left(\frac{\partial v_z}{\partial y}-\frac{\partial v_y}{\partial z}\right),\omega_y=\frac{1}{2}\left(\frac{\partial v_x}{\partial z}-\frac{\partial v_z}{\partial x}\right),\omega_z=\frac{1}{2}\left(\frac{\partial v_y}{\partial x}-\frac{\partial v_x}{\partial y}\right)$。

流体微团运动是由平移、变形和旋转3种运动构成。变形运动包括线变形和角变形。

(2) 流体微团的旋转速度不等于零的流动称为有旋流动；流体微团的旋转速度等于零的流动称为无旋流动。

$$\frac{\partial v_z}{\partial y}=\frac{\partial v_y}{\partial z},\quad \frac{\partial v_x}{\partial z}=\frac{\partial v_z}{\partial x},\quad \frac{\partial v_y}{\partial x}=\frac{\partial v_x}{\partial y}$$

3. 理想流体运动方程 定解条件

$$\frac{\partial v_x}{\partial t}+v_x\frac{\partial v_x}{\partial x}+v_y\frac{\partial v_x}{\partial y}+v_z\frac{\partial v_x}{\partial z}=f_x-\frac{1}{\rho}\frac{\partial p}{\partial x}$$
$$\frac{\partial v_y}{\partial t}+v_x\frac{\partial v_y}{\partial x}+v_y\frac{\partial v_y}{\partial y}+v_z\frac{\partial v_y}{\partial z}=f_y-\frac{1}{\rho}\frac{\partial p}{\partial y}$$
$$\frac{\partial v_z}{\partial t}+v_x\frac{\partial v_z}{\partial x}+v_y\frac{\partial v_z}{\partial y}+v_z\frac{\partial v_z}{\partial z}=f_z-\frac{1}{\rho}\frac{\partial p}{\partial z}$$

4. 理想流体运动方程的积分

欧拉积分和伯努利积分：

$$\pi+P_F+\frac{v^2}{2}=C$$

5. 涡线　涡管　涡束　涡通量

(1) 涡线　涡管　涡束

涡线：曲线上每一点的切线与位于该点流体微团的速度的方向相重合。

$$\frac{dx}{\omega_x(x,y,z,t)}=\frac{dy}{\omega_y(x,y,z,t)}=\frac{dz}{\omega_z(x,y,z,t)}$$

在给定瞬间，在涡量场中任取一不是涡线的封闭曲线，通过封闭曲线上每一点作涡线，这些涡线形成一个管状表面，称为涡管。涡管中充满旋转运动的液体，称为涡束。

(2) 涡通量

旋转角速度的值ω与垂直于角速度方向的微元涡管横截面积dA的乘积的两倍称为微元涡管的涡通量(也称涡管强度)dJ，即$dJ=2\omega dA$。

有限截面涡管的涡通量(涡管强度)可表示为沿涡管截面的如下积分：$J=2\iint_A\omega_n dA$。

6. 速度环量　斯托克斯定理

速度环量Γ：速度在某一封闭周线切线上的分量沿该封闭周线的线积分。

斯托克斯定理：沿任意封闭周线的速度环量等于通过该周线所包围的面积的涡通量。

7. 汤姆孙定理　亥姆霍兹定理

汤姆孙定理：理想正压流体在有势的质量力作用下沿任何由流体质点组成的封闭周

线的速度环量不随时间而变化。

亥姆霍兹定理如下。

(1) 亥姆霍兹第一定理：在同一瞬间涡管各截面上的涡通量都相同。

(2) 亥姆霍兹第二定理(涡管守恒定理)：理想正压流体在有势的质量力作用下，涡管永远保持为由相同流体质点组成的涡管。

(3) 亥姆霍兹第三定理(涡管强度守恒定理)：在有势的质量力作用下的理想正压流体中，任何涡管的强度不随时间而变化，永远保持定值。

8. 平面涡流

环流区：$v_r=0, v_\theta=\Gamma/(2\pi r)(r\geqslant r_b)$。

涡核区：$v_r=0, v_\theta=r\omega(r\leqslant r_b)$。

流速最大位于涡核区和涡流区边缘。

9. 速度势　流函数　流网

(1) 速度势

有一个函数 $\varphi(x,y,z,t)$，如果存在如下关系。

$$\mathrm{d}\varphi(x,y,z)=\frac{\partial\varphi}{\partial x}\mathrm{d}x+\frac{\partial\varphi}{\partial y}\mathrm{d}y+\frac{\partial\varphi}{\partial z}\mathrm{d}z=v_x\mathrm{d}x+v_y\mathrm{d}y+v_z\mathrm{d}z$$

或 $v_x=\frac{\partial\varphi}{\partial x}, v_y=\frac{\partial\varphi}{\partial y}, v_z=\frac{\partial\varphi}{\partial z}$，称函数 $\varphi(x,y,z,t)$ 为流场的速度势函数(简称速度势)。当流动无旋时(或有势)时，函数 $\varphi(x,y,z,t)$ 必存在。无旋流动为有势流动，简称势流。

速度势的性质如下。

① 速度势对任何方向的偏导数都等于速度在该方向的分量。

② 以速度势表示时，不可压缩流体的连续方程式还可写成：

$$\frac{\partial^2\varphi}{\partial x^2}+\frac{\partial^2\varphi}{\partial y^2}+\frac{\partial^2\varphi}{\partial z^2}=0$$

③ 在有势流动中，如果速度势是单值的和连续的，则沿任一封闭周线的速度环量等于零。

(2) 流函数

当不可压缩流体的平面流动连续时，一定存在一函数：$\mathrm{d}\psi=\frac{\partial\psi}{\partial x}\mathrm{d}x+\frac{\partial\psi}{\partial y}\mathrm{d}y=(-v_y)\mathrm{d}x+v_x\mathrm{d}y$ 定义为流函数。

流函数的物理意义：平面流动中，两条流线间单位厚度通过的体积流量等于两条流线上的流函数之差。即

$$q_V=\psi_2-\psi_1$$

(3) 流网

不可压缩流体的平面无旋流动中，同时存在速度势和流函数，它们的关系如下：$\frac{\partial\varphi}{\partial x}\frac{\partial\psi}{\partial x}+\frac{\partial\varphi}{\partial y}\frac{\partial\psi}{\partial y}=0$，在平面上它们构成处处正交的网格，称为流网。

10. 几种简单的平面势流

(1) 均匀等速流：流速的大小和方向沿流线不变的流动为均匀流；若诸流线平行流速相等，便是均匀等速流。

$$\varphi = v_{x0}x + v_{y0}y, \quad \psi = -v_{y0}x + v_{x0}y$$

(2) 源流和汇流

源流：在无限平面上流体从一点沿径向直线均匀地向各方流出。

汇流：流体沿径向直线均匀地从各方流入一点。

$$\varphi = \pm \frac{q_V}{2\pi}\ln r, \quad \psi = \pm \frac{q_V}{2\pi}\theta$$

(3) 势涡：若平面涡流的涡束半径 $r_b \to 0$，则涡束变为一条直涡线，平面上的涡核区缩为一点，称为涡点，这样的流动称为势涡或自由涡流。

$$\varphi = \frac{\Gamma}{2\pi}\theta, \quad \psi = -\frac{\Gamma}{2\pi}\ln r$$

11. 简单平面势流的叠加

势流叠加原理：两种或两种以上的简单平面势流叠加形成的流动仍是势流，叠加后的流函数和势函数等于各简单势流的流函数和势函数代数和，叠加后的速度也是各简单势流的速度的矢量和。

(1) 汇流与涡势叠加——螺旋流

$$\varphi = -\frac{1}{2\pi}(q_V \ln r - \Gamma\theta)$$

$$\psi = -\frac{1}{2\pi}(q_V\theta - \Gamma \ln r)$$

(2) 源流与汇流叠加——偶极子流

源流与汇流叠加：

$$\varphi = \frac{q_V}{4\pi}\ln\frac{(x+a)^2+y^2}{(x-a)^2+y^2}$$

$$\psi = \frac{q_V}{2\pi}\arctan\frac{-2ay}{x^2+y^2-a^2}$$

偶极子流：

$$\varphi = \frac{M}{2\pi}\frac{\cos\theta}{r}$$

$$\psi = -\frac{M}{2\pi}\frac{\sin\theta}{r}$$

12. 均匀等速流绕过圆柱体的平面流动

$$\varphi = v_\infty\left(1+\frac{r_0^2}{r^2}\right)r\cos\theta, \quad r \geqslant r_0$$

$$\psi = v_\infty\left(1-\frac{r_0^2}{r^2}\right)r\sin\theta, \quad r \leqslant r_0$$

速度环量 $\Gamma = \oint v_\theta \mathrm{d}s = -v_\infty r\left(1+\frac{r_0^2}{r^2}\right)\oint \sin\theta \mathrm{d}\theta = 0$

单位长的阻力 $F_D = -\int_0^{2\pi} r_0 [P_\infty + \rho v_\infty^2 (1-4\sin^2\theta)/2] \cos\theta \mathrm{d}\theta = 0$

单位长的升力 $F_L = -\int_0^{2\pi} r_0 [P_\infty + \rho v_\infty^2 (1-4\sin^2\theta)/2] \sin\theta \mathrm{d}\theta = 0$

13. 均匀等速流绕过圆柱体有环流的平面流动

$$\varphi = v_\infty \left(1+\frac{r_0^2}{r^2}\right) r\cos\theta + \frac{\Gamma}{2\pi}\theta$$

$$\psi = v_\infty \left(1-\frac{r_0^2}{r^2}\right) r\sin\theta - \frac{\Gamma}{2\pi}\ln r$$

单位长的阻力 $F_D = 0$

单位长的升力 $F_L = -\rho v_\infty \Gamma$

14. 叶栅的库塔——儒可夫斯基公式

理想不可压缩流体绕过叶栅做定常无旋流动时，有

$$F = (F_x^2 + F_y^2)^{1/2} = \rho v \Gamma, \quad \tan\theta = |F_x|/|F_y| = |v_x|/|v_y|$$

对于孤立叶型的绕流：

$$F_D = 0, \quad F_L = \pi\rho v_\infty{}^2 b\sin(\alpha - \alpha_0)$$

15. 库塔条件

库塔条件(儒科夫斯基假设)：当沿翼型上、下表面流动的流体正好在后缘点汇合时，即后缘点与后驻点重合时，是确定翼型环量的条件。

8.2 本章难点

(1) 平面流势函数、流函数的性质：等势函数线和等流函数线正交，等流函数线就是流线。

(2) 平面流势函数存在条件是流动无旋，流函数存在的条件是流动连续且为二维流动。

8.3 课后习题解答

8-1 试确定下列各流场中的速度是否满足不可压缩流体的连续性条件。

(1) $v_x = kx, v_y = -ky$；

(2) $v_x = k(x^2 + xy - y^2), v_y = k(x^2 + y^2)$；

(3) $v_x = k\sin(xy), v_y = -k\sin(xy)$；

(4) $v_x=k\ln(xy)$，$v_y=-ky/x$。

解：(1) $\dfrac{\partial v_x}{\partial x}+\dfrac{\partial v_y}{\partial y}=\dfrac{\partial(kx)}{\partial x}+\dfrac{\partial(-ky)}{\partial y}=k-k=0$，满足。

(2) $\dfrac{\partial v_x}{\partial x}+\dfrac{\partial v_y}{\partial y}=\dfrac{\partial k(x^2+xy-y^2)}{\partial x}+\dfrac{\partial k(x^2+y^2)}{\partial y}=k(2x+y)+k(2y)\neq 0$，不满足。

(3) $\dfrac{\partial v_x}{\partial x}+\dfrac{\partial v_y}{\partial y}=\dfrac{\partial \sin(xy)}{\partial x}+\dfrac{\partial[-k\sin(xy)]}{\partial y}=ky\cos(xy)-kx\cos(xy)\neq 0$，不满足。

(4) $\dfrac{\partial v_x}{\partial x}+\dfrac{\partial v_y}{\partial y}=\dfrac{\partial k\ln(xy)}{\partial x}+\dfrac{\partial[-k(y/x)]}{\partial y}=k\dfrac{y}{xy}-k\dfrac{1}{x}-0$，满足。

8-2　在不可压缩流体的三维流动中，已知 $v_x=x^2+y^2+x+y+2$ 和 $v_y=y^2+2yz$，试用连续方程推导出 v_z 的表达式。

解：因为

$$\begin{aligned}\frac{\partial v_x}{\partial x}+\frac{\partial v_y}{\partial y}+\frac{\partial v_z}{\partial z}&=\frac{\partial(x^2+y^2+x+y+2)}{\partial x}+\frac{\partial(y^2+2yz)}{\partial y}+\frac{\partial v_z}{\partial z}\\&=2x+1+2y+2z+\frac{\partial v_z}{\partial z}=0\end{aligned}$$

所以

$$\frac{\partial v_z}{\partial z}=-(2x+1+2y+2z)$$

两边积分得

$$v_z=-z^2-2(x+y)z-z$$

8-3　下列各流场中哪几个满足连续性条件？它们是有旋流动还是无旋流动？

(1) $v_x=k$，$v_y=0$；

(2) $v_x=kx/(x^2+y^2)$，$v_y=ky/(x^2+y^2)$；

(3) $v_x=x^2+2xy$，$v_y=y^2+2xy$；

(4) $v_x=y+z$，$v_y=z+x$，$v_z=x+y$。

解：(1) $\dfrac{\partial v_x}{\partial x}+\dfrac{\partial v_y}{\partial y}=\dfrac{\partial k}{\partial x}+\dfrac{\partial 0}{\partial y}=0-0=0$，满足连续性条件。

$\dfrac{\partial v_y}{\partial x}=\dfrac{\partial 0}{\partial x}=0$，$\dfrac{\partial v_x}{\partial y}=\dfrac{\partial k}{\partial y}=0$，$\dfrac{\partial v_y}{\partial y}=\dfrac{\partial v_x}{\partial x}$，是无旋流动。

(2) $\dfrac{\partial v_x}{\partial x}+\dfrac{\partial v_y}{\partial y}=\dfrac{\partial kx/(x^2+y^2)}{\partial x}+\dfrac{\partial ky/(x^2+y^2)}{\partial y}=\dfrac{k(x^2+y^2)-2kx^2}{(x^2+y^2)^2}+\dfrac{k(x^2+y^2)-2ky^2}{(x^2+y^2)^2}=$ $\dfrac{k(y^2-x^2)}{(x^2+y^2)^2}+\dfrac{k(x^2-y^2)}{(x^2+y^2)^2}=0$，满足连续性条件。

$\dfrac{\partial v_y}{\partial x}=\dfrac{\partial ky/(x^2+y^2)}{\partial x}=-\dfrac{2kxy}{(x^2+y^2)^2}$，$\dfrac{\partial v_x}{\partial y}=\dfrac{\partial kx/(x^2+y^2)}{\partial y}=-\dfrac{2kxy}{(x^2+y^2)^2}$，$\dfrac{\partial v_y}{\partial y}=\dfrac{\partial v_x}{\partial x}$，是无旋流动。

(3) $\dfrac{\partial v_x}{\partial x}+\dfrac{\partial v_y}{\partial y}=\dfrac{\partial(x^2+2xy)}{\partial x}+\dfrac{\partial(y^2+2xy)}{\partial y}=2x+2y+2y+2x\neq 0$，不满足连续性条件。

(4) $\frac{\partial v_x}{\partial x}+\frac{\partial v_y}{\partial y}+\frac{\partial v_z}{\partial z}=\frac{\partial(y+z)}{\partial x}+\frac{\partial(z+x)}{\partial y}+\frac{\partial(x+y)}{\partial z}=0+0+0=0$，满足连续性条件。

$\frac{\partial v_x}{\partial y}=\frac{\partial(y+z)}{\partial y}=1,\frac{\partial v_x}{\partial z}=\frac{\partial(y+z)}{\partial z}=1,\frac{\partial v_y}{\partial x}=\frac{\partial(z+x)}{\partial x}=1,\frac{\partial v_y}{\partial z}=\frac{\partial(z+x)}{\partial z}=1,\frac{\partial v_z}{\partial x}=\frac{\partial(x+y)}{\partial x}=1,\frac{\partial v_z}{\partial y}=\frac{\partial(x+y)}{\partial y}=1,\frac{\partial v_z}{\partial x}=\frac{\partial v_y}{\partial x},\frac{\partial v_x}{\partial x}=\frac{\partial v_z}{\partial x},\frac{\partial v_y}{\partial x}=\frac{\partial v_x}{\partial x}$是无旋流动。

8-4 试证明极坐标表示的不可压缩流体平面流动的连续方程和旋转角速度各为

$$\frac{\partial v_r}{\partial r}+\frac{v_r}{r}+\frac{1}{r}\frac{\partial v_\theta}{\partial \theta}=0 \qquad \omega_z=\frac{1}{2}\left(\frac{\partial v_\theta}{\partial r}+\frac{v_\theta}{r}-\frac{1}{r}\frac{\partial v_r}{\partial \theta}\right)$$

解：极坐标系下连续方程变为

$$\frac{\partial(rv_r)}{\partial r}+\frac{\partial v_\theta}{\partial \theta}=0$$

$$r\frac{\partial(v_r)}{\partial r}+v_r\frac{\partial(r)}{\partial r}+\frac{\partial v_\theta}{\partial \theta}=0$$

$$r\frac{\partial v_r}{\partial r}+v_r+\frac{\partial v_\theta}{\partial \theta}=0$$

$$\frac{\partial v_r}{\partial r}+\frac{1}{r}v_r+\frac{1}{r}\frac{\partial v_\theta}{\partial \theta}=0$$

而旋转角速度为

$$\omega_z=\frac{1}{2r}\left[\frac{\partial(rv_\theta)}{\partial r}-\frac{\partial v_r}{\partial \theta}\right]=\frac{1}{2r}\left[r\frac{\partial(v_\theta)}{\partial r}+v_\theta\frac{\partial(r)}{\partial r}-\frac{\partial v_r}{\partial \theta}\right]$$
$$=\frac{1}{2}\left[\frac{\partial(v_\theta)}{\partial r}+\frac{1}{r}v_\theta-\frac{1}{r}\frac{\partial v_r}{\partial \theta}\right]$$

8-5 确定下列各流场是否连续？是否有旋？(1)$v_r=0,v_\theta=k$；(2)$v_r=-k/r,v_\theta=0$；(3)$v_r=2r\sin\theta\cos\theta,v=-2r\sin^2\theta$。

解：(1) $\frac{\partial v_r}{\partial r}+\frac{v_r}{r}+\frac{1}{r}\frac{\partial v_\theta}{\partial \theta}=\frac{\partial 0}{\partial r}+\frac{0}{r}+\frac{1}{r}\frac{\partial(k)}{\partial \theta}=0$，满足连续性条件。

$\omega_z=\frac{\partial(v_\theta)}{\partial r}+\frac{1}{r}v_\theta-\frac{1}{r}\frac{\partial v_r}{\partial \theta}=\frac{\partial(kr)}{\partial r}+\frac{1}{r}kr-\frac{1}{r}\frac{\partial 0}{\partial \theta}=k+k-0\neq 0$，有旋。

(2) $\frac{\partial v_r}{\partial r}+\frac{v_r}{r}+\frac{1}{r}\frac{\partial v_\theta}{\partial \theta}=\frac{\partial(-k/r)}{\partial r}+\frac{(-k/r)}{r}+\frac{1}{r}\frac{\partial(0)}{\partial \theta}=\frac{k}{r^2}-\frac{k}{r^2}+0=0$，满足连续性条件。

$\omega_z=\frac{\partial(v_\theta)}{\partial r}+\frac{1}{r}v_\theta-\frac{1}{r}\frac{\partial v_r}{\partial \theta}=\frac{\partial(0)}{\partial r}+\frac{1}{r}0-\frac{1}{r}\frac{\partial(-k/r)}{\partial \theta}=0$，无旋。

(3) $\frac{\partial v_r}{\partial r}+\frac{v_r}{r}+\frac{1}{r}\frac{\partial v_\theta}{\partial \theta}=\frac{\partial 2r\sin\theta\cos\theta}{\partial r}+\frac{2r\sin\theta\cos\theta}{r}+\frac{1}{r}\frac{\partial(-2r\sin^2\theta)}{\partial \theta}=2\sin\theta\cos\theta+2\sin\theta\cos\theta-\frac{1}{r}2r2\sin\theta\cos\theta=0$，满足连续性条件。

$\omega_z=\frac{\partial(v_\theta)}{\partial r}+\frac{1}{r}v_\theta-\frac{1}{r}\frac{\partial v_r}{\partial \theta}=\frac{\partial(2r\sin\theta\cos\theta)}{\partial r}+\frac{1}{r}2r\sin\theta\cos\theta-\frac{1}{r}\frac{\partial(-2r\sin^2\theta)}{\partial \theta}=$

$2\sin\theta\cos\theta+2\sin\theta\cos\theta+\frac{1}{r}2r2\sin\theta\cos\theta=8\sin\theta\cos\theta\neq0$，有旋。

8-6 已知有旋流动的速度场为 $v_x=x+y, v_y=y+z, v_z=x^2+y^2+z^2$。试求在点(2，2，2)处角速度的分量。

解：$\omega_x=\frac{1}{2}\left(\frac{\partial v_z}{\partial y}-\frac{\partial v_y}{\partial z}\right)=\frac{1}{2}\left[\frac{\partial(x^2+y^2+z^2)}{\partial y}-\frac{\partial(y+z)}{\partial z}\right]=\frac{1}{2}\times(2y-1)=\frac{3}{2}$

$$\omega_y=\frac{1}{2}\left(\frac{\partial v_x}{\partial z}-\frac{\partial v_z}{\partial x}\right)=\frac{1}{2}\left[\frac{\partial(x+y)}{\partial z}-\frac{\partial(x^2+y^2+z^2)}{\partial x}\right]=\frac{1}{2}\times(0-2x)=-2$$

$$\omega_z=\frac{1}{2}\left(\frac{\partial v_y}{\partial x}-\frac{\partial v_x}{\partial y}\right)=\frac{1}{2}\left[\frac{\partial(y+z)}{\partial x}-\frac{\partial(x+y)}{\partial y}\right]=\frac{1}{2}\times(0-1)=-\frac{1}{2}$$

8-7 已知有旋流动的速度场为 $v_x=2y+3z, v_y=2z+3x, v_z=2x+3y$。试求旋转角速度，角变形速度和涡线方程。

解：$\omega_x=\frac{1}{2}\left(\frac{\partial v_z}{\partial y}-\frac{\partial v_y}{\partial z}\right)=\frac{1}{2}\left[\frac{\partial(2z+3y)}{\partial y}-\frac{\partial(2z+3x)}{\partial z}\right]=\frac{1}{2}\times(3-2)=\frac{1}{2}$

$$\omega_y=\frac{1}{2}\left(\frac{\partial v_x}{\partial z}-\frac{\partial v_z}{\partial x}\right)=\frac{1}{2}\left[\frac{\partial(2y+3z)}{\partial z}-\frac{\partial(2x+3y)}{\partial x}\right]=\frac{1}{2}\times(3-2)=\frac{1}{2}$$

$$\omega_z=\frac{1}{2}\left(\frac{\partial v_y}{\partial x}-\frac{\partial v_x}{\partial y}\right)=\frac{1}{2}\left[\frac{\partial(2z+3x)}{\partial x}-\frac{\partial(2y+3z)}{\partial y}\right]=\frac{1}{2}\times(3-2)=\frac{1}{2}$$

$$\omega=\sqrt{\omega_x^2+\omega_y^2+\omega_z^2}=\frac{\sqrt{3}}{4}$$

$$\dot{\gamma}_x=\frac{1}{2}\left(\frac{\partial v_z}{\partial y}+\frac{\partial v_y}{\partial z}\right)=\frac{1}{2}\left[\frac{\partial(2z+3y)}{\partial y}+\frac{\partial(2z+3x)}{\partial z}\right]=\frac{1}{2}\times(3+2)=\frac{5}{2}$$

$$\dot{\gamma}_y=\frac{1}{2}\left(\frac{\partial v_x}{\partial z}+\frac{\partial v_z}{\partial x}\right)=\frac{1}{2}\left[\frac{\partial(2y+3z)}{\partial z}+\frac{\partial(2x+3y)}{\partial x}\right]=\frac{1}{2}\times(3+2)=\frac{5}{2}$$

$$\dot{\gamma}_z=\frac{1}{2}\left(\frac{\partial v_y}{\partial x}+\frac{\partial v_x}{\partial y}\right)=\frac{1}{2}\left[\frac{\partial(2z+3x)}{\partial x}+\frac{\partial(2y+3z)}{\partial y}\right]=\frac{1}{2}\times(3+2)=\frac{5}{2}$$

$$\frac{dx}{\omega_x}=\frac{dy}{\omega_y}=\frac{dz}{\omega_z}\Rightarrow\frac{dx}{1/2}=\frac{dy}{1/2}=\frac{dz}{1/2}\Rightarrow x=y=z$$

8-8 试证明不可压缩流体平面流动：$v_x=2xy+x, v_y=x^2-y^2-y$ 能满足连续方程，是一个有势流动，并求出速度势。

解：$\frac{\partial v_x}{\partial x}+\frac{\partial v_y}{\partial y}=\frac{\partial(2xy+x)}{\partial x}+\frac{\partial(x^2-y^2-y)}{\partial y}=2y+1-2y-1=0$，满足连续方程。

$\omega_z=\frac{1}{2}\left(\frac{\partial v_y}{\partial x}-\frac{\partial v_x}{\partial y}\right)=\frac{1}{2}\left[\frac{\partial(x^2-y^2-y)}{\partial x}-\frac{\partial(2xy+x)}{\partial y}\right]=\frac{1}{2}(2x-2x)=0$，是无旋流动，即有势流动。

$$d\varphi=\frac{\partial\varphi}{\partial x}dx+\frac{\partial\varphi}{\partial y}dy=v_x dx+v_y dy=(2xy+x)dx+(x^2-y^2-y)dy$$

当 $dF=Xdx+Ydy$ 时，有

$$F(x,y)=\int_{x_0}^{x}X(x,y_0)dx+\int_{y_0}^{y}Y(x,y)dy$$

或

$$F(x,y)=\int_{x_0}^{x}X(x,y)dx+\int_{y_0}^{y}Y(x_0,y)dy$$

所以 $\mathrm{d}\varphi=\int_0^x(2x\times 0+x)\mathrm{d}x+\int_0^y(x^2-y^2-y)\mathrm{d}y=\frac{x^2}{2}+x^2y-\frac{y^3}{3}-\frac{y^2}{2}$

8-9 已知速度势 $\varphi=xy$,求速度分量和流函数,画出 φ 为1、2、3的等势线。证明等势线和流线是互相正交的。

解:$v_x=\frac{\partial\psi}{\partial x}=\frac{\partial(xy)}{\partial x}=y$, $v_y=\frac{\partial\psi}{\partial y}=\frac{\partial(xy)}{\partial y}=x$

满足连续方程,存在流函数:

$$v_x=y=\frac{\partial\psi}{\partial y}$$

积分后得 $\psi=\frac{1}{2}y^2+f(x)$。

由于 $\frac{\partial\psi}{\partial x}=f'(x)=-v_y=-x$,所以 $f(x)=-\frac{1}{2}x^2+C$。

取 $C=0$,$\psi=\frac{1}{2}y^2-\frac{1}{2}x^2$,等流函数线就是流线,方程为

$$\mathrm{d}\psi=v_x\mathrm{d}y-v_y\mathrm{d}x=0$$

流线上任一点的斜率为 $k_1=\frac{\mathrm{d}y}{\mathrm{d}x}=\frac{v_y}{v_x}$

等势线方程为 $\mathrm{d}\varphi=v_x\mathrm{d}x+v_y\mathrm{d}y=0$

在同一点上等势线的斜率为 $k_2=\frac{\mathrm{d}y}{\mathrm{d}x}=-\frac{v_y}{v_x}$

$k_1\times k_2=-1$,所以流线与等势线在该点上相互正交。

8-10 不可压缩流体平面流动的速度势 $\varphi=x^2-y^2+x$,试求其流函数。

解:$v_x=\frac{\partial\varphi}{\partial x}=\frac{\partial(x^2-y^2+x)}{\partial x}=2x+1$, $v_y=\frac{\partial\varphi}{\partial y}=\frac{\partial(x^2-y^2+x)}{\partial y}=-2y$

满足连续方程,存在流函数:

$$\mathrm{d}\psi=v_x\mathrm{d}y-v_y\mathrm{d}x=(2x+1)\mathrm{d}y+2y\mathrm{d}x$$

积分 $\psi=\int_0^x(2\times 0+1)\mathrm{d}y+\int_0^y 2y\mathrm{d}x=y+2xy$

8-11 不可压缩流体平面流动的流函数 $\psi=xy+2x-3y+10$。试求其速度势。

解:$\mathrm{d}\psi=\frac{\partial\psi}{\partial x}\mathrm{d}x+\frac{\partial\psi}{\partial y}\mathrm{d}y=\frac{\partial(xy+2x-3y+10)}{\partial x}\mathrm{d}x+\frac{\partial(xy+2x-3y+10)}{\partial y}\mathrm{d}y$

$=(y+2)\mathrm{d}x+(x-3)\mathrm{d}y=v_x\mathrm{d}y-v_y\mathrm{d}x$

$v_x=x-3$,$v_y=-(y+2)$

$\mathrm{d}\varphi=v_x\mathrm{d}x+v_y\mathrm{d}y=(x-3)\mathrm{d}x-(y+2)\mathrm{d}y$

积分 $\varphi=\int_0^x(x-3)\mathrm{d}x-\int_0^y(y+2)\mathrm{d}x=\frac{x^2}{2}-3x-\frac{y^2}{2}-2y$

8-12 下列各流函数是否都是有势流动?(1)$\psi=kxy$;(2)$\psi=x^2-y^2$;(3)$\psi=k\ln xy^2$;(4)$\psi=k\left(1-\frac{1}{r^2}\right)r\sin\theta$。

解:(1) $\mathrm{d}\psi=\frac{\partial\psi}{\partial x}\mathrm{d}x+\frac{\partial\psi}{\partial y}\mathrm{d}y=\frac{\partial(kxy)}{\partial x}\mathrm{d}x+\frac{\partial(kxy)}{\partial y}\mathrm{d}y=ky\mathrm{d}x+kx\mathrm{d}y=v_x\mathrm{d}y-v_y\mathrm{d}x$

$$v_x=kx,v_y=-ky$$

$$\omega_z=\frac{1}{2}\left(\frac{\partial v_y}{\partial x}-\frac{\partial v_x}{\partial y}\right)=\frac{1}{2}\left[\frac{\partial(-ky)}{\partial x}-\frac{\partial(kx)}{\partial y}\right]=\frac{1}{2}\times(0-0)=0$$

无旋，有势。

(2) $$\mathrm{d}\psi=\frac{\partial\psi}{\partial x}\mathrm{d}x+\frac{\partial\psi}{\partial y}\mathrm{d}y=\frac{\partial(x^2-y^2)}{\partial x}\mathrm{d}x+\frac{\partial(x^2-y^2)}{\partial y}\mathrm{d}y=2x\mathrm{d}x-2y\mathrm{d}y=v_x\mathrm{d}y-v_y\mathrm{d}x$$

$$v_x=-2y,v_y=-2x$$

$$\omega_z=\frac{1}{2}\left(\frac{\partial v_y}{\partial x}-\frac{\partial v_x}{\partial y}\right)=\frac{1}{2}\left[\frac{\partial(-2x)}{\partial x}-\frac{\partial(-2y)}{\partial y}\right]=\frac{1}{2}\times(-2+2)=0$$

无旋，有势。

(3) $$\mathrm{d}\psi=\frac{\partial\psi}{\partial x}\mathrm{d}x+\frac{\partial\psi}{\partial y}\mathrm{d}y=\frac{\partial(k\ln xy^2)}{\partial x}\mathrm{d}x+\frac{\partial(k\ln xy^2)}{\partial y}\mathrm{d}y=\frac{ky}{xy^2}y^2\mathrm{d}x+\frac{ky}{xy^2}2xy\mathrm{d}y$$

$$=\frac{ky}{x}\mathrm{d}x+2k\mathrm{d}y=v_x\mathrm{d}y-v_y\mathrm{d}x$$

$$v_x=2k,v_y=-\frac{ky}{x}$$

$$\omega_z=\frac{1}{2}\left(\frac{\partial v_y}{\partial x}-\frac{\partial v_x}{\partial y}\right)=\frac{1}{2}\left[\frac{\partial(-ky/x)}{\partial x}-\frac{\partial(2k)}{\partial y}\right]\neq 0$$

有旋。

(4) $$\mathrm{d}\psi=\frac{\partial\psi}{\partial r}\mathrm{d}r+\frac{\partial\psi}{\partial\theta}\mathrm{d}\theta=\frac{\partial\left[k\left(1-\frac{1}{r^2}\right)r\sin\theta\right]}{\partial r}\mathrm{d}r+\frac{\partial\left[k\left(1-\frac{1}{r^2}\right)r\sin\theta\right]}{\partial\theta}\mathrm{d}\theta$$

$$=k\left(1+\frac{1}{r^2}\right)\sin\theta\mathrm{d}r+k\left(1-\frac{1}{r^2}\right)r\cos\theta\mathrm{d}\theta=v_r r\mathrm{d}\theta-v_\theta\mathrm{d}r$$

$$v_r=k\left(1-\frac{1}{r^2}\right)\cos\theta,v_\theta=-k\left(1+\frac{1}{r^2}\right)\sin\theta$$

$$\omega_z=\frac{1}{2}\left(\frac{\partial v_\theta}{\partial r}+\frac{v_\theta}{r}-\frac{1}{r}\frac{\partial v_r}{\partial\theta}\right)$$

$$=\frac{1}{2}\left\{\left[\frac{\partial\left[-k\left(1+\frac{1}{r^2}\right)\sin\theta\right]}{\partial r}+\frac{-k\left(1+\frac{1}{r^2}\right)\sin\theta}{r}-\frac{1}{r}\frac{\partial k\left(1-\frac{1}{r^2}\right)\cos\theta}{\partial\theta}\right]\right\}$$

$$=\frac{1}{2}\left[2\frac{k}{r^3}\sin\theta-k\left(\frac{1}{r}+\frac{1}{r^3}\right)\sin\theta+\frac{1}{r}k\left(1-\frac{1}{r^2}\right)\sin\theta\right]=0$$

无旋，有势。

8-13　试证明下列两个流场 $\varphi=x^2+x-y^2$；$\psi=2xy+y$ 是等同的：

解：$$\mathrm{d}\varphi=\frac{\partial\varphi}{\partial x}\mathrm{d}x+\frac{\partial\varphi}{\partial y}\mathrm{d}y=\frac{\partial(x^2+x-y^2)}{\partial x}\mathrm{d}x+\frac{\partial(x^2+x-y^2)}{\partial y}\mathrm{d}y$$

$$=(2x+1)\mathrm{d}x-2y\mathrm{d}y=v_x\mathrm{d}x+v_y\mathrm{d}y$$

$$v_x=2x+1,v_y=-2y$$

$$\mathrm{d}\psi=v_x\mathrm{d}y-v_y\mathrm{d}x=(2x+1)\mathrm{d}y+2y\mathrm{d}x$$

积分 $\psi=\int_0^x(2\times 0+1)\mathrm{d}y+\int_0^y 2y\mathrm{d}x=y+2xy$

令 $\psi=y+2xy=C$，即为流线方程，取 $C=0$，得两个流函数相同。

8-14 有位于(1,0)和(−1,0)两点具有相同速度强度 4π 的点源，试求在(0,0)，(0,1)，(0,−1)和(1,1)处的速度。

解：对于点(1,0)，$\psi_1=\frac{q_V}{2\pi}\arctan\theta=\frac{q_V}{2\pi}\arctan\frac{y}{x+a}=\frac{4\pi}{2\pi}\arctan\frac{y}{x+1}$

对于点(−1,0)，$\psi_2=\frac{q_V}{2\pi}\arctan\frac{y}{x+a}=\frac{4\pi}{2\pi}\arctan\frac{y}{x-1}$

所以组合流场的流函数为

$$\begin{aligned}\psi=\psi_1+\psi_2&=\frac{4\pi}{2\pi}\arctan\frac{y}{x+1}+\frac{4\pi}{2\pi}\arctan\frac{y}{x-1}\\&=2\left(\arctan\frac{y}{x+1}+\arctan\frac{y}{x-1}\right)\end{aligned}$$

组合流动的速度分量为

$$v_x=\frac{\partial\psi}{\partial y}=2\left[\frac{x+1}{(x+1)^2+y^2}+\frac{x-1}{(x-1)^2+y^2}\right]$$

$$v_y=\frac{\partial\psi}{\partial x}=2\left[\frac{y}{(x+1)^2+y^2}+\frac{y}{(x-1)^2+y^2}\right]$$

(1) 将(0,0)代入得

$$\begin{aligned}v_x&=\frac{\partial\psi}{\partial y}=2\left[\frac{x+1}{(x+1)^2+y^2}+\frac{x-1}{(x-1)^2+y^2}\right]\\&=2\times\left[\frac{0+1}{(0+1)^2+0^2}+\frac{0-1}{(0-1)^2+0^2}\right]=0(\mathrm{m/s})\\v_y&=\frac{\partial\psi}{\partial x}=2\left[\frac{y}{(x+1)^2+y^2}+\frac{y}{(x-1)^2+y^2}\right]\\&=2\times\left[\frac{0}{(0+1)^2+0^2}+\frac{0}{(0-1)^2+0^2}\right]=0(\mathrm{m/s})\end{aligned}$$

(2) 将(0,1)代入得

$$\begin{aligned}v_x&=\frac{\partial\psi}{\partial y}=2\left[\frac{x+1}{(x+1)^2+y^2}+\frac{x-1}{(x-1)^2+y^2}\right]\\&=2\times\left[\frac{0+1}{(0+1)^2+1^2}+\frac{0-1}{(0-1)^2+1^2}\right]=0(\mathrm{m/s})\\v_y&=\frac{\partial\psi}{\partial x}=2\left[\frac{y}{(x+1)^2+y^2}+\frac{y}{(x-1)^2+y^2}\right]\\&=2\times\left[\frac{1}{(0+1)^2+1^2}+\frac{1}{(0-1)^2+1^2}\right]=2(\mathrm{m/s})\end{aligned}$$

(3) 将(0,−1)代入得

$$\begin{aligned}v_x&=\frac{\partial\psi}{\partial y}=2\left[\frac{x+1}{(x+1)^2+y^2}+\frac{x-1}{(x-1)^2+y^2}\right]\\&=2\times\left[\frac{0+1}{(0+1)^2+(-1)^2}+\frac{0-1}{(0-1)^2+(-1)^2}\right]=0(\mathrm{m/s})\end{aligned}$$

$$v_y=\frac{\partial\psi}{\partial x}=2\left[\frac{y}{(x+1)^2+y^2}+\frac{y}{(x-1)^2+y^2}\right]$$

$$=2\times\left[\frac{-1}{(0+1)^2+(-1)^2}+\frac{-1}{(0-1)^2+(-1)^2}\right]=-2(\text{m/s})$$

(4) 将(1,1)代入得

$$v_x=\frac{\partial\psi}{\partial y}=2\left[\frac{x+1}{(x+1)^2+y^2}+\frac{x-1}{(x-1)^2+y^2}\right]$$

$$=2\times\left[\frac{1+1}{(1+1)^2+1^2}+\frac{1-1}{(1-1)^2+1^2}\right]=\frac{4}{5}(\text{m/s})$$

$$v_y=\frac{\partial\psi}{\partial x}=2\left[\frac{y}{(x+1)^2+y^2}+\frac{y}{(x-1)^2+y^2}\right]$$

$$=2\times\left[\frac{1}{(1+1)^2+1^2}+\frac{1}{(1-1)^2+1^2}\right]=\frac{12}{5}(\text{m/s})$$

8-15 将速度为 v_∞ 平行于 x 轴的均匀等速流和在原点 o、强度为 q_V 的点源叠加而成如图 8-46 所示的绕平面半体的流动，试求它的速度势和流函数，并证明平面半体的外形方程为 $r=q_V(\pi-\theta)/2\pi v_\infty\sin\theta$，它的宽度等于 q_V/v_∞。

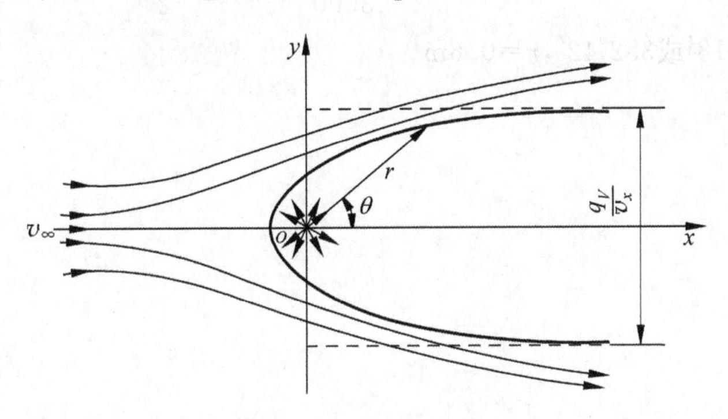

图 8-46 习题 8-15 图

解：均匀等速流：$\varphi=v_{x0}x+v_{y0}y=v_\infty x$，$\psi=v_{x0}y-v_{y0}x=v_\infty y$

源流和汇流：$\varphi=\frac{q_V}{2\pi}\ln r=\frac{q_V}{2\pi}\ln\sqrt{x^2+y^2}$，$\psi=\frac{q_V}{2\pi}\theta$

所以组合流场的速度势和流函数为 $\varphi=v_\infty x+\frac{q_V}{2\pi}\ln\sqrt{x^2+y^2}$，$\psi=v_\infty y+\frac{q_V}{2\pi}\theta$

写成极坐标形式为 $\varphi=v_\infty r\cos\theta+\frac{q_V}{2\pi}\ln r$，$\psi=v_\infty r\sin\theta+\frac{q_V}{2\pi}\theta$

所以流线方程为 $v_\infty r\cos\theta+\frac{q_V}{2\pi}\ln r=C$

流场中的速度分布为 $v_r=\frac{\partial\varphi}{\partial r}=v_\infty\cos\theta+\frac{q_V}{2\pi r}$，$v_\theta=\frac{\partial\varphi}{r\partial\theta}=-v_\infty\sin\theta$

因为表示物体型线的流线特征是其上存在滞止点，故令上式中的速度为零，得

$$\begin{cases}v_\infty\cos\theta+\frac{q_V}{2\pi r}=0\\-v_\infty\sin\theta=0\end{cases}\Rightarrow\begin{cases}\theta=\pi\\r=\frac{q_V}{2\pi v_\infty}\end{cases}$$，即为滞止点。

将滞止点坐标代入流函数得 $\psi=v_\infty r\sin\theta+\frac{q_V}{2\pi}\theta=v_\infty\frac{q_V}{2\pi v_\infty}\sin\pi+\frac{q_V}{2\pi}\pi=\frac{q_V}{2}$

所以表示物体型线的流线方程为 $v_\infty r\sin\theta+\frac{q_V}{2\pi}\theta=\frac{q_V}{2}$

8-16 长 50m、直径 1.2m 的圆柱体以 90r/min 的角速度绕其轴旋转，密度 $\rho=1.205\text{kg/m}^3$ 的空气流以 80km/h 的速度沿与圆柱体轴相垂直的方向绕流圆柱体。假设环流与圆柱体之间没有滑动，试求速度环量、升力和驻点的位置。

解：$\Gamma=2\pi r_0^2\omega=2\pi\times\left(\frac{1.2}{2}\right)^2\times\frac{90\times2\pi}{60}=21.297(\text{m}^2/\text{s})$

$$F_L=-\rho v_\infty L\Gamma=-1.205\times\frac{80\times10^3}{3600}\times50\times21.297=-28514.3(\text{N})$$

驻点位置在圆柱表面上，即 $v_r=0,v_\theta=0$。

$$v_\theta=-2v_\infty\sin\theta+\frac{\Gamma}{2\pi r_0}=0$$

$$\Rightarrow\sin\theta=\frac{\Gamma}{2v_\infty 2\pi r_0}=\frac{21.297}{4\times\frac{80\times10^3}{3600}\times\pi\times\frac{1.2}{2}}=-0.12717$$

所以 $\theta=187°18'$ 或 $352°42'$，$r=0.6\text{m}$。

第9章

黏性流体绕过物体的流动

9.1 主要内容

1. 黏性流体微分形式的运动方程(纳维—斯托克斯方程)

$$\frac{\partial v_x}{\partial t}+v_x\frac{\partial v_x}{\partial x}+v_y\frac{\partial v_x}{\partial y}+v_z\frac{\partial v_x}{\partial z}=f_x-\frac{1}{\rho}\frac{\partial p}{\partial x}+\nu\left(\frac{\partial^2 v_x}{\partial x^2}+\frac{\partial^2 v_x}{\partial y^2}+\frac{\partial^2 v_x}{\partial z^2}\right)$$

$$\frac{\partial v_y}{\partial t}+v_x\frac{\partial v_y}{\partial x}+v_y\frac{\partial v_y}{\partial y}+v_z\frac{\partial v_y}{\partial z}=f_y-\frac{1}{\rho}\frac{\partial p}{\partial y}+\nu\left(\frac{\partial^2 v_y}{\partial x^2}+\frac{\partial^2 v_y}{\partial y^2}+\frac{\partial^2 v_y}{\partial z^2}\right)$$

$$\frac{\partial v_z}{\partial t}+v_x\frac{\partial v_z}{\partial x}+v_y\frac{\partial v_z}{\partial y}+v_z\frac{\partial v_z}{\partial z}=f_z-\frac{1}{\rho}\frac{\partial p}{\partial z}+\nu\left(\frac{\partial^2 v_z}{\partial x^2}+\frac{\partial^2 v_z}{\partial y^2}+\frac{\partial^2 v_z}{\partial z^2}\right)$$

2. 不可压缩黏性流体的层流流动

(1) 平行平板间流体的定常层流流动

$$v_x=-\frac{1}{2\mu}\frac{\mathrm{d}}{\mathrm{d}x}(p+\rho gh)(b-y)y$$

(2) 流体动力润滑

$$p=\frac{6\mu Ux(b-b_2)}{b^2(b_1+b_2)}$$

$$F_p=\frac{6\mu Ul^2}{(b_1+b_2)^2}\left(\ln\frac{b_1}{b_2}-2\frac{b_1-b_2}{b_1+b_2}\right)$$

$$F_D=\frac{2\mu Ul}{b_1-b_2}\left(2\ln\frac{b_1}{b_2}-3\frac{b_1-b_2}{b_1+b_2}\right)$$

(3) 环形管道中流体的定常层流流动

$$v_z=-\frac{1}{4\mu}\frac{\mathrm{d}}{\mathrm{d}z}(p+\rho gh)\left[(r_1^4-r^4)+\frac{r_1^2-r_2^2}{\ln(r_1/r_2)}\ln\frac{r}{r_1}\right]$$

$$q_V=-\frac{\pi}{8\mu}\frac{\mathrm{d}}{\mathrm{d}z}(p+\rho gh)\left[(r_1^4-r_2^4)-\frac{(r_1^2-r_2^2)^2}{\ln(r_1/r_2)}\right]$$

当半径为 r^2 的同心圆管以等速 U 沿管轴 z 方向运动：

$$v_z = -\frac{1}{4\mu}\frac{d}{dz}(p+\rho gh)\left[(r_1^4 - r^4) + \frac{r_1^2 - r_2^2}{\ln(r_1/r_2)}\ln\frac{r}{r_1}\right] - \frac{U}{\ln(r_1/r_2)}\ln\frac{r}{r_1}$$

$$q_V = -\frac{\pi}{8\mu}\frac{d}{dz}(p+\rho gh)\left[(r_1^4 - r_2^4) - \frac{(r_1^2 - r_2^2)^2}{\ln(r_1/r_2)}\right] - \pi r_2^2 U + \frac{\pi(r_1^2 - r_2^2)U}{2\ln(r_1/r_2)}$$

（4）黏性流体绕过圆球小雷诺数的定常层流流动。

3. 边界层的基本概念

边界层的定义：在大雷诺数下紧靠物体表面流速从零急剧增加到与来流速度相同数量级的薄层称为边界层。

边界层的厚度：在实际应用中规定，从固体壁面沿外法线到速度达到势流速度的99%处的距离为边界层的厚度。

边界层的特征如下。

（1）与物体的特征长度相比，边界层的厚度很小。

（2）边界层沿流体流动方向逐渐增厚，其外边界不与流线重合。

（3）沿壁面法线方向边界层内的速度梯度很大。

（4）在边界层内黏滞力和惯性力属同一数量级。

（5）沿壁面法线方向边界层内各点的压强相等，都等于主流在边界层外边界对应点上的压强。

（6）边界层内流体的流动也有层流和紊流两种流动状态。

判别边界层层流、紊流的准则数特征 $Re_x = \frac{v_b x}{\nu}$。

临界雷诺数 $Re_{cr} = 3.2\times10^5 \sim 3\times10^6$。

4. 层流边界层微分方程

$$v_x\frac{\partial v_x}{\partial x} + v_y\frac{\partial v_x}{\partial y} = -\frac{1}{p}\frac{\partial p}{\partial x} + \nu\frac{\partial^2 v_x}{\partial y^2}$$

$$0 = \frac{\partial p}{\partial y}$$

$$\frac{\partial v_x}{\partial x} + \frac{\partial v_y}{\partial y} = 0$$

5. 边界层动量积分关系式

$$\frac{d}{dx}\int_0^\delta \rho v_x^2 dy - v_b\frac{d}{dx}\int_0^\delta \rho v_x dy = -\delta\frac{dp}{dx} - \tau_W$$

6. 边界层的位移厚度和动量损失厚度

$$\delta_1 = \int_0^\infty\left(1 - \frac{v_x}{v_b}\right)dy$$

$$\delta_2 = \int_0^\infty\frac{v_x}{v_b}\left(1 - \frac{v_x}{v_b}\right)dy$$

7. 平板边界层的近似计算

(1) 平板层流边界层的近似计算

动量积分公式：$\frac{d\delta_2}{dx}=\frac{\tau_W}{\rho v_b^2}$

摩擦阻力：$F_{Df}=b\int_0^l \tau_W dx$

摩擦阻力系数：$C_{Df}=\frac{F_{Df}}{\frac{1}{2}bl\rho v_\infty^2}$

(2) 平板紊流边界层的近似计算

$$5\times10^5\leqslant Re_l\leqslant10^7,\quad C_{Df}=0.0742\,Re_l^{-1/5}$$

$$Re_l>10^7,\quad C_{Df}=0.455\,(\lg Re_l)^{-2.58}$$

$$C_{Df}=0.427\,(\lg Re_l-0.407)^{-2.64}$$

紊流边界层与层流边界层的差别如下。

① 沿平板壁面法向，紊流边界层的速度比层流边界层的速度增长得快。

② 沿平板壁面紊流边界层的厚度比层流边界层的厚度增长得快。

③ 在相同雷诺数下紊流边界层的摩擦阻力系数比层流边界层的大得多。

(3) 混合边界层的近似计算

混合边界层的总摩擦阻力为层流边界层摩擦阻力与紊流边界层摩擦阻力之和。例如：

$$5\times10^5\leqslant Re_l\leqslant10^7,\quad C_{Df}=0.0742\,Re_l^{-1/5}-\frac{A}{Re_l}$$

$$5\times10^5\leqslant Re_l\leqslant10^9,\quad C_{Df}=0.455\,(\lg Re_l)^{-2.58}-\frac{A}{Re_l}$$

8. 曲面边界层的分离现象

(1) 面边界层的分离现象：边界层脱离了曲面，这样就形成了边界层的分离现象。

分离条件：黏性流体在压强降低区内流动(加速流动)时，不会出现边界层分离，只有在压强升高区内流动(减速流动)时，才有可能出现分离，形成漩涡。尤其是在主流减速足够大的情况下，边界层的分离就一定会发生。

(2) 绕过圆柱体的流动　卡门涡街

在圆柱绕流中，涡旋从圆柱上交替脱落，在下游形成有一定规则，交叉排列的涡列。

卡门涡街会产生共振，危害很大；也可应用于流量测量。

$$f=Sr\frac{v_\infty}{d}$$

9. 物体的阻力　自由沉降速度

(1) 物体阻力

绕流物体的阻力分成摩擦阻力和压差阻力两种。

摩擦阻力：黏性直接作用的结果。黏性流体绕过物体流动所引起的切向应力造成的阻力。

压差阻力：黏性间接作用的结果。流体绕过物体流动所引起的压强差造成的阻力，与物体的形状有很大关系。

$$F_D = C_D \frac{1}{2}\rho v_\infty^2 A$$

（2）减阻方法

减小摩擦阻力：使层流边界层尽可能长，即层流边界层转变为紊流边界层的转变点尽可能向后推移。

减小压差阻力：采用产生尽可能小的尾涡区的物体外形，即使边界层的分离点尽量向后推移。

（3）自由沉降速度

当圆球的重量 $G=\frac{1}{6}\pi d^3\rho' gG$ 与作用在圆球上的浮力 $F_B=\frac{1}{6}\pi d^3\rho g$、流体阻力 F_D 达到平衡时，即

$$F_D + F_B = G$$

$$\frac{1}{8}C_D\rho v^2\pi d^2 + \frac{1}{6}\pi d^3\rho g = \frac{1}{6}\pi d^3\rho' g$$

$Re\leqslant 1$，则 $C_D=\frac{24}{Re}$，$v_f=\frac{1}{18}\frac{g}{\nu}\frac{\rho_s-\rho}{\rho}d^2$。

$10\leqslant Re<1000$，则 $C_D=\frac{13}{Re^{1/2}}$，$v_f=\left(\frac{4}{39}\frac{g}{\nu^{1/2}}\frac{\rho_s-\rho}{\rho}\right)^{2/3}d$。

$1000\leqslant Re<2\times 10^5$，则 $C_D=0.45$，$v_f=\left(2.963gd\frac{\rho_s-\rho}{\rho}\right)^{1/2}$。

10. 自由淹没射流

喷射出的一股流体的流动都称为射流。由于流体脱离了原来限制它流向的管子，在充满流体的空间中继续扩散流动，称这种射流为自由射流。

（1）轴对称射流

$$\frac{v_{xm}}{v_{x0}} = \frac{0.966}{\alpha S/R_0 + 0.294}$$

（2）平面射流

$$\frac{v_{xm}}{v_{x0}} = \frac{1.21}{(\alpha S/b_0 + 0.417)^{1/2}}$$

① 提高射流初速度和增大出口尺寸都会增加射流的射出能力。

② 在射流初速度和出口尺寸相同的条件下，扁长方形截面的射流要比圆形截面的射流具有较大的射出能力。

9.2 本章难点

（1）附面层微分方程、积分方程及有关附面层的特点、分离和控制。

（2）速度附面层是靠近物体表面速度梯度很大的薄层。在附面层内，若物面曲率半径较大，则压强沿附面层法线方向近似不变。

9.3 课后习题解答

9-1 图 9-31 所示为间距 $a=1.5\text{mm}$ 的二平板沿相反的方向运动，$U_1=2U_2=2\text{m/s}$，计示压强 $p_{e1}=p_{e2}=9.806\times10^4\text{Pa}$，油的黏度 $\mu=0.49\text{Pa}\cdot\text{s}$，求作用在每块平板上的切向应力。

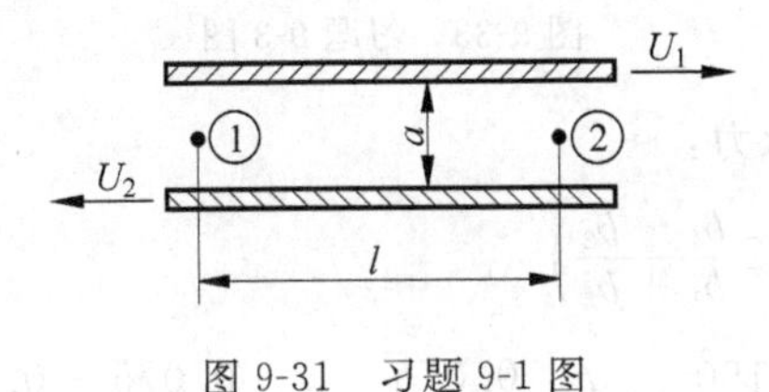

图 9-31　习题 9-1 图

解：$U_1=2U_2=2\text{m/s}$，故将 1 板相对 2 板的运动速度 $U=3\text{m/s}$。

$$\tau=\mu\frac{v}{h}=\mu\frac{U}{a}=0.49\times\frac{3}{1.5\times10^{-3}}=980(\text{Pa})$$

9-2 沿倾斜平面均匀流下薄液层，试用图 9-32 所示的自由体去证明：(1)流体内的速度分布为 $v_x=\frac{\rho g}{2\mu}(b^2-s^2)\sin\theta$；(2)单位宽度上的流量为 $q'_V=\frac{\rho g}{3\mu}b^3\sin\theta$。

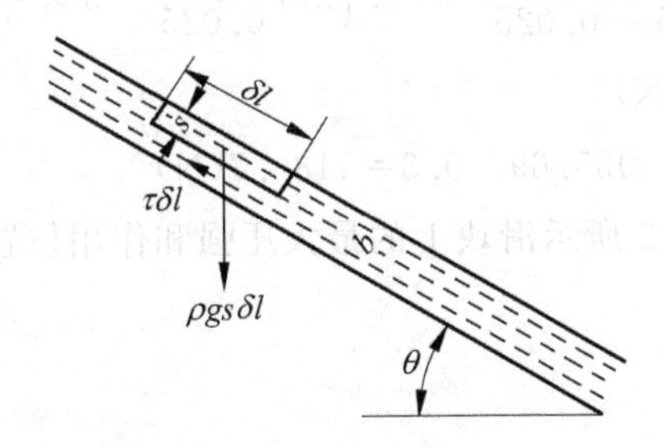

图 9-32　习题 9-2 图

解：(1) 液层厚度方向 s 为自变量，由于液层的流动为不可压缩一维稳定层流流动，则 N-S 方程可简化为

$$\rho g\sin\theta+\mu\frac{\partial^2 v}{\partial s^2}=0$$

将上式整理后，两次积分得

$$v=-\frac{\rho g}{2\mu}s^2\sin\theta+C_1h+C_2$$

由边界条件：当 $h=0$ 时，$\frac{\partial v}{\partial s}=0$，得 $C_1=0$；当 $s=b$ 时，$v=0$，得 $C_2=\frac{\rho g}{2\mu}b^2\sin\theta$。

所以流速分布为 $v=\frac{\rho g\sin\theta}{2\mu}(b^2-s^2)$。

(2) 单位宽度流量为

$$q'_V=\int_0^b v\text{d}s=\int_0^b\frac{\rho g\sin\theta}{2\mu}(b^2-s^2)\text{d}s=\frac{\rho g\sin\theta}{3\mu}b^3$$

9-3 图 9-33 所示斜楔形滑块以 $U=1.2\text{m/s}$ 的速度运动，假设滑块的宽度为 300mm，且在宽度的方向(垂直图面方向)没有油流出，油的黏度 $\mu=0.784\text{Pa}\cdot\text{s}$，试求滑块能够支承的载荷和滑块的阻力。

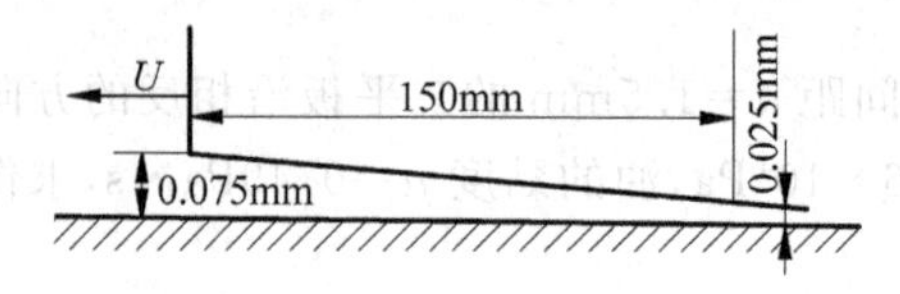

图 9-33 习题 9-3 图

解：单位宽度的总支承力：

$$F_p=\frac{6\mu Ul^2}{(b_1+b_2)^2}\left(\ln\frac{b_1}{b_2}-2\frac{b_1-b_2}{b_1+b_2}\right)$$

$$=\frac{6\times0.784\times1.2\times150^2}{(0.075+0.025)^2}\times\left(\ln\frac{0.075}{0.025}-2\times\frac{0.075-0.025}{0.075+0.025}\right)=1252454.96(\text{N})$$

故总支承力：$F_p\times0.3=1252454.96\times0.3=375736.5(\text{N})$

单位宽度上的总阻力：

$$F_D=\frac{2\mu Ul}{b_1-b_2}\left(2\ln\frac{b_1}{b_2}-3\frac{b_1-b_2}{b_1+b_2}\right)$$

$$=\frac{2\times0.784\times1.2\times150}{0.075-0.025}\times\left(2\ln\frac{0.075}{0.025}-3\times\frac{0.075-0.025}{0.075+0.025}\right)$$

$$=3935.69(\text{N})$$

故总阻力：$F_D\times0.3=3935.69\times0.3=1180.7(\text{N})$

9-4 试求作用在图 9-3 所示滑块上的最大压强和作用位置，并求作用在滑块上的压力中心。

解：$p=\dfrac{6\mu Ux(b-b_2)}{b^2(b_1+b_2)}$

将 $b=b_1-\dfrac{b_1-b_2}{l}x$ 代入上式得

$$p=\frac{6\mu Ux\left(b_1-\frac{b_1-b_2}{l}x-b_2\right)}{\left(b_1-\frac{b_1-b_2}{l}x\right)^2(b_1+b_2)}=\frac{6\times0.784\times1.2x\left(0.075-\frac{0.075-0.025}{150}x-0.025\right)}{\left(0.075-\frac{0.075-0.025}{150}x\right)^2(0.075+0.025)}$$

$$=5.6448\times\frac{x\left(0.05-\frac{0.05}{150}x\right)}{\left(0.075-\frac{0.05}{150}x\right)^2}$$

$$p'=5.6448\times\frac{\left(0.05-2\frac{0.05}{150}x\right)\left(0.075-\frac{0.05}{150}x\right)^2-x\left(0.05-\frac{0.05}{150}x\right)\times2\left(0.075-\frac{0.05}{150}x\right)\left(-\frac{0.05}{150}\right)}{\left(0.075-\frac{0.05}{150}x\right)^4}$$

$$=0$$

$$\Rightarrow 3.33\times10^{-5}x=0.00375\Rightarrow x=0.001126\times10^{5}(\text{mm})$$

所以 $p=5.6448\times\dfrac{x\left(0.05-\dfrac{0.05}{150}x\right)}{\left(0.075-\dfrac{0.05}{150}x\right)^2}=5.6448\times\dfrac{0.001126\times10^5\times\left(0.05-\dfrac{0.05}{150}\times0.001126\right)}{\left(0.075-\dfrac{0.05}{150}\times0.001126\right)^2}$

$$=0.05649\times10^5=5.649\times10^7(\text{Pa})$$

9-5 两个同心圆管,外管半径为 $2r_1$,内管半径为 $2r_2$,各以角速度 ω_1 和 ω_2 同向旋转。试证明两圆管间的速度分布为 $v_\theta=\dfrac{1}{r_1^2-r_2^2}\left[r(r_1^2\omega_1-r_2^2\omega_2)-\dfrac{r_2^2r_1^2}{r}(\omega_1-\omega_2)\right]$。

解: 这种流动只有切向速度 v,径向速度和轴向速度都为零,流动为定常。由于对称关系,流动参数与角度 θ 无关,因而由圆柱坐标中的 N-S 方程可得

$$\frac{1}{r}\times\frac{\mathrm{d}}{\mathrm{d}r}\left(r\frac{\mathrm{d}v}{\mathrm{d}r}\right)-\frac{v}{r^2}=0\Rightarrow\frac{r}{r}\times\frac{\mathrm{d}v^2}{\mathrm{d}^2r}+\frac{1}{r}\times\frac{\mathrm{d}r}{\mathrm{d}r}\times\frac{\mathrm{d}v}{\mathrm{d}r}-\frac{v}{r^2}=0\Rightarrow\frac{\mathrm{d}v^2}{\mathrm{d}^2r}+\frac{1}{r}\times\frac{\mathrm{d}v}{\mathrm{d}r}-\frac{v}{r^2}=0$$

或
$$r^2v''+rv'-v=0$$

运动方程是欧拉方程,设解为: $v=r^S$,则得

$$S=\pm1$$

$$v=C_1r+\frac{C_2}{r}$$

边界条件 $r=r_1, v=\omega_1r_1, r=r_2, v=\omega_2r_2$。

代入边界条件得积分常数 $C_1=\dfrac{r_1^2\omega_1-r_2^2\omega_2}{r_1^2-r_2^2}$, $C_2=-\dfrac{r_2^2r_1^2}{r_1^2-r_2^2}(\omega_1-\omega_2)$。

因此速度分布为

$$v_\theta=\frac{1}{r_1^2-r_2^2}\left[r(r_1^2\omega_1-r_2^2\omega_2)-\frac{r_2^2r_1^2}{r}(\omega_1-\omega_2)\right]$$

9-6 在教材图 9-7 中,假设柱塞以 $U=0.6\text{m/s}$ 的速度向油缸方向运动,试求柱塞带入油缸内的油的流量,并求作用在柱塞上的切向应力和总力 F。

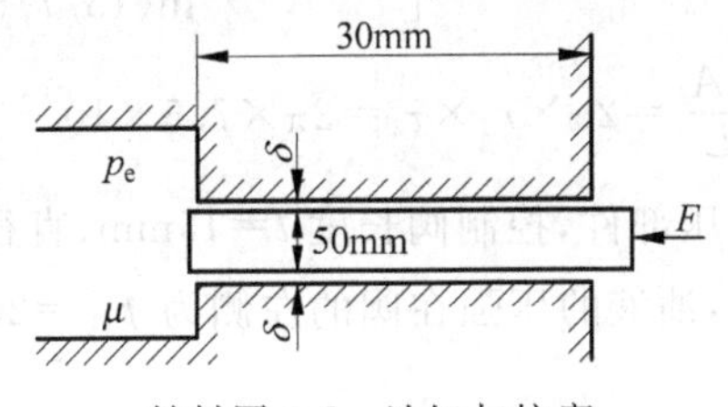

教材图 9-7 油缸与柱塞

解: $q_V=-\dfrac{\pi}{8\mu}\dfrac{\mathrm{d}}{\mathrm{d}z}(p+\rho gh)\left[(r_1^4-r_2^4)-\dfrac{(r_1^2-r_2^2)^2}{\ln(r_1/r_2)}\right]-\pi r_2^2U+\dfrac{\pi(r_1^2-r_2^2)U}{2\ln(r_1/r_2)}$

$$=1.6\times10^{-8}-\pi\times0.025^2\times0.6+\frac{\pi\times(0.02505^2-0.025^2)\times0.6}{2\ln(0.02505/0.025)}$$

$$=1.6\times10^{-8}-0.0011775+0.001179857=2.341\times10^{-6}(\text{m}^3/\text{s})$$

$$\tau=-\mu\left(\frac{\mathrm{d}v_z}{\mathrm{d}r}\right)_{r=r_2}$$

$$=-\mu\left\{\frac{1}{4\mu}\frac{\mathrm{d}}{\mathrm{d}l}(p+\rho gh)\left[-2r+\frac{r_1^2-r_2^2}{\ln(r_1/r_2)}\frac{1}{r}\right]-\frac{U}{\ln(r_1/r_2)}\frac{1}{r}\right|\Bigg\}_{r=r_2}$$

$$=-\mu\left\{\frac{1}{4\mu}\frac{\mathrm{d}}{\mathrm{d}l}(p+\rho gh)\left[2r_2-\frac{r_1^2-r_2^2}{\ln(r_1/r_2)}\frac{1}{r_2}\right]-\frac{U}{\ln(r_1/r_2)}\frac{1}{r_2}\right\}$$

$$=24.52-0.1\times\frac{0.6}{\ln(0.02505/0.025)}\times\frac{1}{0.025}=1225.7(\mathrm{Pa})$$

$$F=\frac{\pi}{4}\times0.05^2\times29.418\times10^4+\pi\times0.05\times0.3\times1225.7$$

$$=577.6+57.73=635.33(\mathrm{N})$$

9-7 油的相对密度 $d=0.85$，黏度 $\mu=3\times10^{-3}\mathrm{Pa\cdot s}$，流过 $r_1=15\mathrm{cm}$、$r_2=7.5\mathrm{cm}$ 的圆环形管道。若管道水平放置时每米管长的压强降为 196Pa。试求：(1)油的流量；(2)外管壁上的切向应力；(3)作用在每米内管上的轴向力。

解：$q_V=-\dfrac{\pi}{8\mu}\dfrac{\mathrm{d}}{\mathrm{d}z}(p+\rho gh)\left[(r_1^4-r_2^4)-\dfrac{(r_1^2-r_2^2)^2}{\ln(r_1/r_2)}\right]$

$$=-\frac{\pi}{8\times3\times10^{-3}}\times196\times\left[(15^4-7.5^4)-\frac{(15^2-7.5^2)^2}{\ln(15/7.5)}\right]=1.6355(\mathrm{m^3/s})$$

外管壁的切向应力 $\tau_1=-\mu\left(\dfrac{\mathrm{d}v_z}{\mathrm{d}r}\right)_{r=r_1}=-\mu\dfrac{1}{4\mu}\dfrac{\mathrm{d}}{\mathrm{d}l}(p+\rho gh)\left[2r-\dfrac{r_1^2-r_2^2}{\ln(r_1/r_2)}\dfrac{1}{r}\right]\Bigg|_{r=r_1}$

$$=-\mu\frac{1}{4\mu}\frac{\mathrm{d}}{\mathrm{d}l}(p+\rho gh)\left[2r_1-\frac{r_1^2-r_2^2}{\ln(r_1/r_2)}\frac{1}{r_1}\right]$$

$$=-\frac{1}{4}\times196\times\left[2\times15-\frac{15^2-7.5^2}{\ln(15/7.5)}\times\frac{1}{15}\right]=6.747(\mathrm{Pa})$$

内管壁的切向应力 $\tau_2=-\mu\left(\dfrac{\mathrm{d}v_z}{\mathrm{d}r}\right)_{r=r_{21}}=-\mu\dfrac{1}{4\mu}\dfrac{\mathrm{d}}{\mathrm{d}l}(p+\rho gh)\left[2r-\dfrac{r_1^2-r_2^2}{\ln(r_1/r_2)}\dfrac{1}{r}\right]\Bigg|_{r=r_2}$

$$=-\mu\frac{1}{4\mu}\frac{\mathrm{d}}{\mathrm{d}l}(p+\rho gh)\left[2r_2-\frac{r_1^2-r_2^2}{\ln(r_1/r_2)}\frac{1}{r_2}\right]$$

$$=-\frac{1}{4}\times196\times\left[2\times7.5-\frac{15^2-7.5^2}{\ln(15/7.5)}\times\frac{1}{7.5}\right]=8.556(\mathrm{Pa})$$

内管上的轴向力 $F=\dfrac{\tau_2A_2}{L}=2\pi\times r_2\times\tau_2=2\pi\times7.5\times10^{-2}\times8.556=4.03(\mathrm{N/m})$

9-8 图 9-34 所示为液压部件，控制阀长度 $l=15\mathrm{mm}$、直径 $d=25\mathrm{mm}$，阀与缸体之间的径向间隙为 $\delta=0.005\mathrm{mm}$，油液的压强在阀的左侧为 $p_{e1}=20\mathrm{MPa}$，右侧为 $p_{e2}=1\mathrm{MPa}$，试确定间隙中的漏油量。

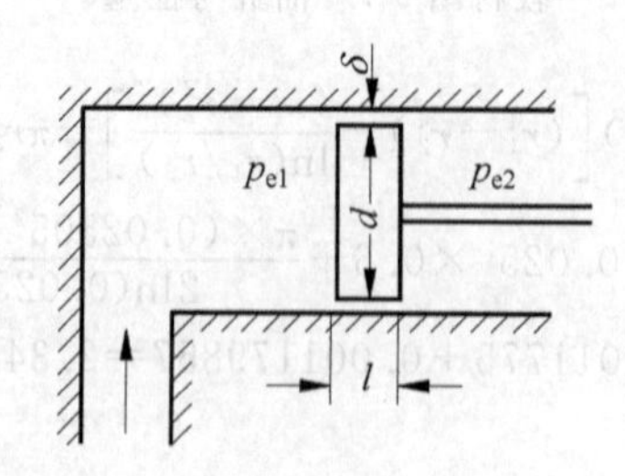

图 9-34 液压部件(习题 9-8 图)

解：$\frac{dp}{dl}=\frac{20\times10^6-1\times10^6}{15\times10^{-3}}=1.2667\times10^9(Pa/m)$

$$q_V=-\frac{\pi}{8\mu}\frac{d}{dz}(p+\rho gh)\left[(r_1^4-r_2^4)-\frac{(r_1^2-r_2^2)^2}{\ln(r_1/r_2)}\right]$$

$$=-\frac{\pi}{8\times\mu}\times1.2667\times10^9\times\left[(12.505^4-12.5^4)-\frac{(12.505^2-12.5^2)^2}{\ln(12.505/12.5)}\right]\times10^{-12}$$

$$=57.6(mm^3/s)$$

9-9　温度为 25℃的空气，以 30m/s 的速度纵向绕流一块极薄的平板，压强为大气压强，计算离平板前缘 200mm 处边界层的厚度为多少？

解：25℃的空气的运动黏度为 $16\times10^{-6}m^2/s$

$$Re_x=\frac{v_b x}{\nu}=\frac{30\times0.2}{16\times10^{-6}}=3.75\times10^5$$

$$\delta=5.84xRe_x^{-1/2}=5.84\times0.2\times(3.75\times10^5)^{-1/2}=1.907(mm)$$

9-10　温度为 20℃、密度为 $925kg/m^3$、运动黏度为 $7.9\times10^{-5}m^2/s$ 的油流，以 60cm/s 的速度纵向绕流一长 50cm、宽 15cm 的薄平板。试求总摩擦阻力和边界层厚度。在 20℃时油的 $\nu=7.9\times10^{-5}m^2/s$。

解：$Re_l=\frac{v_b L}{\nu}=\frac{0.6\times0.5}{7.9\times10^{-5}}=3.797\times10^3$

平板一面上的摩擦阻力为

$$F_{Df}=0.686bl\rho v_\infty^2 Re_l^{-1/2}$$

$$=0.686\times0.15\times0.5\times925\times0.6^2\times(3.797\times10^3)^{-1/2}$$

$$=0.278(N)$$

总摩擦阻力为 $2\times0.278=0.556(N)$

平板末端处的边界层的厚度：

$$\delta=5.84xRe_x^{-1/2}=5.84\times0.5\times(3.797\times10^4)^{-1/2}=47.387(mm)$$

9-11　平板层流边界层内速度分布规律为$\frac{v_x}{v_\infty}=2\frac{y}{\delta}-\left(\frac{y}{\delta}\right)^2$，试求边界层厚度、摩擦阻力系数与雷诺数 Re 的关系式。

解：由$\frac{v_x}{v_\infty}=2\frac{y}{\delta}-\left(\frac{y}{\delta}\right)^2$，得 $v_x=v_\infty\left[2\frac{y}{\delta}-\left(\frac{y}{\delta}\right)^2\right]$

$$\tau_W=\mu\left(\frac{\partial v_x}{\partial y}\right)_{y=0}=\mu v_\infty\left(2\frac{1}{\delta}-2\frac{y}{\delta}\right)_{y=0}=\frac{2\mu v_\infty}{\delta}\tag{9-1}$$

动量损失厚度 δ_2 为

$$\delta_2=\int_0^\infty\frac{v_x}{v_b}\left(1-\frac{v_x}{v_b}\right)dy=\int_0^\delta\left[2\frac{y}{\delta}-\left(\frac{y}{\delta}\right)^2\right]\left\{1-\left[2\frac{y}{\delta}-\left(\frac{y}{\delta}\right)^2\right]\right\}dy=\frac{2}{15}\delta$$

将以上两式代入动量积分方程$\frac{d\delta_2}{dx}=\frac{\tau_W}{\rho v_b^2}$

得到$\frac{2\mu v_\infty}{\delta}=\rho v_\infty^2\frac{2}{15}\frac{d\delta}{dx}\Rightarrow\delta d\delta=15\frac{\nu}{v_\infty}dx$

积分得$\frac{1}{2}\delta^2=15\frac{\nu}{v_\infty}x+C$

由边界条件 $x=0,\delta=0$,得 $C=0$。

$$\frac{1}{2}\delta^2=15\frac{\nu}{v_\infty}x\Rightarrow\delta=5.48\sqrt{\frac{\nu x}{v_\infty}}=\frac{5.48x}{\sqrt{Re_x}}=5.48x\,Re_x^{-\frac{1}{2}}$$

把上式代入式(9-1),得到壁面上的黏性切应力为

$$\tau_W=\frac{2\mu v_\infty}{\delta}=\frac{2\mu v_\infty}{5.48}\sqrt{\frac{v_\infty}{\nu x}}=0.365\rho v_\infty^2\sqrt{\frac{\nu}{v_\infty x}}=0.365\rho v_\infty^2\,Re_x^{-\frac{1}{2}}$$

对于长度为 L,宽度为 B 的平板一侧面上的总摩擦阻力为

$$F_{Df}=b\int_0^L\tau_W\,dx=b\int_0^L\left(0.365\rho v_\infty^2\sqrt{\frac{\nu}{v_\infty x}}\right)dx$$

$$=0.365b\int_0^L\left(\sqrt{\frac{\rho^2v_\infty^4\nu}{v_\infty x}}\right)dx=0.365b\int_0^L\left(\sqrt{\frac{\rho\mu v_\infty^3}{x}}\right)dx$$

$$=0.365b\sqrt{\rho\mu v_\infty^3}\int_0^L x^{-\frac{1}{2}}dx=0.73b\sqrt{\rho\mu v_\infty^3L}=0.73bL\rho v_\infty^2Re_L^{-\frac{1}{2}}$$

$$C_{Df}=\frac{F_{Df}}{bL\rho v_\infty^2/2}=\frac{0.73bL\rho v_\infty^2\,Re_L^{-\frac{1}{2}}}{bL\rho v_\infty^2/2}=1.46\,Re_L^{-1/2}$$

9-12 若平板层流边界层内的速度分布为正弦曲线 $v_x=v_\infty\sin\left(\frac{\pi y}{2\delta}\right)$,试求 δ、C_{Df} 与 Re 之间的关系式。

解:$\tau_W=\mu\left(\frac{\partial u_x}{\partial y}\right)_{y=0}=\frac{\pi\mu v_\infty}{2\delta}\left[\cos\frac{\pi}{2}\left(\frac{y}{\delta}\right)\right]_{y=0}=\frac{\pi\mu v_\infty}{2\delta}$ (9-2)

$$\delta_2=\int_0^\delta\frac{v}{v_b}\left(1-\frac{v}{v_b}\right)dy=\int_0^\delta\sin\frac{\pi}{2}\left(\frac{y}{\delta}\right)\left[1-\sin\frac{\pi}{2}\left(\frac{y}{\delta}\right)\right]dy=\frac{4-\pi}{2\pi}\delta=0.137\delta$$

将以上两式代入动量积分方程 $\frac{d\delta_2}{dx}=\frac{\tau_W}{\rho v_b^2}$,得到 $\frac{\pi\mu v_\infty}{2\delta}=\frac{4-\pi}{2\pi}\rho v_\infty^2\frac{d\delta}{dx}\Rightarrow\delta d\delta=\frac{\pi^2}{4-\pi}\frac{\nu}{v_\infty}dx$,积分得$\frac{1}{2}\delta^2=\frac{\pi^2}{4-\pi}\frac{\nu}{v_\infty}x+C$。

由边界条件 $x=0,\delta=0$,得 $C=0$。

$$\frac{1}{2}\delta^2=\frac{\pi^2}{4-\pi}\frac{\nu}{v_\infty}x\Rightarrow\delta=4.79\sqrt{\frac{\nu x}{v_\infty}}=\frac{4.79x}{\sqrt{Re_x}}=4.79x\,Re_x^{-\frac{1}{2}}$$

上式代入式(9-2),得

$$\tau_W=\frac{\pi\mu v_\infty}{2\delta}=\frac{\pi\mu v_\infty}{2\times4.79}\sqrt{\frac{v_\infty}{\nu x}}=0.328\rho v_\infty^2\sqrt{\frac{\nu}{v_\infty x}}=0.328\rho v_\infty^2\,Re_x^{-\frac{1}{2}}$$

对于长度为 L、宽度为 B 的平板一侧面上的总摩擦阻力为

$$F_{Df}=b\int_0^L\tau_W\,dx=0.328b\sqrt{\rho\mu v_\infty^3}\int_0^L x^{-\frac{1}{2}}dx$$

$$=0.656b\sqrt{\rho\mu v_\infty^3L}=0.656bL\rho v_\infty^2\,Re_L^{-\frac{1}{2}}$$

$$C_{Df}=\frac{F_{Df}}{\frac{1}{2}\rho v_\infty^2BL}=\frac{0.656bL\rho b_\infty^2\,Re_L^{-\frac{1}{2}}}{\frac{1}{2}\rho v_\infty^2BL}=1.312\,Re_L^{-\frac{1}{2}}$$

9-13 略。

9-14 在相同雷诺数 Re_l 的情况下，试求 20℃的水和 30℃的空气各平行流过长度为 l 的平板时产生的摩擦阻力之比。

解：$\dfrac{F_{\text{Df水}}}{F_{\text{Df空气}}}=\dfrac{\rho_{H_2O}v_{\infty\text{水}}^2}{\rho_{\text{空气}}v_{\infty\text{空气}}^2}=\dfrac{\mu_{\text{水}}\ v_{\infty\text{水}}}{\mu_{\text{空气}}v_{\infty\text{空气}}}=\dfrac{1.005\times10^{-3}\times1.007\times10^{-6}}{1.86\times10^{-5}\times1.6\times10^{-5}}=3.4$

9-15 一块长 6m、宽 2m 的平板平行静止地安放在速度为 60m/s 的 40℃空气流中，在平板边界层内从层流转变为紊流的临界雷诺数 $Re_x=10^6$。试计算平板的摩擦阻力。

解：由 $Re_{xc}=\dfrac{v_\infty x_c}{\nu}=10^6$，得

$$x_c=\frac{Re_{xc}\nu}{v_\infty}=\frac{10^6\times16.9\times10^{-6}}{60}=0.2817(\text{m})$$

即层流附面层的长度为 0.2817m，平板上的附面层主要为紊流附面层。

平板末端的雷诺数为 $Re_l=\dfrac{v_\infty L}{\nu}=\dfrac{60\times20}{16.9\times10^{-6}}=7.1\times10^7$。

查教材表 9-1 A 随 Re 变化的数值中，得 $A=3300$，混合附面层的总摩阻系数为

$$C_{\text{Df}}=\frac{0.455}{(\lg Re_l)^{2.58}}-\frac{A}{Re_l}=\frac{0.455}{(\lg7.1\times10^7)^{2.58}}-\frac{3300}{7.1\times10^7}=2.187\times10^{-3}$$

板面总摩擦阻力为

$$F_{\text{Df}}=C_{\text{Df}}\frac{1}{2}\rho v_\infty^2BL=2.187\times10^{-3}\times\frac{1}{2}\times1.128\times60^2\times2\times6=53.285(\text{N})$$

9-16 直径为 500mm 的管道，通过 30℃的空气，在垂直于管道的轴线方向插入直径为 10mm 的卡门涡街流量计，测得漩涡的脱落频率为 105(l/s)，求管道中的流量。

解：假设 $Sr=0.21$

$$f=Sr\frac{v_\infty}{d'}\Rightarrow105=0.21\frac{v_\infty}{0.01}\Rightarrow v_\infty=5(\text{m/s})$$

$Re=\dfrac{vd'}{\nu}=\dfrac{5\times0.01}{15.95\times10^{-6}}=3.13\times10^3>1000$ 满足大雷诺数条件，故 $Sr=0.21$ 成立。

$$q_V=vA=5\times\pi\left(\frac{0.5}{2}\right)^2=0.98(\text{m}^3/\text{s})$$

9-17 已知汽车的行驶速度为 60km/h，垂直于运动方向的投影面积为 2m²，阻力系数为 0.3，静止空气的温度为 0℃，试求汽车克服空气阻力所作的功率。

解：$F_D=C_D\dfrac{1}{2}\rho v_\infty^2A=0.3\times\dfrac{1}{2}\times1.293\times\left(\dfrac{60\times10^3}{3600}\right)^2\times2=107.75(\text{N})$

$$P=F_Dv=107.75\times\left(\frac{60\times10^3}{3600}\right)=1.7958\times10^3(\text{W})$$

9-18 在风洞中，温度为 20℃的空气以 10m/s 的风速垂直吹向直径为 50cm 的圆盘，试求作用在圆盘上的力。

解：$Re=\dfrac{vd}{\nu}=\dfrac{10\times0.5}{15\times10^{-6}}=3.33\times10^5$

查教材中图 9-26 圆柱体的阻力系数与雷诺数的关系曲线得 $C_D=1.1$。

$$F_D = C_D\,\frac{1}{2}\rho v_\infty^2 A = 1.1\times\frac{1}{2}\times 1.205\times 10^2\times\pi\times\left(\frac{0.5}{2}\right)^2 = 13.006(\mathrm{N})$$

9-19 将密度 $\rho=899.4\mathrm{kg/m^3}$ 的透平油放在有刻度的玻璃量筒内，让直径 3mm、密度 $\rho_s=7791\mathrm{kg/m^3}$ 的小钢球的油中自由降落，用秒表测得等速降落的钢球通过量筒上两个刻度之间的时间，算得自由沉降速度为 11cm/s，试按教材中式(9-59)求出油的黏度，并验算一下雷诺数是否符合教材中式(9-59)的适用范围。

解：$C_D=\dfrac{24}{Re}$

钢球所受阻力：$F_D=C_D\,\dfrac{1}{2}\rho v_\infty^2 A=\dfrac{24}{\dfrac{\rho v d}{\mu}}\times\dfrac{1}{2}\times\rho\times v^2\times\pi\times\left(\dfrac{d}{2}\right)^2=3\mu v\pi d$

钢球重量：$G=\dfrac{1}{6}\pi d^3\rho_s g$

钢球的浮力：$F_B=\dfrac{1}{6}\pi d^3\rho g$

$$F_D+F_B=G$$

$$3\mu v\pi d+\frac{1}{6}\pi d^3\rho g=\frac{1}{6}\pi d^3\rho_s g\Rightarrow 3\mu v+\frac{1}{6}d^2\rho g=\frac{1}{6}d^2\rho_s g$$

$$3\mu\times 0.11+\frac{1}{6}\times 0.003^2\times 899.4\times 9.8=\frac{1}{6}\times 0.003^2\times 7791\times 9.8$$

$$\mu=0.306989(\mathrm{Pa\cdot s})$$

9-20 某采暖沸腾炉的料层温度为 1000℃，烟气的运动黏度 $\nu=1.67\times10^{-6}\mathrm{m^2/s}$，料层内燃料的颗粒密度为 $2294\mathrm{kg/m^3}$，平均粒径为 1.68mm。试问通过料层最小需要多大风速，才能使颗粒处于悬浮状态？

解：标准状态下的烟气的密度为 $1.34\mathrm{kg/m^3}$，1000℃烟气的密度为

$$\rho=1.34\times\frac{273}{273+1000}=0.2874(\mathrm{kg/m^3})$$

颗粒所受阻力：$F_D=C_D\,\dfrac{1}{2}\rho v_\infty^2 A=C_D\,\dfrac{1}{2}\rho v^2\pi\times\left(\dfrac{d}{2}\right)^2=\dfrac{1}{8}C_D\rho v^2\pi d^2$

颗粒重量：$G=\dfrac{1}{6}\pi d^3\rho' g$

颗粒的浮力：$F_B=\dfrac{1}{6}\pi d^3\rho g$

$$F_D+F_B=G$$

$$\frac{1}{8}C_D\rho v^2\pi d^2+\frac{1}{6}\pi d^3\rho g=\frac{1}{6}\pi d^3\rho' g$$

假设 $Re<1$，则 $C_D=\dfrac{24}{Re}$。

$$v=\frac{1}{18}\frac{g}{\nu}\frac{\rho'-\rho}{\rho}d^2$$
$$=\frac{1}{18}\times\frac{9.8}{1.67\times10^{-6}}\times\frac{2294-0.2874}{0.2874}\times0.0168^2$$
$$=7.344\times10^5(\text{m/s})$$

$Re=\frac{vd}{\nu}=\frac{7.344\times10^5\times0.00168}{1.67\times10^{-6}}=7.388\times10^8$ 不符合假设的 $Re<1$。

假设 $1000<Re<2\times10^5$，则 $C_D=0.45$。

$$v=\left(2.963gd\frac{\rho'-\rho}{\rho}\right)^{1/2}$$
$$=\left(2.963\times9.8\times0.00168\times\frac{2294-0.2874}{0.2874}\right)^{1/2}$$
$$=19.73(\text{m/s})$$

$Re=\frac{vd}{\nu}=\frac{19.73\times0.00168}{1.67\times10^{-6}}=1.98\times10^4$，符合假设的 $1000<Re<2\times10^5$。

9-21 某台220t/h锅炉的一次风喷燃器的喷管采用圆形截面，出口直径为500mm，出口风速为30m/s，求距离风口2m、2.5m和5m处的中心风速。若喷管采用的是扁形截面，出口宽度为500mm，则距离风口同上3个距离处的中心风速各为多少？要使扁形截面射流得到与圆形截面射流同样的三个中心风速，则各离开风口多少距离？

解：(1) 圆形截面的喷管 $\frac{v_{xm}}{v_{x0}}=\frac{0.966}{\alpha S/R_0+0.294}$

距离风口2m的中心风速：

$$v_{xm}=\frac{0.966}{\alpha S/R_0+0.294}v_{x0}=\frac{0.966}{0.08\times2/0.25+0.294}\times30=31.03(\text{m/s})$$

距离风口2.5m处的中心风速：

$$v_{xm}=\frac{0.966}{\alpha S/R_0+0.294}v_{x0}=\frac{0.966}{0.08\times2.5/0.25+0.294}\times30=26.49(\text{m/s})$$

距离风口5m处的中心风速：

$$v_{xm}=\frac{0.966}{\alpha S/R_0+0.294}v_{x0}=\frac{0.966}{0.08\times5/0.25+0.294}\times30=15.30(\text{m/s})$$

(2) 扁形截面的喷管 $\frac{v_{xm}}{v_{x0}}=\frac{1.21}{(\alpha S/b_0+0.417)^{1/2}}$

距离风口2m的中心风速：

$$v_{xm}=\frac{1.21}{(\alpha S/b_0+0.417)^{1/2}}v_{x0}=\frac{1.21}{(0.11\times2/0.25+0.417)^{1/2}}\times30=31.87(\text{m/s})$$

距离风口2.5m处的中心风速：

$$v_{xm}=\frac{1.21}{(\alpha S/b_0+0.417)^{1/2}}v_{x0}=\frac{1.21}{(0.11\times2.5/0.25+0.417)^{1/2}}\times30=29.47(\text{m/s})$$

距离风口5m处的中心风速：

$$v_{xm}=\frac{1.21}{(\alpha S/b_0+0.417)^{1/2}}v_{x0}=\frac{1.21}{(0.11\times5/0.25+0.417)^{1/2}}\times30=22.44(\text{m/s})$$

(3) $v_{xm}=\frac{1.21}{(\alpha S/b_0+0.417)^{1/2}}v_{x0}=\frac{1.21}{(0.11\times b_0/0.25+0.417)^{1/2}}\times 30=31.03(\mathrm{m/s})$

$b_0=2.16(\mathrm{m})$

$v_{xm}=\frac{1.21}{(\alpha S/b_0+0.417)^{1/2}}v_{x0}=\frac{1.21}{(0.11\times b_0/0.25+0.417)^{1/2}}\times 30=26.49(\mathrm{m/s})$

$b_0=3.32(\mathrm{m})$

$v_{xm}=\frac{1.21}{(\alpha S/b_0+0.417)^{1/2}}v_{x0}=\frac{1.21}{(0.11\times b_0/0.25+0.417)^{1/2}}\times 30=15.30(\mathrm{m/s})$

$b_0=11.85(\mathrm{m})$

第10章

气体的二维流动

10.1 主要内容

1. 微弱压强波在空间的传播　马赫锥

在空间某点的扰动源上产生的扰动波，在没有任何限制的情况下，扰动波会向四处传播，传播的情况根据传播介质的流动状况的不同而不同。

(1) 气体静止不动($v=0$)

扰动波是以扰动源为中心的同心球面。

球面波的径向传播绝对速度是当地的声速。

扰动波在静止气体中的传播是无界的。

(2) 气流为亚声速的直线均匀流($v<c$)

扰动波是一系列的球面波。

扰动波的各方向的传播绝对速度是沿球面径向向外的声速与气流速度的几何和。

扰动波在静止气体中的传播是无界的。

(3) 气流为声速的直线均匀流($v=c$)

扰动波是一系列的球面波。

球面波相对于气流的传播速度是当地的声速，牵连运动的气流以同样大小的速度把它带向下游。

扰动波在声速流中的传播是有界的，扰动波不能逆向上游传播。

(4) 气流为超声速的直线均匀流($v>c$)

扰动波是一系列的球面波。

球面波相对于气流的传播速度是当地的声速，牵连运动的气流以大于声速的速度把它带向下游。

扰动波在声速流中的传播是有界的，扰动波不能逆向上游传播，且仅能在下游有限区域内传播。

马赫锥：在超声速流中，微弱扰动波的传播是有界的，界限是包络的圆锥面，圆锥面称为马赫锥。

2. 微弱压强波　气流折转角

（1）膨胀波

气流转折后，随着通流截面有微量的增大，超声速气流加速，静压强、密度和温度都有微量的降低，故气流经过马赫波的变化过程是个膨胀过程，称为膨胀波。

（2）压缩波

气流转折后，随着通流截面有微量的减小，超声速气流减速，静压强、密度和温度都有微量的升高，故气流经过马赫波的变化过程是个压缩过程，称为压缩波。

（3）气流折角的计算

$$\theta = \mp\left\{\left(\frac{\gamma+1}{\gamma-1}\right)^{1/2}\arctan\left[\frac{\gamma-1}{\gamma+1}(Ma^2-1)\right]^{1/2}-\arctan(Ma^2-1)^{1/2}\right\}+\theta_0$$

特例：当 $M_*=1(Ma=1)$ 时，$v=0$。

当 $M_*=\sqrt{\frac{\gamma+1}{\gamma-1}}(Ma\to\infty)$ 时，$v_{\max}=\frac{\pi}{2}\left(\sqrt{\frac{\gamma+1}{\gamma-1}}-1\right)$。

3. 斜激波

当超声速气流沿凹曲壁面流动时，在极限情况下包络激波变成发自 O 点的倾斜的直激波，这种激波称为斜激波。激波前后参数比：

$$\frac{\rho_1}{\rho_2}=\frac{2+(\gamma-1)Ma_1^2\sin^2\beta}{(\gamma+1)Ma_1^2\sin^2\beta}$$

$$\frac{p_2}{p_1}=\frac{2\gamma}{\gamma+1}Ma_1^2\sin^2\beta-\frac{\gamma-1}{\gamma+1}$$

$$\frac{T_2}{T_1}=\frac{2+(\gamma-1)Ma_1^2\sin^2\beta}{(\gamma+1)Ma_1^2\sin^2\beta}\left(\frac{2\gamma}{\gamma+1}Ma_1^2\sin^2\beta-\frac{\gamma-1}{\gamma+1}\right)$$

$$\frac{p_{T2}}{p_{T1}}=\left[\frac{(\gamma+1)Ma_1^2\sin^2\beta}{2+(\gamma-1)Ma_1^2\sin^2\beta}\right]^{\gamma/(\gamma-1)}\left(\frac{2\gamma}{\gamma+1}Ma_1^2\sin^2\beta-\frac{\gamma-1}{\gamma+1}\right)^{-1/(\gamma-1)}$$

$$Ma_2^2=\frac{2+(\gamma-1)Ma_1^2}{2\gamma Ma_1^2\sin^2\beta-(\gamma-1)}+\frac{2Ma_1^2\cos^2\beta}{2+(\gamma-1)Ma_1^2\sin^2\beta}$$

$$\frac{\Delta s}{C_V}=\ln\left\{\left[\frac{2+(\gamma-1)Ma_1^2\sin^2\beta}{(\gamma+1)Ma_1^2\sin^2\beta}\right]^{\gamma}\left(\frac{2\gamma}{\gamma+1}Ma_1^2\sin^2\beta-\frac{\gamma-1}{\gamma+1}\right)\right\}$$

$$\tan\delta=\frac{(Ma_1^2\sin^2\beta-1)\cot\beta}{Ma_1^2[(\gamma+1)/2-\sin^2\beta]+1}$$

4. 激波的反射和相交

（1）激波在平面壁面上的反射。

（2）异侧激波的相交。

（3）同侧激波的相交。

(4) 激波在自由边界上的反射。

5. 激波与边界层的相互干扰

(1) 激波入射到层流边界层上。

(2) 激波入射到紊流边界层上。

(3) 物面内折转处激波与边界层的干扰。

(4) 尖劈前缘边界层对激波的影响。

10.2 本章难点

(1) 掌握微弱压强波在空间传播的 4 种情况,以及马赫锥的概念。

(2) 气流经过激波前后参数的变化关系。

10.3 课后习题解答

10-1 $Ma_1=1.0$ 的空气流绕外钝角加速到 $Ma_2=2.25$,问此外钝角折转了多少度?起迄马赫线的马赫角多大?

解:$\theta=\mp\left\{\left(\frac{\gamma+1}{\gamma-1}\right)^{1/2}\arctan\left[\frac{\gamma-1}{\gamma+1}(Ma^2-1)\right]^{1/2}-\arctan(Ma^2-1)^{1/2}\right\}+\theta_0$

$$\begin{aligned}\Delta\theta&=\theta_1-\theta_2=v(Ma_2)-v(Ma_1)\\&=\left\{\left(\frac{1.4+1}{1.4-1}\right)^{1/2}\arctan\left[\frac{1.4-1}{1.4+1}\times(2.25^2-1)\right]^{1/2}-\arctan(2.25^2-1)^{1/2}\right\}\\&\quad-\left\{\left(\frac{1.4+1}{1.4-1}\right)^{1/2}\arctan\left[\frac{1.4-1}{1.4+1}\times(1^2-1)\right]^{1/2}-\arctan(1^2-1)^{1/2}\right\}\\&=33.02^\circ\end{aligned}$$

$\alpha_1=\sin^{-1}(1/Ma_1)=\sin^{-1}(1/1)=90^\circ$

$\alpha_2=\sin^{-1}(1/Ma_2)=\sin^{-1}(1/2.25)=26.36^\circ$

10-2 二氧化碳超声速流从高压区流入低压区的最大气流折转角为多少?

解:$v=\frac{\pi}{2}\left(\sqrt{\frac{\gamma+1}{\gamma-1}}-1\right)=\frac{\pi}{2}\left(\sqrt{\frac{1.304+1}{1.304-1}}-1\right)=157.77^\circ$

10-3 超声速空气流在喷管出口截面的 $Ma_1=2.0$,$p_1=2.026\times10^5$ Pa,出口外的环境背压 $p_{\mathrm{amb}}=1.013\times10^5$ Pa。求出口边界流线的外折转角。

解:经膨胀波区后气流压强要降低到环境背压,而

$$\frac{p_2}{p_T}=\frac{p_{\mathrm{amb}}}{p_T}=\frac{p_{\mathrm{amb}}}{p_1}\frac{p_1}{p_T}$$

另有

$$\frac{p_T}{p}=\left(1+\frac{\gamma-1}{2}Ma^2\right)^{\frac{\gamma}{\gamma-1}}$$

得 $$\frac{p_2}{p_T}=\frac{p_{amb}}{p_1}\frac{p_1}{p_T}=\frac{p_{amb}}{p_1}\Big/\left(1+\frac{\gamma-1}{2}Ma_1^2\right)^{\frac{\gamma}{\gamma-1}}$$

$$1\Big/\left(1+\frac{1.4-1}{2}Ma_2^2\right)^{\frac{1.4}{1.4-1}}=\frac{1.013\times10^5}{2.026\times10^5}\Big/\left(1+\frac{1.4-1}{2}\times2.0^2\right)^{\frac{1.4}{1.4-1}}$$

得 $$Ma_2=2.4436$$

$$\begin{aligned}\Delta\theta&=\theta_1-\theta_2=v(Ma_2)-v(Ma_1)\\&=\left\{\left(\frac{1.4+1}{1.4-1}\right)^{1/2}\arctan\left[\frac{1.4-1}{1.4+1}\times(2.4436^2-1)\right]^{1/2}-\arctan(2.4436^2-1)^{1/2}\right\}\\&\quad-\left\{\left(\frac{1.4+1}{1.4-1}\right)^{1/2}\arctan\left[\frac{1.4-1}{1.4+1}\times(2^2-1)\right]^{1/2}-\arctan(2^2-1)^{1/2}\right\}\\&=103.6369^\circ-65.8433^\circ-86.3797^\circ+60^\circ=11.4239^\circ\end{aligned}$$

10-4 超声速空气流 $v_1=500\text{m/s}$，$T_1=300\text{K}$，$p_1=1.0133\times10^5\text{Pa}$，绕外钝角折转 $\delta=15^\circ$后，其速度、温度和压强各为多少？

解：超音速气流绕外钝角折转后将产生膨胀波，波前的马赫数为

$$Ma_1=\frac{v_1}{\sqrt{\gamma RT_1}}=\frac{500}{\sqrt{1.4\times287.1\times300}}=1.44$$

由于本题所给的初始马赫数 $Ma_1=1.44>1$，所以气体膨胀波函数表不能够直接应用。

可以设想初始来流马赫数 $Ma_1=1.44$ 是由 $Ma=1$ 绕某一个 θ^* 角膨胀而得来的，然后在此基础上再绕一个 $\theta=15^\circ$的折转角继续膨胀加速而得到 Ma_2，这样所求得的 Ma_2 和 p_2 完全相当于 $Ma_1=1.44$ 直接转折 $\theta=15^\circ$角的结果。这是因为 Ma_2 只与总折转角有关，而与折转过程无关。

(1) 先求出由 $Ma=1$ 膨胀到 $Ma_1=1.44$ 的折转角 θ^*

由 $Ma_1=1.44$ 查气体膨胀波函数表，得 $\theta^*=10^\circ$。

(2) 再求出 $Ma=1$ 膨胀到 Ma_2 的总折转角 $\sum\theta$

$$\sum\theta=\theta^*+\theta=10^\circ+15^\circ=25^\circ$$

(3) 最后求出 Ma_2、p_2、T_2 和 v_2

依总折转角 $\sum\theta=25^\circ$ 查膨胀波函数表，得 $Ma_2=1.951$，$p_2/p_{T2}=0.138$，$T_2/T_{T2}=0.568$；根据 $Ma_1=1.44$ 查得 $p_1/p_{T1}=0.299$，$T_1/T_{T1}=0.708$。注意到等熵流 $p_{T1}=p_{T2}$，$T_{T1}=T_{T2}$，则

$$p_2=\frac{p_2}{p_{T2}}\frac{p_{T1}}{p_1}p_1=0.138\times\frac{1}{0.299}\times1.0133\times10^5=4.677\times10^4(\text{Pa})$$

$$T_2=\frac{T_2}{T_{T2}}\frac{T_{T1}}{T_1}T_1=0.568\times\frac{1}{0.708}\times300=240.678(\text{K})$$

$$v_2=Ma_2C_2=Ma_2\sqrt{\gamma RT_2}=1.951\times\sqrt{1.4\times287.1\times240.678}=606.815(\text{m/s})$$

10-5 如教材中图 10-6(b)所示之渐缩喷管，进口截面空气流的总压强 $p_T=2.3\times10^5\text{Pa}$，出口的环境压强 $p_{amb}=1.127\times10^5\text{Pa}$，试判断在斜切部分空气流是否继续膨胀加速，并求空气流出喷管斜切部分时的马赫数、气流折转角和最后一条马赫线的马赫角。

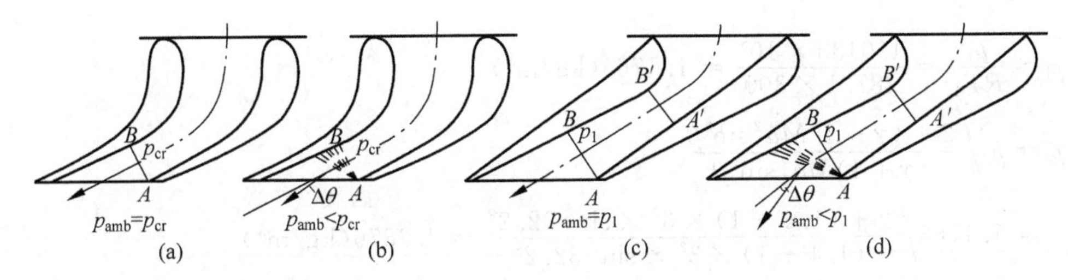

教材图 10-6　斜切喷管

解：$p_T < p_{amb}$，在斜切部分空气流会继续膨胀加速，经膨胀波区后气流压强要降低到环境背压，而

$$\frac{p_2}{p_T}=\frac{p_{amb}}{p_T}$$

另有$\frac{p_T}{p}=\left(1+\frac{\gamma-1}{2}Ma^2\right)^{\frac{\gamma}{\gamma-1}}$，得

$$\frac{p_2}{p_T}=1\Big/\left(1+\frac{\gamma-1}{2}Ma_2^2\right)=\frac{p_{amb}}{p_T}$$

$$1\Big/\left(1+\frac{1.4-1}{2}Ma_2^2\right)^{\frac{1.4}{1.4-1}}=\frac{1.127\times10^5}{2.3\times10^5}$$

得 $Ma_2=1.0631$。

$$\begin{aligned}\Delta\theta&=v(Ma_2)\\&=\left\{\left(\frac{1.4+1}{1.4-1}\right)^{1/2}\arctan\left[\frac{1.4-1}{1.4+1}\times(1.00631^2-1)\right]^{1/2}-\arctan(1.0631^2-1)^{1/2}\right\}\\&=0.6853^\circ=41'\end{aligned}$$

$$\alpha_2=\sin^{-1}(1/Ma_2)=\sin^{-1}(1/1.0631)=70.16^\circ$$

10-6　如教材中图 10-13 所示，已知空气来流的 $Ma_1=3.0$，$p_1=1.0133\times10^5\,\mathrm{Pa}$，$T_1=300\mathrm{K}$，壁面的内折转角 $\delta=15^\circ$，试求激波后气流的压强、密度、温度、马赫数和总压比。

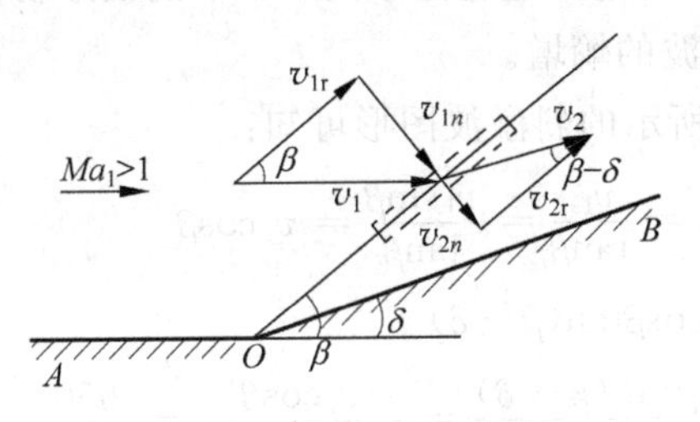

教材图 10-13　斜激波

解：$\tan\delta=\tan15^\circ=\frac{(Ma_1^2\sin^2\beta-1)\cot\beta}{Ma_1^2[(\gamma+1)/2-\sin^2\beta]+1}=\frac{(3^2\sin^2\beta-1)\cot\beta}{3^2[(1.4+1)/2-\sin^2\beta]+1}$

解得 $\beta=32.2^\circ$。

$$\begin{aligned}p_2&=p_1\left(\frac{2\gamma}{\gamma+1}Ma_1^2\sin^2\beta-\frac{\gamma-1}{\gamma+1}\right)\\&=1.0133\times10^5\times\left(\frac{2\times1.4}{1.4+1}\times3^2\times\sin^2 32.2^\circ-\frac{1.4-1}{1.4+1}\right)\\&=2.8523\times10^5(\mathrm{Pa})\end{aligned}$$

$$\rho_1=\frac{p_1}{RT_1}=\frac{1.0133\times10^5}{287.1\times300}=1.1765(\text{kg/m}^3)$$

$$\rho_2=\rho_1\Big/\frac{2+(\gamma-1)Ma_1^2\sin^2\beta}{(\gamma+1)Ma_1^2\sin^2\beta}$$

$$=1.1765\Big/\frac{2+(1.4-1)\times3^2\times\sin^2 32.2^\circ}{(1.4+1)\times3^2\times\sin^2 32.2^\circ}=2.3876(\text{kg/m}^3)$$

$$T_2=T_1\frac{2+(\gamma-1)Ma_1^2\sin^2\beta}{(\gamma+1)Ma_1^2\sin^2\beta}\left(\frac{2\gamma}{\gamma+1}Ma_1^2\sin^2\beta-\frac{\gamma-1}{\gamma+1}\right)$$

$$=300\times\frac{2+(1.4-1)\times3^2\times\sin^2 32.2^\circ}{(1.4+1)\times3^2\times\sin^2 32.2^\circ}\times\left(\frac{2\times1.4}{1.4+1}\times3^2\times\sin^2 32.2^\circ-\frac{1.4-1}{1.4+1}\right)$$

$$=416.11(\text{K})$$

$$Ma_2^2=\frac{2+(\gamma-1)Ma_1^2}{2\gamma Ma_1^2\sin^2\beta-(\gamma-1)}+\frac{2Ma_1^2\cos^2\beta}{2+(\gamma-1)Ma_1^2\sin^2\beta}$$

$$=\frac{2+(1.4-1)\times3^2}{2\times1.4\times3^2\times\sin^2 32.2^\circ-(1.4-1)}+\frac{2\times3^2\times\cos^2 32.2^\circ}{2+(1.4-1)\times3^2\times\sin^2 32.2}$$

$$=5.0936$$

$$Ma_2=2.256$$

$$\frac{p_{T2}}{p_{T1}}=\left[\frac{(\gamma+1)Ma_1^2\sin^2\beta}{2+(\gamma-1)Ma_1^2\sin^2\beta}\right]^{\gamma/(\gamma-1)}\left(\frac{2\gamma}{\gamma+1}Ma_1^2\sin^2\beta-\frac{\gamma-1}{\gamma+1}\right)^{-1/(\gamma-1)}$$

$$=\left[\frac{(1.4+1)\times3^2\times\sin^2 32.2^\circ}{2+(1.4-1)\times3^2\times\sin^2 32.2^\circ}\right]^{1.4/(1.4-1)}$$

$$\times\left(\frac{2\times1.4}{1.4+1}\times3^2\times\sin^2 32.2^\circ-\frac{1.4-1}{1.4+1}\right)^{-1/(1.4-1)}$$

$$=0.8957$$

10-7 空气以650m/s的超声速绕流半角$\delta=18^\circ$的楔形物体，已知激波角$\beta=51^\circ$。试求激波后的流速和经过激波的熵增。

解：由教材图10-13所示的斜激波图形可知：

$$v_{1n}=v_1\sin\beta;\quad v_{2\tau}=v_{1\tau}=\frac{v_{1n}}{\tan\beta}=\frac{v_1\sin\beta}{\tan\beta}=v_1\cos\beta$$

$$v_{2n}=v_{2\tau}\tan(\beta-\delta)=v_1\cos\beta\tan(\beta-\delta)$$

$$v_2=\frac{v_{2\tau}}{\sin(\beta-\delta)}=\frac{v_1\cos\beta\tan(\beta-\delta)}{\sin(\beta-\delta)}=\frac{v_1\cos\beta}{\cos(\beta-\delta)}=\frac{650\times\cos 51^\circ}{\cos(51^\circ-18^\circ)}=487.75(\text{m/s})$$

$$\Delta s=C_V\ln\left\{\left[\frac{2+(\gamma-1)Ma_1^2\sin^2\beta}{(\gamma+1)Ma_1^2\sin^2\beta}\right]^\gamma\left(\frac{2\gamma}{\gamma+1}Ma_1^2\sin^2\beta-\frac{\gamma-1}{\gamma+1}\right)\right\}$$

$$=717.2\ln\left\{\left[\frac{2+(1.4-1)\left(\frac{650}{340}\right)^2\sin^2 51^\circ}{(1.4+1)\left(\frac{650}{340}\right)^2\sin^2 51^\circ}\right]^{1.4}\left[\frac{2\times1.4}{1.4+1}\left(\frac{650}{340}\right)^2\sin^2 51^\circ-\frac{1.4-1}{1.4+1}\right]\right\}$$

$$=717.2\times\ln(0.4274\times2.4041)$$

$$=19.465[\text{J/(kg}\cdot\text{K)}]$$

10-8　$\gamma=1.4$ 的气体以超声速流过半顶角 $\delta=10^\circ$ 的楔形物体，从纹影照片上测得楔形物顶点斜激波的激波角 $\beta=45^\circ$，并测得激波前的总温 $T_T=288\text{K}$，试求波前来流的马赫数和流速。

解：$\tan\delta=\tan10^\circ=\dfrac{(Ma_1^2\sin^2\beta-1)\cot\beta}{Ma_1^2[(\gamma+1)/2-\sin^2\beta]+1}=\dfrac{(Ma_1^2\sin^2 45^\circ-1)\cot 45^\circ}{Ma_1^2[(1.4+1)/2-\sin^2 45^\circ]+1}$

得 $Ma_1=1.7673$。

$$T_1=T_{T1}\Big/\left(1+\frac{\gamma-1}{2}Ma_1^2\right)=\frac{288}{1+\dfrac{1.4-1}{2}\times1.7673^2}=177.507(\text{K})$$

$$v_1=Ma_1c=1.7673\sqrt{\gamma RT_1}=1.7673\times\sqrt{1.4\times287.1\times177.507}=472.06(\text{m/s})$$

10-9　如教材中图 10-16 所示，如果超声速风洞实验段的 $Ma_1=2.5$，半顶角 $\delta=8^\circ$ 的尖劈产生的头激波在洞壁上能否形成正常反射？并求 Ma_2、Ma_3 和 p_3/p_1。

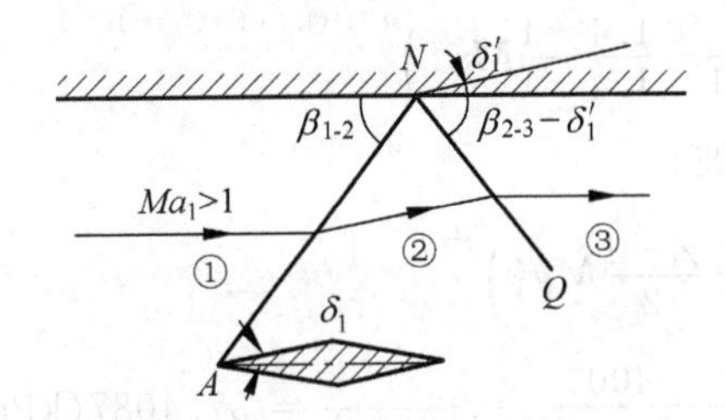

教材图 10-16　激波在平直壁面上的正常反射

解：$Ma_1>1$，能形成正常反射。

$$\tan\delta=\tan8^\circ=\frac{(Ma_1^2\sin^2\beta_1-1)\cot\beta_1}{Ma_1^2[(\gamma+1)/2-\sin^2\beta_1]+1}=\frac{(2.5^2\sin^2\beta_1-1)\cot\beta_1}{2.5^2\times[(1.4+1)/2-\sin^2\beta_1]+1}$$

解得 $\beta_1=30^\circ$。

$$\begin{aligned}Ma_2^2&=\frac{2+(\gamma-1)Ma_1^2}{2\gamma Ma_1^2\sin^2\beta_1-(\gamma-1)}+\frac{2Ma_1^2\cos^2\beta_1}{2+(\gamma-1)Ma_1^2\sin^2\beta_1}\\&=\frac{2+(1.4-1)\times2.5^2}{2\times1.4\times2.5^2\times\sin^2 30^\circ-(1.4-1)}+\frac{2\times2.5^2\times\cos^2 30^\circ}{2+(1.4-1)\times2.5^2\times\sin^2 30^\circ}\\&=4.7035\end{aligned}$$

得 $Ma_2=2.1687$。

$$\tan\delta=\tan8^\circ=\frac{(Ma_1^2\sin^2\beta_2-1)\cot\beta_2}{Ma_1^2[(\gamma+1)/2-\sin^2\beta_2]+1}=\frac{(2.1687^2\sin^2\beta_2-1)\cot\beta_2}{2.1687^2\times[(1.4+1)/2-\sin^2\beta_2]+1}$$

得 $\beta_2=34.5^\circ$。

$$\begin{aligned}Ma_3^2&=\frac{2+(\gamma-1)Ma_2^2}{2\gamma Ma_2^2\sin^2\beta_2-(\gamma-1)}+\frac{2Ma_2^2\cos^2\beta_2}{2+(\gamma-1)Ma_2^2\sin^2\beta_2}\\&=\frac{2+(1.4-1)\times2.1687^2}{2\times1.4\times2.1687^2\times\sin^2 34.5^\circ-(1.4-1)}\\&\quad+\frac{2\times2.1687^2\times\cos^2 34.5^\circ}{2+(1.4-1)\times2.1687^2\times\sin^2 34.5^\circ}=3.4686\end{aligned}$$

得 $Ma_3=1.8624$。

$$\frac{p_3}{p_1}=\frac{p_3}{p_2}\frac{p_2}{p_1}=\left(\frac{2\gamma}{\gamma+1}Ma_2^2\sin^2\beta_2-\frac{\gamma-1}{\gamma+1}\right)\left(\frac{2\gamma}{\gamma+1}Ma_1^2\sin^2\beta_1-\frac{\gamma-1}{\gamma+1}\right)$$

$$=\left(\frac{2\times1.4}{1.4+1}\times2.1687^2\times\sin^2 34.5°-\frac{1.4-1}{1.4+1}\right)$$

$$\times\left(\frac{2\times1.4}{1.4+1}\times2.5^2\times\sin^2 30°-\frac{1.4-1}{1.4+1}\right)=2.639$$

10-10 已知一缩放喷管出口与喉部的面积比 $A/A_{cr}=2$，空气流在进口的总压 $P_T=400\text{kPa}$，出口的环境背压 $p_{amb}=50\text{kPa}$，试分析在喷管出口会不会形成斜激波？并求激波角和气流的内折转角。

解：$$\frac{A}{A_{cr}}=2=\frac{1}{Ma_1}\left(\frac{2}{\gamma+1}+\frac{\gamma-1}{\gamma+1}Ma_1^2\right)^{0.5(\gamma+1)/(\gamma-1)}$$

$$=\frac{1}{Ma_1}\left(\frac{2}{1.4+1}+\frac{1.4-1}{1.4+1}Ma_1^2\right)^{0.5\times(1.4+1)/(1.4-1)}$$

得 $Ma_1=2.2$，会形成斜激波。

$$p_1=p_{T1}\Big/\left(1+\frac{\gamma-1}{2}Ma_1^2\right)^{\frac{\gamma}{\gamma-1}}$$

$$=\frac{400}{\left(1+\dfrac{1.4-1}{2}\times2.2^2\right)^{1.4/(1.4-1)}}=37.4087(\text{kPa})$$

$$\frac{p_2}{p_1}=\frac{p_{amb}}{p_1}=\frac{50}{37.4087}$$

$$=\frac{2\gamma}{\gamma+1}Ma_1^2\sin^2\beta-\frac{\gamma-1}{\gamma+1}=\frac{2\times1.4}{1.4+1}\times2.2^2\times\sin^2\beta-\frac{1.4-1}{1.4+1}$$

得 $\beta=31.062°$。

$$\tan\delta=\frac{(Ma_1^2\sin^2\beta-1)\cot\beta}{Ma_1^2[(\gamma+1)/2-\sin^2\beta]+1}$$

$$=\frac{(2.2^2\sin^2 31.062°-1)\cot 31.062°}{2.2^2\times[(1.4+1)/2-\sin^2 31.062°]+1}=0.08678$$

得 $\delta=4.959°$。

参考文献

[1] 孔珑.工程流体力学[M].第4版.北京：中国电力出版社，2014.
[2] 杨树人，王春生，冯翠菊.工程流体力学习题解析[M].北京：石油工业出版社，2009.
[3] 周云龙，洪文鹏，张玲.工程流体力学习题解析[M].北京：中国电力出版社，2007.
[4] 杜广生.工程流体力学学习指导[M].北京：中国电力出版社，2009.
[5] 侯国祥.工程流体力学[M].北京：机械工业出版社，2006.
[6] 周云龙.工程流体力学[M].北京：中国电力出版社，2006.
[7] 森哲尔，辛巴拉.流体力学基础及其工程应用[M].北京：机械工业出版社，2013.
[8] E.约翰芬纳莫尔，约瑟夫·B.弗朗兹尼.流体力学及其工程应用[M].北京：机械工业出版社，2009.